I0046306

TOUL

PENDANT LA RÉVOLUTION

PAR

ALBERT DENIS

Avocat, Officier d'Académie,

Membre du Conseil Municipal.

———◦✠◦———

DE LA CONVOCATION DES ÉTATS-GÉNÉRAUX

A L'ABOLITION DE LA ROYAUTÉ

(5 Juillet 1788 — 21 Septembre 1792)

⤙✦⤚

PRIX : **7** FRANCS.

✳

TOUL

T. LEMAIRE, IMPRIMEUR-ÉDITEUR

G, Parvis de la Cathédrale. C.

1892

OUVRAGE HONORÉ

D'UNE

MÉDAILLE D'OR

PAR L'ACADÉMIE DE STANISLAS

(Concours Herpin 1893.)

TOUL

PENDANT LA RÉVOLUTION

Cet ouvrage a été tiré à **350** exemplaires, dont **20** exemplaires numérotés sur papier de Hollande.

TOUL

PENDANT LA RÉVOLUTION

PAR

ALBERT DENIS

Avocat, Officier d'Académie,

Membre du Conseil Municipal.

———◦◉◦———

DE LA CONVOCATION DES ÉTATS-GÉNÉRAUX

A L'ABOLITION DE LA ROYAUTÉ

(5 Juillet 1788 — 21 Septembre 1792)

PRIX : 7 FRANCS.

✳

TOUL

T. LEMAIRE, IMPRIMEUR-ÉDITEUR

6, Parvis de la Cathédrale, 6.

1892

AVANT-PROPOS

Les études locales se sont rarement portées sur l'époque de la Révolution, ce fait le plus considérable de notre histoire nationale auquel toutes les provinces, et la nôtre en particulier, ont pris une part importante ; l'attention des auteurs s'est généralement concentrée jusqu'ici sur la Capitale ou sur les frontières.

Mais la véritable histoire ne peut être que la synthèse de toutes les études locales, et il semble désirable que, dans chaque région, le plus grand nombre possible de documents soient recueillis et publiés sur ce sujet.

Il s'en dégagerait un tableau d'ensemble, qui permettrait d'apprécier impartialement et sous son vrai jour, la grande époque, trop peu connue encore, dont nous traversons le Centenaire.

C'est en nous inspirant de cette pensée que nous avons entrepris l'*Histoire de Toul* depuis le 5 juillet 1788, date de la *Convocation des Etats-Généraux*, jusqu'au 21 septembre 1792, date de l'*Avènement de la République*.

Nous avons cherché à ne rien laisser dans l'oubli et donné une large place aux pièces justificatives, de façon à permettre au lecteur de se former, comme nous-même, une opinion d'après les faits : ainsi, seulement, peuvent être appréciés les évènements et les hommes. Nous tenions d'autant plus à mettre en pleine lumière les actes de nos ancêtres Toulois que les idées répandues sur la Révolution ne sont pas toujours d'une exactitude rigoureuse, et qu'en rattachant ces actes aux grands évènements de la politique générale, nous apportions notre modeste contribution à une œuvre utile, celle de l'enseignement par l'*Histoire*.

Nous avons tenté de faire revivre les administrateurs, les députés, les généraux, les membres du clergé, les comités et les assemblées délibérantes de notre ville autant que nous le permettaient leurs écrits, leurs discours, leurs procès-verbaux, conservés soit aux archives municipales, soit aux archives de l'Etat et du Département ; les journaux et pamphlets de l'époque, les bibliothèques publiques et particulières ont facilité notre tâche.

En même temps, nous poursuivions le but de retracer la manière dont les mesures révolutionnaires ont été appliquées dans notre région, et les résistances qu'elles y ont provoquées ; de rendre compte, autant que possible au jour le jour, de la marche de l'opinion ; d'indiquer les modifications successives apportées, de 1788 à 1792, aux rouages de toutes les institutions dans le *pays toulois* : administration, clergé, finances, corps électifs, armée et gardes-nationales, justice, etc...

Une publication exacte des documents originaux recélés par les Archives a du moins ce résultat qu'elle conserve, quelles que soient les chances, toujours possibles, de leur perte ou de leur destruction, des pièces historiques dont rien ne peut compenser la valeur.

Cette *grande Révolution*, dite *de 89*, dont les conquêtes s'imposent à tous les Français comme un bienfait, était dans les esprits depuis un quart de siècle lorsqu'en 1788 elle a pris son essor ; elle s'est continuée après 1792 ; à travers bien des gloires et des revers, des triomphes et des deuils de la France, bravant les désillusions et soutenant les espérances, elle n'a jamais arrêté sa marche. Son œuvre n'est pas terminée.

Mais c'est dans la période, si mouvementée, objet de notre étude, qu'elle a été le plus féconde, substituant à l'ancien régime, au régime de tous les privilèges, celui de la liberté politique et de l'égalité civile, fondant la souveraineté nationale et abolissant la royauté.

Nous avons consacré de courtes biographies à ceux de nos ancêtres Toulois qui furent alors le plus brillamment mêlés aux évènements ; cet hommage était dû à leur mémoire, car combien ne nous ont-ils pas donné d'exemples de courage et de sagesse, de dévouement et de patriotisme, dont sauront toujours s'inspirer leurs descendants !

ALBERT DENIS.

Toul, 15 mai 1892.

1788

Le gouvernement de la France était depuis longtemps « une anarchie dépensière » et la Cour « le tombeau de la Nation »; c'est en ces termes qu'en parlait déjà le marquis d'Argenson dans ses *Mémoires* (1751).

En 1787, le ministre Calonne ayant avoué à Louis XVI la triste situation du trésor et la misère épouvantable sévissant sur le peuple des campagnes, le roi effrayé convoqua les *Notables du Royaume* qui n'avaient pas été réunis depuis plus d'un siècle et demi (1626).

Assemblés en février de cette année, les Notables repoussèrent les projets d'impôts présentés par Calonne (1).

De même, le Parlement de Paris déclara qu'à la Nation seule, représentée par les *Etats-Généraux*, appartenait le droit d'octroyer au roi les subsides nécessaires, et il refusa d'enregistrer les édits proposés ; mais il y fut contraint en novembre suivant par un *lit-de-justice* de Louis XVI, dans lequel toutefois le Monarque promettait de convoquer les Etats-Généraux avant 1792.

L'attente ne pouvait être longue, car la France avait soif de réformes et n'hésitait plus à le manifester : c'est ainsi que, dès le 14 juin 1788, les trois ordres du Dauphiné avaient décidé qu'une assemblée provinciale aurait lieu le 21 juillet au château de Vizille, *de plein droit* et *sans convocation royale*. Cédant au courant de l'opinion, réclamant l'extension des droits de la Nation et la réforme d'impôts écrasants, le roi résolut d'avancer la date de la réunion des Etats-Généraux : par un arrêt du Conseil du 5 juillet 1788, il convoqua cette grande assemblée, qui n'avait pas tenu séance depuis 1614.

_____

(1) L'*Assemblée des Notables du royaume*, dont la session de 1787 dura trois mois, se composait des princes du sang, des maréchaux de France, de nobles et de prélats, de magistrats et de quelques officiers municipaux, en tout de 144 membres, dont six ou sept seulement représentaient le Tiers-Etat.

« Sa Majesté, — disait cet arrêt fameux, — n'a pas
« encore déterminé le lieu où se tiendront les Etats,
« mais elle peut annoncer à ses sujets que l'assemblée
« aura lieu au mois de mai prochain. »

Cette convocation était une victoire de l'opinion
publique sur la Cour et sur les Parlements eux-mêmes,
qui l'avaient demandée dans un accès de dépit. Commencée dans les esprits par les philosophes du dix-
huitième siècle, la Révolution entrait dans les faits
pour ne plus s'arrêter.

La Nation, qui allait être appelée à exercer sa
souveraineté, était divisée en trois *ordres* : le *clergé*, la
noblesse et le *tiers-état* qui, dans les assemblées
représentatives, formaient chacun un corps à part. Ces
trois ordres délibéreraient-ils en commun ou séparément aux Etats-Généraux ? Le tiers-état, incompara-
blement le plus nombreux des trois, nommerait-il à lui
seul autant de députés que les deux autres ensemble ?
Telles étaient les questions sous l'influence desquelles
la France s'agitait, questions capitales pour le peuple
et contenant en germe la Révolution tout entière.

Afin de donner plus d'autorité à la décision qu'elle
allait prendre, la Cour résolut de soumettre le débat à
une seconde assemblée des Notables. Appelée, en
conséquence, à délibérer sur tous les points relatifs à
la tenue des Etats-Généraux, celle-ci se réuni à Versailles le 6 novembre 1788.

D'autre part, les divers corps politiques du royaume,
les sociétés savantes, les écrivains, que le roi avait
aussi compris dans son arrêt de convocation pour

s'éclairer de leur avis sur le mode le plus convenable de composition des Etats, adressèrent à la Cour suppliques et mémoires.

La ville de Toul n'avait pas eu encore à envoyer des députés aux Etats-Généraux, puisqu'en 1614 elle était ville libre et impériale, et qu'en 1649, un an après sa réunion définitive à la couronne de France, la convocation des Etats-Généraux, indiquée à Orléans, n'avait pas eu d'effet.

La vaillante démocratie touloise, dont les membres étaient si jaloux de leur titre de *bourgeois*, considérait avec indignation la division de sa population en trois ordres, proclamée par l'arrêt royal ; elle y voyait une atteinte portée à ses droits les plus sacrés et à cette égalité civile qu'elle avait toujours su maintenir dans son sein vis-à-vis de l'autorité des évèques et du pouvoir royal. La grave question de cette répartition par classes des citoyens toulois allait donc soulever plus d'un orage surtout dans l'*Assemblée des Quarante*.

Les officiers municipaux qui, de concert avec cet antique Sénat, dirigeaient alors les affaires de la cité, nous apprennent eux-mêmes ce qu'étaient *les Quarante*. Voici, en effet, comment ils s'expriment dans un mémoire adressé par eux en 1788 aux membres de la *Commission intermédiaire de l'Assemblée provinciale de Metz* (1) :

_____

(1) L'*Assemblée de la province des Trois-Evéchés*, séante à Metz, comptait 42 membres, dont 21 nommés par le roi. Les 21 autres, ainsi que les deux procureurs-syndics et le secrétaire, étaient élus par ceux qui avaient déjà été désignés. Une *commission intermédiaire*, composée d'un représentant du clergé,

« *L'Assemblée* de la cité de Toul, qu'on peut appeler ses *Comices*, est connue à Toul sous le nom *des Quarante*. Elle existe de temps immémorial : sa forme n'a point varié. Cette forme est fixée et consacrée par une Déclaration du Roi, donnée en 1664 et duement enregistrée au Parlement de Metz.

« Cette assemblée, réunie à la municipalité et par elle présidée, est revêtue de tous les pouvoirs de la cité. C'est à elle seule qu'il appartient de prononcer son vœu dans les affaires majeures et dans toutes celles qui exigent le libre consentement des citoyens, comme de voter pour la nomination de la municipalité, lorsque le Roi lui laisse exercer cette nomination, comme de nommer les représentants aux Etats généraux ou particuliers auxquels la cité doit figurer.

« Cette assemblée est composée de députés ou représentants librement élus par tous les citoyens sans exception. Chacune des six paroisses qui composent la cité y fournit le nombre de députés réglé par la *Déclaration de* 1664 (1), proportionnellement à son étendue.

---

d'un de la noblesse et de deux du tiers-état, conduisait les affaires avec l'assistance des syndics pendant l'intervalle des sessions. L'assemblée provinciale s'occupait de la répartition et de l'assiette des impositions pour les chemins, ouvrages publics et autres dépenses particulières à la province et aux districts qui en dépendaient. Elle avait le droit de faire au Souverain toutes représentations et de lui adresser tels projets qu'elle jugeait utiles au bien du peuple. Sa présidence en devait toujours être confiée à un membre de la noblesse ou du clergé.

(1) Voici le texte de cette Déclaration, faite par Lettres-patentes de Louis XIV, données à Paris en mars 1664 et enregistrées au parlement de Metz le 22 avril suivant; elles maintiennent la cité dans son ancien usage et confondent les nobles avec les autres habitants :

« Voulons et nous plaît que l'ordre ci-devant établi pour le choix des quarante députés, qui seront des plus notables de nos sujets de notre dite ville de Toul, nobles, officiers, bons bourgeois de ladite ville ou marchands non méchaniques, soit continué et exécuté. (Ce réglement *ci-devant établi* était un édit de Louis XIII du mois d'août 1634, qui avait permis aux notables de s'assembler pour élire, *à la pluralité des voix*, quatre d'entre eux qui se qualifieraient maire et échevins.)

« Ce faisant, que lesdites paroisses de la ville soient convoquées par l'ordonnance du gouverneur de la place ou de notre lieutenant ou commandant en son absence, par chaque année, à commencer le 23 avril prochain, et continuer de même à l'avenir, pour procéder à l'élection desdits quarante députés, de la qualité ci-dessus, savoir: 10 de la paroisse Saint-Jean ; 12 de la paroisse Saint-Amand ; 8 de la paroisse St-Léon ; 5 de la paroisse St-Pierre (savoir: 3 de la ville et 2 du faubourg St-Mansuy) ; 3 de la paroisse Ste-Geneviève, et deux de la paroisse St-Maximin (faubourg St-Evre). »

Le nombre de ces députés est fixé en tout à quarante : et voilà ce que c'est que *l'Assemblée des Quarante*. »

Ni les Officiers municipaux, ni les Quarante n'entendaient admettre dans leurs délibérations les nobles et les ecclésiastiques, en temps qu'ils y figureraient comme représentants de leurs ordres ; c'est parce qu'ils considéraient cette prétention comme un droit propre à la ville de Toul que les officiers municipaux avaient rédigé le mémoire de protestation dont nous venons de citer un premier extrait :

« **Nous** soutenons, — y disaient-ils (1), — que la distinction des trois ordres dans la cité de Toul, dans sa municipalité ou dans ses comices, serait à la fois une substitution de l'esprit particulier à l'esprit public, de la complication à la simplicité, de la discorde à l'union, des passions à la sagesse, d'un faux système de règle générale aux véritables intérêts du pays.

« La constitution actuelle de la cité de Toul est une, simple, mue par un seul et unique intérêt qui est celui de tous. Les contestations de vanité furent toujours inconnues dans l'Assemblée des Quarante. Ses comices n'offrent pas un seul exemple de dispute sur la préséance. Les questions de rang y sont indifférentes ou étrangères : le noble, le bourgeois, le magistrat, le militaire, le commerçant, unis par le titre commun de *citoyen*, s'accordent à justifier l'honorable choix de leur patrie.

(I) Voici quelle était alors la composition du corps municipal toulois :

MM. Léopold *Contault*, maire ; *Lacapelle*, aîné, lieutenant de maire ; *Thouvenin*, 1er échevin ; *Lacapelle* le jeune, 2e échevin ; *Collot*, 3e échevin ; *Naquard*, 4e échevin ; *Raison*, 1er assesseur ; *Chälon*, 2e assesseur ; *Donzé*, 3e assesseur ; *Desbroux*, procureur du Roy ; *Grégeois*, receveur ; *Vaultrin*, contrôleur et *Borde*, secrétaire-greffier.

En vertu d'un édit royal du mois de novembre 1771, ces officiers municipaux étaient nommés par le conseil de ville (notables), à l'exception du maire. Celui-ci était choisi par le roi sur une liste de trois noms présentée par le conseil. Ces fonctionnaires devaient verser au trésor royal une somme d'argent relativement importante, depuis les édits de Louis XV qui avait dû, par nécessité financière, créer ce qu'on appela des *charges à finance*.

« Supposons que le clergé de Toul soit agrégé à la cité. De ce moment, il existerait dans cette cité, ainsi que dans les assemblées comiciales et municipales, deux esprits tout à fait différents, deux intérêts presque toujours opposés. L'esprit d'un corps puissant par le crédit et les richesses, d'un corps revêtu de privilèges auxquels il se gardera bien de renoncer ; cet esprit aura sans cesse à lutter contre l'esprit public, jusqu'à ce qu'il soit tout à fait anéanti. L'introduction du clergé dans les comices y amènera naturellement la distinction de la Noblesse et du Tiers-Etat. Cinq ou six individus nobles qui résident dans la ville y formeront à eux seuls un ordre distinct, auquel l'universalité des citoyens se trouvera subordonnée, sous la dénomination de Tiers-Etat. De là l'orgueil, la jalousie, une odieuse inquisition entre les familles. De là force débats, animosités et procès. Une multitude de magistrats, de militaires, de bonnes et anciennes familles, qui n'auraient pas de titres suffisants pour s'incorporer à la noblesse et répugneraient à se ranger dans la dernière classe, s'exileraient d'eux-mêmes de ces assemblées : le simple nom de *citoyen* sera en quelque sorte dégradé. Le Tiers-Etat, en tel nombre qu'on le suppose, ne sera plus composé que des dernières classes du peuple et se trouvera écrasé par l'ascendant des deux premiers ordres. Cette novation funeste, sans nécessité ni vrais motifs, achèvera d'éteindre à Toul tout ce qui peut y rester encore du patriotisme et du bon esprit de nos pères. »

En outre, et en conséquence des principes émis ci-dessus, les Officiers municipaux envoyèrent le 3 novembre 1788 à l'*Assemblée des Notables du Royaume*, qui se réunissait trois jours après à Versailles, un mémoire par lequel ils demandaient que la cité de Toul fût représentée aux Etats-Généraux, individuellement et comme ville, par un député particulier, nommé par la généralité des citoyens et sans aucune distinction d'ordres.

Ce document, dont voici la teneur, est précieux au point de vue historique, par son exposé si clair de la situation politique de la ville de Toul avant et même depuis sa réunion à la France (1) :

« Sa Majesté voulant prendre l'avis des officiers municipaux des villes et communautés du royaume, dans lesquelles il peut s'être fait quelques élections aux Etats-Généraux et des procès-verbaux et pièces concernant la convocation des Etats et les élections. En conséquence, la ville de Toul s'étant trouvée dans ce cas, les officiers municipaux se croient obligés pour obéir à cette loi, émanée autant de la bienfaisance du Roy envers ses peuples que de sa justice, de représenter humblement :

« Que Toul, ville capitale du pays toulois et autrefois du peuple leuquois, est d'une ancienneté dont l'origine se perd dans les siècles les plus reculés ;

« Que comme un des Trois-Evêchés, province sous le nom d'Austrasie, il a fait partie de l'ancien domaine français jusqu'au xᵉ siècle ; que cette province fût réunie à l'Empire germanique et que sous cette nouvelle domination, la ville de Toul, éloignée du centre de l'Empire et réduite à ses propres forces, devint ville libre ;

« Que par le fait, et en vertu de diplômes de différents empereurs, elle se régit par ses lois et se fit des magistrats ; qu'elle se soutint longtemps en cet état, protégée par la France, qui la défendit contre les entreprises des ducs de Lorraine, des comtes de Bar et d'autres voisins, même de ses propres évêques, jaloux de sa liberté ;

« Qu'à la faveur d'un tel appui, que la ville de Toul se ménageait par ses contributions d'hommes et d'argent qu'elle fournissait au monarque qui la protégeait, elle se maintînt constamment dans ses franchises, usages et libertés ;

« Dès l'an 1300, Philippe le Bel prit la cité de Toul en sa protection : on en conserve soigneusement ses Lettres du mois de novembre de la même année.

« Charles VI confirma les franchises et libertés par Lettres de sauvegarde du 14 juin 1402, de 1405 et de 1413. Elle y fut maintenue

---

(1) MÉMOIRE *des officiers municipaux de la ville de Toul, pour se conformer à l'arrêt du Conseil d'Etat du Roy, concernant la convocation des Etats-Généraux du royaume du 5 juillet 1788.* — (Archives de Toul. — Série AA ; liasse 8).

en 1445 par Charles VII qui promit, parole de roy, les tenir fermes et stables et toujours aux termes de ses Lettres du 27 mai.

« Charles VIII, à son avènement au trône, prit *sous sa protection et sauvegarde la cité de Toul, ses habitants et universalité d'icelle*; promit *de les garder et défendre en leurs usages, coutumes, franchises et libertés èz quelles il les trouva être, et eux et leurs prédécesseurs avoir été paisiblement et d'ancienneté.* Ce sont les termes des Lettres données à Amboise le 14 décembre 1483.

« Ce précieux gage fut renouvelé par Lettres de Louis XII, en 1498 ; de François Ier, en mars 1515 ; de Henri II, en août 1547 ; de François II, en novembre 1559 ; de Charles IX, le 11 mars 1561 ; de Henri III, en 1577 ; de Henri IV, en 1581 et 1596 ; de Louis XIII, en 1611 et 1615.

« Ces lettres de protection ne donnaient pas, à la vérité, à la ville de Toul la faculté d'envoyer ses députés aux Etats-Généraux, parce qu'elle n'était due qu'aux sujets du Roy ; mais dans la suite des temps, et surtout depuis le traité de Munster, qui a remis sous la domination de nos roys cette province qui a été incorporée irrévocablement à la France pour en jouir de la même manière qu'elle appartenait à l'empire romain, les Toulois, qui avaient droit et séance aux Diètes de l'empire, ont été conséquemment maintenus dans cette faculté. En effet, lorsqu'il fut question de convoquer les Etats-Généraux au 15 mars 1650 en la ville d'Orléans, il y eut une lettre de S. M. du 10 février 1649, adressée par M. le maréchal du Plessis-Praslin au bailli de Toul ou à son lieutenant, pour assembler les trois Etats du pays toulois et députer aux Etats-Généraux. En conséquence et en suite de l'ordonnance du lieutenant du bailli de Toul du 20 du même mois, il y eut convocation et assemblée au dernier février, en l'hôtel commun, des maire, échevins et notables bourgeois de la ville de Toul et des faubourgs qui délibérèrent qu'avant de procéder à l'élection d'un député pour envoyer auxdits Etats-Généraux, il serait choisi quatre des plus notables et intelligents bourgeois de ladite ville pour dresser les mémoires et cahiers nécessaires, contenant les remontrances et plaintes qu'il conviendrait faire à Sa Majesté des charges et fautes supportées par ladite ville.

« L'élection s'en fit sur-le-champ et, le 11 mars suivant, les notables de nouveau assemblés au même hôtel de ville, il fut choisi et nommé, à la pluralité des voix, un d'entre eux pour se transporter en

2

la ville d'Orléans, à la tenue desdits Etats-Généraux, avec les mémoires qui lui furent mis en mains.

« D'après ces actes d'une possession aussi ancienne, la ville de Toul ose espérer d'obtenir la faculté d'envoyer ses députés particuliers à la tenue annoncée des Etats-Généraux. Son espérance est fondée sur un usage antique qui sert de règle en cas pareil.

« Indépendamment des motifs qui viennent d'être articulés, qu'il soit permis d'observer que le pays toulois a ses privilèges particuliers, et distincts de toutes les autres parties des Trois-Evêchés : il a été pris sous la protection de nos rois plus de deux siècles avant la ville de Metz ; auparavant sa réunion à la couronne, il formait une République absolument indépendante et souvent contraire d'intérêts avec celle de Metz.

« Bien différent des représentants de cette dernière ville, le Toulois figurait par ses Quarante députés, choisis dans la province, et la justice était administrée à Toul par ses Dix Justiciers. Toul envoyait aux Diètes d'empire, comme on vient de le dire, ses députés qui le représentaient uniquement. Il avait même à certains égards la prééminence sur Metz, étant inscrit avant Metz sur les Tables impériales des contributions germaniques. Actuellement encore, l'évêque de Toul, premier suffragant et doyen des évêques de la province de Trèves, sacre ceux de Metz et de Verdun.

« Le pays toulois ne confine nulle part avec d'autres parties des Trois-Evêchés ; il est totalement enclavé dans la Champagne et dans la Lorraine. Le pays messin regarde le Toulois comme tellement étranger, qu'il l'a confondu avec la Lorraine, relativement à l'impôt assis à son profit sur les vins étrangers qui y passent.

« Le Toulois n'a d'autre rapport avec le pays messin que d'être justiciable du même Parlement et de la même Intendance. Il a eu longtemps un gouvernement militaire séparé. Son commerce, ses productions, ses usages, ses mœurs sont différents.

« Par toutes ces considérations et ces motifs, le Toulois espère que le Souverain daignera le maintenir dans la possession de députer aux Etats-Généraux selon le mode ancien. »

Comme on le verra par l'*arrêt royal du 24 janvier 1789*, le succès ne devait pas couronner, malgré la force de leurs raisons, les efforts des officiers municipaux.

On touchait à la fin de l'année 1788 et les extrêmes rigueurs de la Nature rendaient plus pressant le désir des réformes.

La sécheresse, la grêle (13 juillet) avaient détruit la plus grande partie des récoltes ; l'hiver s'annonçait comme devant être des plus rudes, l'apparition de la gelée dès le 4 novembre (1) faisant redouter les calamités de celui de 1709 (2). La disette était générale ; le peuple des campagnes poussait des cris de mort contre les nobles, les accapareurs et le *pacte de famine* (3) ; il y avait, de tous côtés, des troubles occasionnés par la misère.

Telle était la situation du pays lorsque, le 27 décembre, le roi rendit, en son Conseil, un arrêt fixant la composition des Etats. Cet arrêt disposait :

1° Que les députés aux prochains Etats-Généraux seraient au moins au nombre de *mille* ;

2° Que ce nombre serait formé, autant que possible, en raison composée de la population et des contributions de chaque bailliage (4) ;

(1) Un journal de l'époque, le *Mercure de France*, relate qu'en Lorraine et en Alsace le froid atteignit 18 degrés le 31 décembre. La Moselle et la Meuse furent gelées et la débâcle des glaces occasionna de grands dégâts.

(2) Depuis le cruel hiver qui suivit les désastres de Louis XIV et qui immortalisa la charité de Fénelon, on n'en avait pas vu, dit Thiers, de plus rigoureux que celui de 1788 à 1789. (Hist. de la Rév. Fr. ; tome I).

(3) Au mois de juillet 1767, la Cour avait vendu la France à une compagnie de monopoleurs, formée de ministres, de nobles et de riches propriétaires, sous le patronage du roi. Cette société secrète accaparait les grains, les faisait sortir du royaume et ne les réimportait qu'avec d'énormes bénéfices. Ce mystère d'iniquités, que les Parlements couvraient de leur protection, avait reçu du peuple le nom de *pacte de famine*.

(4) Les bailliages ou sénéchaussées étaient des divisions judiciaires.

3° Que le nombre des députés du Tiers-Etat serait égal à celui des deux autres ordres réunis, la proportion devant en être établie dans les lettres de convocation.

Ainsi, la question de la double représentation du Tiers était tranchée par le Roi, contrairement à l'avis de l'Assemblée des Notables du royaume, mais l'opinion publique ne recevait pas encore une satisfaction véritable ; cette décision de Louis XVI, prise sous l'inspiration de son ministre Necker, ne pouvait, en effet, avoir aucune portée sérieuse si les députés votaient *séparément et par ordre*.

A Toul, où la population était particulièrement éprouvée, l'arrêt du 27 décembre fut reçu comme un bienfait et on accueillit avec bonheur la promesse qui semblait contenue dans l'expression de la volonté royale, celle que des députés allaient enfin pouvoir demander et discuter toutes les réformes indispensables au bonheur du pays.

1789

SOMMAIRE

—

Vœux des officiers municipaux relativement à la convocation des
Etats-Généraux. — Assemblée des Quarante Notables et vœux émis
par eux sur le même objet. — Protestation des officiers municipaux
contre les vœux des Notables. — Mémoire des Quarante en réponse
à cette protestation. — Arrêts royaux du 24 janvier et du 7 février
réglementant les opérations électorales. — Assemblée de l'ordre du
Tiers-Etat ; ses députés et son cahier de remontrances et doléances.
— Assemblée de l'ordre du Clergé ; ses députés et son cahier. —
Assemblée de l'ordre de la Noblesse ; ses députés et son cahier. —
Ouverture des Etats-Généraux. — Maillot, député du Tiers, se
met en rapport avec ses électeurs et les tient au courant des évène-
ments de Versailles et de Paris. — Lettres inédites de Maillot
relatives à la prise de la Bastille et aux évènements qui l'ont suivie.
— Le brigandage dans les campagnes. — Le gouverneur des
Trois-Evêchés retire les armes confiées aux municipalités. —
Maillot réclame contre cette mesure à l'Assemblée Nationale. —
Révocation des ordres donnés par le gouverneur. — Quarante-cinq
délégués des communes du bailliage s'assemblent à Bicqueley le 6
août. — La maréchaussée de Toul vient y procéder, sur les ordres
du Lieutenant du Roi, à l'arrestation de quatre d'entre eux :
François de Neufchâteau, Quinot, Bigotte et Chénin. — Ces
citoyens sont écroués à Toul, puis conduits à Metz pour y être jugés
prévôtalement comme fauteurs d'un attroupement illicite. — Le
Commandant de la province ordonne leur mise en liberté. —
Nouvelle assemblée des 45 délégués à Bicqueley, le 15 août. —
Exposé de François de Neufchâteau et résolutions adoptées par les

délégués. — Dénonciation à l'Assemblée Nationale de l'arrestation arbitrairement ordonnée par le Lieutenant du Roi. — Discussion de cette affaire. — Maillot présente à l'Assemblée, au nom du Lieutenant du Roi, un mémoire justificatif de la conduite de ce magistrat. — L'Assemblée le rejette et décrète un blâme et une punition. — François de Neufchâteau dénonce Maillot au Comité des Recherches. — Le député de Toul présente sa défense à ses commettants. — Le Comité Municipal approuve sa conduite. — Part de Maillot dans les travaux de l'Assemblée lors de la Déclaration des Droits de l'homme et de la discussion de l'impôt sur le sel. — Détresse financière. — Dons patriotiques des Toulois. — Adresse du Comité Municipal à l'Assemblée Nationale. — Organisation de la garde-citoyenne et réglement de cette milice.

Le 7 janvier 1789 les officiers municipaux de la ville de Toul se réunirent à l'*hôtel-commun* (1), pour délibérer sur les vœux à formuler en raison de la convocation des États-Généraux. Après discussion, ils émirent les suivants :

(1) Cet hôtel-commun, acheté par la ville en 1697 moyennant la somme de 7550 livres, était situé sur la place d'Armes (aujourd'hui maison Husson et Charpy, place du Marché). Il a été ainsi décrit, dans un poëme héroï-comique manuscrit, dit *La Croisade* (1777) par C. F. Bicquilley, qui se montrait dès lors désireux de progrès et devait jouer dans la cité un rôle important pendant la Révolution, comme on le verra dans le cours de cet ouvrage :

« L'hôtel de ville est un bâtiment gothique et délabré, garni intérieurement de vieilles tentures à fleurs de lys et de bancs à demi brisés.

« Il a été question plusieurs fois de reconstruire cet édifice, et des magistrats patriotes ont, en différents temps, économisé des fonds pour cet objet sur les deniers de la cité ; mais nos seigneurs les contrôleurs généraux, toujours bien instruits de ce qui se passe par nos seigneurs les Intendants, n'ont jamais manqué de mettre, au nom du Roi, la main sur ces épargnes, qu'ils ont sans doute employées plus utilement. Nos magistrats, découragés et ne disposant plus de rien, laissent à présent l'hôtel de ville pour ce qu'il est, attendant tranquillement le jour où il s'écroulera sur leurs têtes. » (*Note du chant V.*)

« 1° Que la ville et cité de Toul, à titre d'ancienne ville libre et impériale, d'après les privilèges que les rois lui ont conservés, soit admise à envoyer des représentants aux Etats-Généraux avec les autres cités et bonnes villes du royaume ;

« 2° Que les représentants du Tiers-Etat soient au moins en nombre égal à celui du clergé et de la noblesse réunis ;

« 3° Que les représentants de chaque ordre soient pris parmi les personnes qui composent ses membres et par eux choisis ;

« 4° Que les suffrages dans l'assemblée nationale soient toujours comptés par tête et non par ordre ;

« 5° Que Sa Majesté soit très humblement suppliée de vouloir bien rendre toutes les charges et contributions publiques moins onéreuses à la classe la plus infortunée et qui contribue le plus à la masse des impôts, par une répartition plus égale de ces mêmes charges et contributions entre les citoyens de tous les ordres, en proportion des facultés de chacun et nonobstant tout privilège contraire. »

Ces *articles* furent communiqués par les officiers municipaux aux notables, avec prière de les adopter dans leur prochaine assemblée.

Celle-ci devait avoir lieu le 14 janvier, suivant la convocation qui en avait été faite le 6 au prône des églises paroissiales ; elle se tint en effet le jour dit en l'hôtel-commun.

La séance ouverte et après avoir exposé les *doléances* des habitants de la ville et des faubourgs, le premier des

notables s'exprima ainsi : « Les temps malheureux de
« *l'oppression*, sous laquelle les deux premiers ordres
« de l'Etat nous tiennent depuis longtemps par leur
« crédit et leurs privilèges, sont finis, et déjà le jour de
« la liberté commence à paraître. Le vœu général et le
« plus conforme à une bonne composition des Etats-
« Généraux est connu. Hâtons nous d'y joindre le nôtre
« pour ne pas donner lieu de suspecter notre zèle pour
« le bien public ; évitons les reproches, douloureux à
« tous les bons citoyens et que nous ne méritons pas,
« d'avoir été indifférents dans une circonstance où les
« sentiments patriotiques éclatent de toutes parts.... »

Aussitôt s'ouvrit dans l'assemblée une longue et
importante discussion sur la tenue annoncée des Etats
et sur le mode de représentation le plus convenable. Les
notables adoptèrent les cinq vœux émis le 7 par les officiers municipaux, en y ajoutant les suivants :

« 1° Que le Tiers-Etat ne puisse être représenté par
aucun ecclésiastique, noble ou privilégié, officiers des
Seigneurs, leurs fermiers ou comptables ;

« 2° Que Sa Majesté soit suppliée, au nom de ses
fidèles sujets de la Ville et Cité de Toul, de leur permettre de très humbles et très respectueuses doléances
sur deux sujets qui les grèvent et les affligent :

« A. — Les dernières ordonnances militaires leur
ôtent le droit d'aspirer aux grade et qualité d'officier
dans ses armées, dont ils jouissaient avant lesdites
ordonnances et que ceux qui en ont été revêtus ont
toujours rempli avec honneur et distinction.

« B. — Les Lettres-patentes du 18 août 1776, qui
accordent la noblesse au chapitre de la Cathédrale de

cette ville et cité de Toul, par l'effet desquelles non-
seulement tous les citoyens de ladite cité, mais même
tous les sujets toulois, se trouvent injustement exclus
de ladite Eglise, enrichie des dons et libéralités de
leurs ancètres, *puisqu'il n'y a point et ne peut y avoir
de noblesse dans le pays toulois ;* tous les biens nobles,
à la réserve des quatre moindres villages, appartenant
à l'Eglise. »

Ces deux vœux additionnels avaient mécontenté la
noblesse et le clergé du bailliage.

Deux jours après, le 16 janvier, dans un procès-verbal
rédigé par eux hors séance, les officiers municipaux
déclarèrent les désavouer. Ils protestaient en particulier
contre le discours prononcé par le premier notable,
où il était parlé de *l'oppression* exercée par les deux
premiers ordres, et contre cette allégation contenue
dans une des propositions votées par eux : *qu'il n'y avait
point et ne pouvait point y avoir de noblesse dans le
pays toulois.*

Le 24 janvier, intervint un arrêt du conseil du Roi
décidant que les Etats-Généraux seraient la représentation des trois ordres de la *noblesse,* du *clergé* et du
tiers-état, et que les élections se feraient *séparément
dans chacun d'eux.* La ville de Toul ne pouvait par
suite concourir aux élections générales, ainsi qu'elle
l'avait demandé, individuellement et comme ville, par
un député particulier nommé par la généralité des
citoyens.

Indignés de la volte-face des officiers municipaux et,
bien que leur protestation dût rester platonique en pré-

sence de cet arrêt royal, les Quarante publièrent le 28
février un volumineux *mémoire* (1), pour justifier et
commenter leurs *résolutions* du 14 janvier. Ce document, d'un style élevé, fait entendre la voix de la justice,
de la raison et du patriotisme ; il signale les abus, les
privilèges à détruire ; il renferme tous les principes de
la Révolution, et il n'est pas sans intérêt d'en rapporter quelques passages. On y lit (page 2) :

« C'est à regret sans doute, c'est avec une répugnance (nous pouvons dire douloureuse) que nous nous voyons obligés de repousser
l'attaque des officiers municipaux et de faire l'apologie de nos délibérations. Nous eussions mieux aimé n'avoir, avec ces officiers, d'autre
rivalité que celle du plus grand concert et l'émulation des efforts et des
sacrifices pour la cause commune.

» C'est devant cette cause que toute autre doit disparaître. Nous
ne perdrons jamais de vue cette sainte maxime, que le salut public
est la suprême loi : *Salus populi, suprema lex esto !* (2). »

(1) Mémoire pour les quarante députés de la ville et cité de Toul, en exécution
et à l'appui de leur délibération du 14 janvier 1789, sur les vœux que cette cité
a intérêt de présenter aux États-Généraux (brochure de 86 pages in-4°, imprimée chez J. Carez).

(2) Voici les noms des Quarante Notables toulois, signataires du *Mémoire*, qui
est déposé à la Bibliothèque de la Ville de Toul (E. n° 571) :
Gérard, avocat et procureur ; *Barotte*, avocat ; *Jacquel*, avocat ; *Petitjean*,
receveur des finances ; *Jean Toussaint*, cultivateur ; *Gengoult*, orfèvre ; *Martin*,
avocat ; *Bousanquet*, cultivateur ; *Laurent*, négociant ; *Chaupoullot*, ancien
conseiller de l'hôtel de ville, directeur des postes ; *Valleron*, cultivateur ; *Joux*,
marchand ; *Thomas*, artiste ; *Petitdidier* fils ; *Gâteau* ; *Didier*, orfèvre ; *Gouvion*,
marchand ; *Bourcier* fils, procureur ; *Bourcier*, apothicaire ; *Lismond*, orfèvre ;
Gérard, avocat et notaire ; *Febvotte*, avocat ; *Carez*, imprimeur-libraire ; *Barté*,
procureur ; *Daulnoy-Sincère*, marchand ; *Pillement*, avocat et ancien échevin ;
Petitjean, trésorier ; *Moutillard*, négociant ; *Dillet*, marchand ; *Vincent*, avocat ;
Cardinal, cultivateur ; *Variot*, cultivateur ; *Bellot* père, horloger et stipendié
du chapitre ; *Friry*, cultivateur ; *Bicquilley* ; *Charpy*, architecte ; *Bernard*,
marchand, et *Petit*, architecte. Plusieurs de ces citoyens, en demandant l'abolition des privilèges et des distinctions accordés au rang ou à la naissance, sacri-
fiaient leurs propres intérêts au bien général, donnant ainsi l'exemple du
patriotisme et du dévouement à la chose publique ; Carez, qui était l'imprimeur
de l'évêché ; l'horloger Bellot, qui avait exécuté l'ingénieux mécanisme de
sonnerie de la Cathédrale, et l'architecte Charpy, à qui l'on doit l'élégante
tribune de l'orgue, encouraient en effet une disgrâce certaine.

Abordant le grief formulé contre leur vœu « pour l'exclusion des privilégiés » et défendant leurs appréciations sur la noblesse et le clergé, les notables s'expriment ainsi (pages 50 et suivantes) :

« Si l'on s'en rapportait aux officiers municipaux, dans leur procès-verbal, on prendrait des Toulois une bien fausse idée ; car on les rangerait dans cette bourgeoisie des villes moins heureuses, qui ont été émancipées par une faveur très récente du souverain pouvoir, contre le gré de leurs seigneurs, qui n'ont pu former des communes que par concession, et qui, même en formant ce genre de société, ont gardé dans leur sein les germes de division qui naissent du partage des citoyens en plusieurs ordres, et qui sont, pour le Tiers-État, dans sa liberté actuelle, les médailles indélébiles de son ancien esclavage.

« Eh ! quand cela serait, quand nos braves ancêtres auraient porté le joug de fer dont la bienfaisance royale a déchargé d'autres cités, nous serait-il donc défendu de réclamer les droits qu'assure au genre humain la minorité éternelle dans laquelle les faibles sont toujours envers les plus forts ? Et ne ferions-nous pas rescinder le contrat inique, insoutenable, en vertu duquel nos aïeux auraient vendu à des tyrans tous les droits des races futures ? Nous sommes agrégés au royaume des Francs, et un Franc ne peut être serf !

« Grâce au ciel, dont la protection a veillé sur notre cité, jamais elle ne fut une prison d'esclaves ; jamais la liberté civile, jamais l'égalité qui en est le ferme soutien, jamais ces lares tutélaires ne sortirent des murs et des cœurs des Leuquois !

« Et comment serions-nous forcés d'humilier un front servile devant des officiers judiciaires, devant un sacerdoce, devant une noblesse,. avant lesquels nous existions libres et égaux, comme nous le sommes encore, comme nous voulons toujours l'être !

« La Constitution touloise n'admet pas ces distinctions qu'on voudrait lui faire connaître après plus de dix-huit cents ans. Nous étions libres et égaux avant qu'il fût des nobles, dans le sens qu'attache à ce mot la langue française actuelle. Nous les avons vus naître et nos titres de primauté sont écrits dans l'Histoire !

« Nous étions libres et égaux avant que le Christianisme vint épurer le culte que nous rendions aux dieux ; et dans les obligations que les Leuquois ont eues à cette religion sainte, qui met tous les mortels à un même niveau devant l'Etre suprême, ils n'ont point à se plaindre d'avoir vu l'esclavage entrer dans leurs murs à sa suite.

« Nous étions libres et égaux, et nos juges étaient nos pairs, élus par nos suffrages, avant que la cité eût vu établir dans son sein des tribunaux perpétuels et dont les officiers ne sont plus de son choix.

« Si la possession d'un état peut faire un titre respectable et qui donne le droit de s'exprimer avec franchise, les habitants de Toul peuvent se flatter de l'avoir, même à un plus haut degré que ceux des autres villes, plus considérables peut-être, dont on croit que l'histoire pourrait être la sienne.

« La capitale de la province, Metz, a déjà reçu la distinction des trois ordres, telle à peu près qu'elle est encore. Jamais rien de semblable ne fut admis à Toul, et le titre de *citoyen* y fut, en tout temps, le seul ambitionné. Ainsi donc, quand on nous désigne comme formant le Tiers-Etat, on se sert d'un mot très impropre : nous ne connaissons qu'un état, celui de *citoyen*.

« On nous demandera nos preuves, elles sont bien connues ; on en ferait un livre, et il serait sans doute utile de le composer, afin que nos enfants apprissent de bonne heure le droit public de leur pays, qu'on leur laisse trop ignorer. »

On voit avec quelle vigueur nos ancêtres défendaient leurs vieilles franchises, avec quel fier langage ils revendiquaient cette égalité qui allait leur être enlevée pour les élections aux États-Généraux, mais qui devait leur être rendue tout entière quelques mois après.

Un peu plus loin les notables, dominés par leur amour de cette égalité si chère à nos pères, disaient encore (page 69) :

« Oui, nous sommes sujets du Roi ! oui, nous sommes Français et nous nous glorifions de l'être ! Nous nous unissons en idée à ces généreux Dauphinois, qui ont eu le mérite d'effacer les premiers toutes ces vieilles différences qui rendaient étrangers en France les Français de chaque province. Nous ne voulons faire qu'un peuple, réuni sous un chef ! »

Le mémoire se termine par un éloquent appel à la concorde et à l'union (page 84) :

« Effaçons toutes ces idées de discorde et de préséance, chimères d'amour-propre, véritables folies, jeux vraiment puérils, qui nous arment mal à propos les uns contre les autres, lorsqu'il faudrait nous rallier et demeurer unis. Oublions toutes ces querelles et ces prétentions de l'intérêt particulier ; songeons à l'intérêt commun ; pénétrons-nous de la maxime, que ce qui est utile à tous doit être préféré aux avantages personnels : *quod communiter omnibus prodest, hoc privatæ utilitati præferendum* (Leg. 1. Cod. *De caduc toll.*) Puisse tout citoyen avoir ce sentiment gravé dans le fond de son cœur ! »

Les Notables proclamaient la doctrine de l'égalité, mais ne proposaient pas l'abolition des ordres et ne montraient contre la Monarchie aucune hostilité ; ils signalaient les abus et dénonçaient « l'iniquité des faveurs qu'on nomme *privilèges*, lesquels font payer aux plus pauvres la dette des plus riches (page 79 du mémoire) », mais ils n'entendaient rien détruire et ne sollicitaient que des réformes.

A cette époque, où tous les cœurs s'ouvraient à l'espoir d'un meilleur avenir, si la Cour et les privilégiés avaient compris, s'ils avaient donné satisfaction à de justes griefs, tout orage était conjuré pour le bonheur commun de la Monarchie et de la France.

La noblesse et le clergé n'eurent pas suffisamment cette claire intelligence de leurs intérêts, qui leur commandaient des sacrifices et, dès l'ouverture de la période électorale, en vertu même des dispositions de l'arrêt royal du 24 janvier 1789, ils purent prendre position pour la défense de leurs principaux privilèges.

Conformément aux prescriptions de cet arrêt, les élections des députés aux Etats-Généraux devaient se faire à deux degrés, mais suivant un mode différent pour chacun des trois ordres.

Les membres du Tiers-Etat n'avaient le droit d'élire qu'à raison seulement de *deux par cent* habitants présents à l'élection, des députés à l'assemblée du bailliage, chargés eux-mêmes de nommer les députés aux Etats-Généraux et les commissaires-rédacteurs des cahiers de doléances.

Quant aux deux premiers ordres, les nobles possesseurs de *fiefs* ainsi que les membres du clergé *bénéficiers* avaient le droit d'élire *directement* leurs députés, et ceux qui n'avaient ni fief ni bénéfice devaient choisir à raison de *un sur dix*, des mandataires ayant voix à l'élection des députés.

A elles seules, ces choquantes inégalités dans les droits électoraux suffiraient pour caractériser l'ancien Régime.

L'arrêt édictait une sage mesure, celle de faire élire des députés-suppléants, dans chaque bailliage et pour chaque ordre, afin d'éviter de mettre en mouvement le corps électoral, si par suite de maladie ou de tout autre cause, les députés titulaires ne pouvaient plus siéger aux Etats.

Il portait enfin les dispositions suivantes :

« Les assemblées pour la nomination des députés aux Etats auront lieu aux sièges des bailliages principaux.

« Auront droit d'assister à l'assemblée tous les habitants composant le Tiers-Etat, nés Français ou naturalisés, âgés de 25 ans, domiciliés et compris au rôle des impositions pour 6 livres au moins, pour concourir à la rédaction des cahiers et à la nomination des députés.

« Chaque ordre rédigera ses cahiers et nommera ses députés, à moins qu'ils ne préfèrent y procéder en commun. Les cahiers seront rédigés par des commissaires et arrêtés définitivement dans l'assemblée de l'ordre. Les députés aux Etats-Généraux seront élus au scrutin. Il y aura un scrutin pour chaque député. »

La lettre de convocation des électeurs, *particulière à la province des Trois-Evéchés* (1), ayant été signée par le Roi le 7 février 1789, les opérations électorales commencèrent par les assemblées primaires.

Les trois ordres politiques du bailliage de Toul s'assemblèrent aussitôt dans chaque commune à l'effet d'élire leurs électeurs respectifs du premier degré ; les élections primaires durèrent près d'un mois.

Ensuite se tinrent à Toul, chef-lieu du bailliage, les assemblées du second degré, chargées de choisir les députés aux Etats-Généraux et les commissaires ayant mission de rédiger le *cahier des doléances de chaque ordre*, qui devait être remis aux députés.

L'ordre du Tiers s'assembla le premier : il tint séance, le 21 mars 1789, dans une salle du Grand-Séminaire, local où devaient être établis, les années suivantes, les clubs révolutionnaires. C'est au n° 21 de la rue Gengoult actuelle que se trouvait l'entrée de cette maison religieuse ; elle occupait alors presque tout

_____

(1) Cette convocation était ainsi adressée particulièrement à la province des Trois-Evêchés, qui n'avait jamais députe aux Etats-Généraux, en vertu de la disposition suivante de l'arrêté royal du 24 janvier :

« Il sera distingué deux sortes de bailliages : les bailliages principaux, qui ont député directement en 1614, et les bailliages secondaires, qui n'ont pas député directement à cette époque. »

l'espace compris entre les rues Gengoult, Saunaire et Gambetta, et on voit encore aujourd'hui le corps principal de l'ancien Séminaire, qui domine, par ses trois étages, les habitations du quartier.

Cette réunion se composait des électeurs toulois et de ceux de toutes les autres communautés du bailliage, puisque la ville de Toul avait vu repousser sa prétention de nommer un député particulier aux Etats-Généraux. Ainsi réduite à élire, concurremment avec le reste du bailliage un seul membre du Tiers-Etat, mais comptant au sein de l'assemblée du second degré de nombreux électeurs. connus pour leur libéralisme et appartenant à de vieilles familles bourgeoises, elle parvint à son but par une autre voie.

Tous les électeurs donnèrent, en effet, leurs suffrages à un Toulois, magistrat honorable et intègre. M. Maillot, Lieutenant-général au Bailliage et Siège présidial, qui fut proclamé député (1). M. François de Neufchâteau, homme de lettres, fut élu député-suppléant (2).

Les électeurs choisirent MM. Barotte, Carez, Jacquet (Toul) ; Quinot ((Hamonville) ; Chénin (Bicqueley); Beauche (Gye) ; Limaux (Void et Vacon) ; Bigotte (Punerot et Greux) ; Janrard ; Liénard ; Davrainville et de Malcuit (Villey-St-Etienne) ; Pierson ; Julliac ; Raguet

---

(1) M. Maillot fut élu à la fois *député de Toul et de Vic*, de même que M. Gérard, doyen des avocats et syndic de la ville de Vic.

L'arrêt royal du 7 février 1789, concernant la province des Trois-Evêchés, avait décidé en effet que le bailliage de Vic serait joint à celui de Toul pour *former ensemble une députation* (chaque députation comprenait deux députés du Tiers, un de la noblesse et un du clergé).

(2) Voir à l'appendice biographique qui termine ce volume les notices consacrées à Maillot et à François de Neufchâteau.

et compris au rôle des impositions pour 6 livres au moins, pour concourir à la rédaction des cahiers et à la nomination des députés.

« Chaque ordre rédigera ses cahiers et nommera ses députés, à moins qu'ils ne préfèrent y procéder en commun. Les cahiers seront rédigés par des commissaires et arrêtés définitivement dans l'assemblée de l'ordre. Les députés aux Etats-Généraux seront élus au scrutin. Il y aura un scrutin pour chaque député. »

La lettre de convocation des électeurs, *particulière à la province des Trois-Evêchés* (1), ayant été signée par le Roi le 7 février 1789, les opérations électorales commencèrent par les assemblées primaires.

Les trois ordres politiques du bailliage de Toul s'assemblèrent aussitôt dans chaque commune à l'effet d'élire leurs électeurs respectifs du premier degré ; les élections primaires durèrent près d'un mois.

Ensuite se tinrent à Toul, chef-lieu du bailliage, les assemblées du second degré, chargées de choisir les députés aux Etats-Généraux et les commissaires ayant mission de rédiger le *cahier des doléances de chaque ordre,* qui devait être remis aux députés.

L'ordre du Tiers s'assembla le premier : il tint séance, le 21 mars 1789, dans une salle du Grand-Séminaire, local où devaient être établis, les années suivantes, les clubs révolutionnaires. C'est au n° 21 de la rue Gengoult actuelle que se trouvait l'entrée de cette maison religieuse ; elle occupait alors presque tout

---

(1) Cette convocation était ainsi adressée particulièrement à la province des Trois-Evêchés, qui n'avait jamais députe aux Etats-Généraux, en vertu de la disposition suivante de l'arrêté royal du 24 janvier :

« Il sera distingué deux sortes de bailliages : les bailliages principaux, qui ont député directement en 1614, et les bailliages secondaires, qui n'ont pas député directement à cette époque. »

l'espace compris entre les rues Gengoult, Saunaire et Gambetta, et on voit encore aujourd'hui le corps principal de l'ancien Séminaire, qui domine, par ses trois étages, les habitations du quartier.

Cette réunion se composait des électeurs toulois et de ceux de toutes les autres communautés du bailliage, puisque la ville de Toul avait vu repousser sa prétention de nommer un député particulier aux Etats-Généraux. Ainsi réduite à élire, concurremment avec le reste du bailliage un seul membre du Tiers-Etat, mais comptant au sein de l'assemblée du second degré de nombreux électeurs. connus pour leur libéralisme et appartenant à de vieilles familles bourgeoises, elle parvint à son but par une autre voie.

Tous les électeurs donnèrent, en effet, leurs suffrages à un Toulois, magistrat honorable et intègre. M. Maillot, Lieutenant-général au Bailliage et Siège présidial, qui fut proclamé député (1). M. François de Neufchâteau, homme de lettres, fut élu député-suppléant (2).

Les électeurs choisirent MM. Barotte, Carez, Jacquet (Toul) ; Quinot ((Hamonville) ; Chénin (Bicqueley); Beauche (Gye); Limaux (Void et Vacon) ; Bigotte (Punerot et Greux) ; Janrard ; Liénard ; Davrainville et de Malcuit (Villey-St-Etienne) ; Pierson ; Julliac ; Raguet

---

(1) M. Maillot fut élu à la fois *député de Toul et de Vic*, de même que M. Gérard, doyen des avocats et syndic de la ville de Vic.

L'arrêt royal du 7 février 1789, concernant la province des Trois-Evêchés, avait décidé en effet que le bailliage de Vic serait joint à celui de Toul pour *former ensemble une députation* (chaque députation comprenait deux députés du Tiers, un de la noblesse et un du clergé).

(2) Voir à l'appendice biographique qui termine ce volume les notices consacrées à Maillot et à François de Neufchâteau.

(Pagny-sur-Meuse) ; Pattin (Troussey), et François de Neulchâteau (Vicherey, Maconcourt, etc.), comme commissaires-rédacteurs du cahier destiné à servir d'instructions à leur mandataire.

Les cahiers de doléances des trois ordres du bailliage de Toul constituent des documents aussi instructifs qu'ils sont importants, sans lesquels ne serait pas exactement compris le grand mouvement de 1789 ; ils sont conservés aux *Archives parlementaires*, ce qui nous permet de les publier.

Celui du Tiers-Etat, magistral dans sa précision et sa lucidité, renferme l'exposé le plus complet des nombreux et légitimes griefs, soumis au Roi et à l'Assemblée au nom des communes du Toulois.

Il ne nous appartient pas d'examiner en détail et d'apprécier ces doléances dont, comme le verra le lecteur, beaucoup, après un siècle écoulé, restent encore à satisfaire ; ce serait sortir du cadre que nous nous sommes tracé, et passer du domaine de l'histoire dans celui de la politique.

Nous devons faire remarquer toutefois que les idées maitresses, les préoccupations dominantes du cahier, tendaient à obtenir des Etats-Généraux une Constitution libérale, et préalablement le Vote des députés des divers ordres *par tête* et non *par ordre* (Ch. 1er §es 1 et 2).

De la solution de cette dernière question dépendait le sort de toutes les autres ; car, si l'on votait par ordre, le clergé et la noblesse, devant se trouver d'accord contre les réformes visant leurs priviléges, pouvaient, à la ma-

jorité de deux voix contre une, rejeter les demandes du
Tiers.

Dans la presqu'unanimité des cahiers de France, le
même désir fut exprimé, et lorsque, quelques mois plus
tard, aux Etats-Généraux, les deux classes privilégiées
se refusèrent à opérer, *en commun avec le Tiers*, la vérification des pouvoirs des députés, c'est sous son inspiration que celui-ci put prendre la résolution hardie de
se déclarer *Assemblée nationale* (17 juin).

CAHIER

*des remontrances, plaintes et doléances, moyens et avis de l'assem-
blée du Tiers-Etat du bailliage de Toul, arrêtés en l'assemblée
générale de l'Ordre, le 21 mars 1789 (1).*

La nécessité de resserrer, dans le plus court espace, la grande quantité d'objets intéressants que nous avons à parcourir, ne nous permet
pas de donner l'essor à nos sentiments de vénération et d'amour pour
la personne sacrée du Roi. Il faut nous hâter de nous rendre à ses
ordres paternels. Mais la reconnaissance, que nous ne croyons pas devoir étaler avec faste dans un long préambule, cette reconnaissance
est gravée dans nos cœurs en caractères ineffaçables ; car nous sommes
Français, et nous ne pouvons l'oublier, même dans le moment où
nous avons sous les yeux l'ensemble des abus dont nous gémissons, et
le tableau de nos malheurs. Essayons de répondre à la confiance du
monarque, et si nous indiquons nos maux, tâchons d'en trouver les
remèdes.

1. Le remède à tous les maux publics serait la suite d'une bonne
constitution nationale. Nous exposerons nos vœux à ce sujet dans un
premier chapitre.

Nous traiterons ensuite, dans autant de chapitres :

2. *De l'administration des provinces.*

3. *De la réforme des abus, quant aux impôts existants.*

4. *Des assemblées municipales.*

5. *De la réforme des abus concernant l'Eglise.*

(1) D'après un imprimé de la *Bibliothèque du Sénat*.

CHAPITRE PREMIER

Des observations générales et préliminaires.

1. Avant qu'il puisse être procédé par les Etats-Généraux à l'examen des demandes du Roy relativement à la dette et aux impôts, il sera arrêté et réglé que les délibérations desdits Etats-Généraux seront formées des suffrages de la totalité des membres ; à l'effet de quoi l'on opinera par tête et non par ordre.

2. Les Etats-Généraux fixeront aussi, avant tout, de concert avec le Roi, une *constitution* qui assure aux Français : 1° leur liberté individuelle à l'abri de toutes lettres de cachet et de tous ordres arbitraires ; 2° la garantie de la vie, de l'honneur et des propriétés ; 3° la liberté légitime de la presse ; 4° la nécessité du retour périodique des Etats-Généraux ; 5° la responsabilité des ministres du Roi ; 6° la formation des Etats provinciaux ; le tout suivant les développements ci-après.

3. Il sera statué d'abord qu'aucun impôt ou contribution, réels ou personnels, directs ou indirects, manifestes ou déguisés, qu'aucun emprunt, création d'offices, etc., ne pourront avoir lieu dans aucun canton du royaume, qu'en vertu de l'octroi libre et volontaire de la nation.

4. Il sera établi en principe et loi fondamentale : 1° que tout sujet du Roi, de quelque ordre, rang et dignité qu'il soit, ne peut se dispenser de contribuer, suivant ses biens et facultés, et dans leur proportion, aux charges publiques et contributions quelconques ; 2° que ces impôts, charges et contributions seront pécuniaires, même ceux et celles qui, mal à propos auraient été établis en nature. Qu'il n'y aura à l'avenir dans chaque paroisse ou communauté que deux rôles des impositions, l'un pour la taxe sur les biens-fonds situés dans le terri-

toire, soit que les propriétaires résident ou ne résident pas, l'autre pour la taxe, sur le personnel, dans lequel rôle personnel seront réunis et fondus la capitation, la subvention et les accessoires, l'industrie, la taxe sur les capitalistes, rentiers, pensionnés, artistes, commerçants et autres ; 4° que dans les deux rôles, l'un réel, l'autre personnel, seront compris en trois chapitres, tous les biens et sujets du clergé, de la noblesse et du tiers-état.

5. On proscrira comme un des impôts indirects les plus lourds et les plus injustes, la classe de franchise des impositions et charges publiques, insérée par abus dans les lettres de noblesse, création d'offices et chartes particulières. Il sera défendu aux tribunaux d'avoir égard à cette clause ; et loin d'attacher de l'honneur à la prétention de cette espèce de franchise, on la notera comme un crime envers la nation.

6. Aucuns impôts, charges et contributions publiques ne seront délibérés et accordés qu'après que tous les articles de la constitution nationale auront été délibérés par l'assemblée des Etats-Généraux et sanctionnés par le Roi.

7. L'octroi d'aucun subside ne sera accordé que pour un temps et jusqu'au terme fixé pour le retour des Etats-Généraux ; lequel terme passé, la perception desdits subsides sera, en crime capital, poursuivi extraordinairement par tous juges et tribunaux qui en demeureront chargés et responsables.

8. Il sera posé pour base de tous les départements, Etats provinciaux et administrations publiques quelconques, l'obligation de publier des comptes annuels, imprimés, et affichés par même extrait, et l'on statuera des peines contre ceux qui manqueraient ou tarderaient d'éclairer ainsi la nation sur le chef de comptabilité dont ils seraient chargés.

9. Pour répondre au patriotisme du tiers-état, et lui rendre moins dures les pénibles conditions auxquelles lui seul est sujet, il sera déclaré que tout individu du peuple est capable de toutes les places, offices et dignités militaires, judiciaires, ecclésiastiques, et autres, s'il en est digne.

10. Toutes les pensions, grâces, distinctions, faveurs et récompenses pécuniaires du gouvernement, seront soumises à une vérification sérieuse et contradictoire ; les demandes, motifs et clauses en seront publiés : et de plus, tout bienfait, toutes distinctions seront désor-

mais personnels, et ne pourront être substitués perpétuellement aux familles, à moins que la nation assemblée ne veuille récompenser ainsi quelques vertus rares et extraordinaires.

Tels sont les articles préliminaires qui devront être convenus et arrêtés avant que les députés de la nation puissent s'occuper du déficit et des besoins du Roi.

CHAPITRE II.

De l'administration des provinces.

Nous désirons à cet égard et demandons ce qui suit :

1. Que les Etats-Généraux et le Roi lient également, et par les mêmes privilèges, toutes les provinces de France, qui sont des branches du même arbre, de manière à les incorporer toutes, et si intimement au tronc national : 1° que tous les sujets du Roi soient vraiment Français par le gouvernement, comme ils le sont tous par l'amour qu'ils portent à leur souverain : 2° qu'il n'y ait point de préférence ou de prérogatives pour certaines provinces qui ne soient étendues à toutes les autres, attendu que l'égalité est le seul fondement de l'unanimité, et l'unanimité le seul fondement de la puissance et la seule caution du succès ; 3° enfin, que les étrangers, voisins des provinces frontières, puissent désirer et envier le gouvernement juste et paternel du royaume.

2. Pour y parvenir, il sera formé, dans chaque province, des Etats dont les membres seront librement élus par des assemblées graduelles et élémentaires les unes des autres ; lesquels Etats seront chargés tant de la répartition et des moyens de perception des impôts librement consentis par la nation que de l'administration des grandes routes, de la navigation intérieure, des travaux publics et du détail de tout le bien que l'intention du Roi est de faire à ses peuples ; bien que les peuples doivent non-seulement attendre aujourd'hui des vertus personnelles de Sa Majesté, mais qu'ils ont intérêt d'assurer à leur postérité, indépendamment des décisions passagères et de la mobilité des ministres et des agents du fisc.

3. En conséquence, il sera pris les précautions nécessaires : 1° Pour que les Etats provinciaux se renouvellent par les élections triennales et libres ; 2° Que ces assemblées représentent vraiment toutes les classes du peuple, et que le tiers-état y soit en nombre au moins égal à celui des deux autres ordres ; 3° qu'à cet effet cette province soit di-

visée en autant d'arrondissements que les **Etats** provinciaux pourront avoir de députés, et que chaque arrondissement nomme le sien ; 4° qu'il soit recommandé que ces assemblées soient surtout extrêmement économes, et 5° que les fonds des provinces, remis à leur disposition (lesquels sont le sang et la substance de la nation), ne puissent jamais être dilapidés, ni employés arbitrairement, ni divertis de leur destination.

4. Accorder en particulier cet établissement à cette généralité à charge et non autrement : 1° que les Etats de la province se tiendront tous les ans, aux moindres frais possible, et alternativement dans les cités épiscopales de Metz, Toul et Verdun, qui ont donné leur nom à la généralité ; 2° que ces Etats n'auront jamais le droit de députer directement aux Etats-Généraux de France, droit qui doit être conservé à chacun des bailliages ; de manière non-seulement que les Etats provinciaux reconnaissent la puissance supérieure de l'assemblée nationale, mais encore que leurs membres, graduellement et librement élus pour administrer la province, soient jaloux de mériter son suffrage, et donnent l'exemple nécessaire de venir se rendre dans les assemblées du peuple, pour obtenir la confiance successive, qui seule peut élever un simple particulier du rang de citoyen au rang de député de ses concitoyens ; de ce premier choix à l'honneur d'être du nombre des électeurs et du nombre des électeurs à l'inestimable avantage d'être l'objet du choix définitif qui consacre le premier jugement du peuple, en chargeant un des objets de ce premier jugement de représenter le peuple aux Etats-Généraux.

5. On a déjà dit que les impôts directs doivent être réduits à deux seules classes de tributs, l'une sur les terres, l'autre par tête, et toutes deux en argent ; mais quand les Etats-Généraux auront fixé ces deux objets, les Etats des provinces seront chargés de rendre ces deux impôts le plus égaux, le plus justes possible ; de sorte : 1° que chacun, à raison de ses biens ou de son industrie, puisse se cotiser soi-même et éclairer la cote de ses concitoyens ; 2° qu'on cherche et qu'on emploie tous les moyens de diminuer la perte de temps, les dangers et les abus de la collecte et de la perception ; 3° que les Etats puissent substituer les modes de recouvrement les moins onéreux aux services des compagnies, fermes et régies actuelles.

6. Quant à l'impôt sur les terres, il est important qu'aucune sorte de propriété féodale, domaniale, ecclésiastique et autre n'en puisse

être exempte ; mais il importe aussi que ces terres soient classées suivant leur nature, leur degré de fécondité ou d'agrément, les obstacles de leur culture, etc. et la confection de ces cadastres particuliers, qui peuvent conduire au cadastre universel du royaume, mérite tellement l'attention des Etats des provinces qu'on ne saurait douter que ces divers Etats ne soient très empressés de donner les premiers le modèle de la perfection en ce genre.

7. Quant à l'impôt sur les personnes, lequel se multiplie et se renouvelle, comme l'hydre, sous tant de formes différentes, il faut le simplifier et le combiner de façon : 1o que son produit entier, après les besoins de la province, se rende dans les coffres du Roi ; 2o que tous les besoins publics, auxquels on a successivement appliqué la subvention, la capitation, l'industrie, la prestation représentative de la corvée, soient remplis, tant par ce tribut que par celui sur les terres, dans la proportion la plus égale entre les propriétaires fonciers, les capitalistes, les commerçants, les banquiers, les rentiers, etc., 3o enfin, qu'en cas d'injustice ou de surcharge, dans l'un ou l'autre rôle, il y ait, pour tous les contribuables, des manières simples, non coûteuses, non périlleuses, de se faire entendre, de réclamer l'égalité des charges, et d'obtenir enfin, s'il le faut, de Sa Majesté même, une décision qui soit publique, éclatante, gratuite, et qui ne puisse être sujette à des infractions ou à des vengeances particulières.

8. Au moyen de ces deux impositions directes en argent sur les fonds et par tête, il conviendra de supprimer, abolir, anéantir tous les autres impôts directs qui se sont accumulés avec le temps sans avoir reçu de la nation cette sanction nécessaire qu'elle ne peut leur accorder ; tels que : 1o la subvention, dont le fardeau principal et subsidiaire s'est accru sans mesure, et a été fixé, en 1780, au delà de son taux naturel ; 2o la capitation, établie pour un temps par Louis XV, et qui ne pouvait pas être prorogée ; 3o l'industrie ; 4o l'impôt représentatif de la corvée, lequel doit être supporté proportionnellement par les propriétaires des terres et par les autres sujets du Roi, dont la fortune n'est pas fondée sur des propriétés.

9. Il en est de même des impôts indirects, lesquels ne peuvent subsister ; mais comme leur existence est un des principaux abus qui grèvent le royaume, et sur lequel Sa Majesté invoque les doléances et les plaintes de son peuple, ce sera l'objet d'un chapitre particulier. Nous aurons ici beaucoup d'autres détails d'amélioration et de pros-

périté des provinces à indiquer, comme la recherche des moyens de
remplacer la fouille des salpêtres, etc. Mais nous devons nous borner
à désirer des Etats provinciaux, chargés, sous l'autorité du Roi, des
lois d'administration faites et des établissements ordonnés par l'assemblée nationale, en fait d'économie politique, d'instruction publique, de
culture, d'art, de commerce, de communications, de salubrité, de
subsistance, de dépense locale, etc.

10. C'est dans la confiance que nous obtiendrons ces Etats, que
nous nous abstenons ici d'une foule de détails et de demandes particulières, consignées dans les cahiers de la ville et des communautés de
la campagne ; détails et demandes dont les objets sont très importants
et accusent la négligence, l'oubli et l'impuissance des administrations
précédentes ; détails et demandes dont nous ne pouvons à la vérité
surcharger l'attention des Etats-Généraux, mais qui méritent d'être
expressément réservés pour occuper la sollicitude et exciter le zèle
d'une administration locale. En conséquence, les communautés seront
averties, par leurs députés présents à cette assemblée, que celles de
leurs doléances qu'on a jugé ne pouvoir entrer dans la rédaction du
cahier général, comme tenant à des objets particuliers, sont et demeurent spécialement recommandées à l'attention des futurs Etats provinciaux, dont les syndics seront tenus de poursuivre tous ces objets,
comme parties principales ou intervenantes, et reçus à demander ce
qu'ils estimeront être de l'avantage et de l'intérêt des cités et communautés du ressort, en vertu desdits cahiers, desquels la copie leur sera
remise dans le temps.

CHAPITRE III.

De la réforme des abus quant aux impôts existants.

1. On s'est expliqué sur ceux de ces impôts qui doivent être réunis
et représentés par les deux impositions en argent, territoriale et personnelle. Mais il est une foule d'autres contributions, sous lesquelles le
peuple est accablé, qu'il supporte presque seul, ou qui, si elles sont
supportées aussi par les deux autres ordres, répugnent tellement à la
justice et à la politique, que le vœu de la saine partie de la nation
s'élève pour les proscrire, telles que les loteries et les rentes viagères,
ressources perfides et indignes d'un gouvernement vertueux et loyal.
Il ne faut pas balancer non plus à prononcer la suppression de ceux de

ces impôts indirects qui écrasent tous les sujets du Roi, tels que la gabelle, déjà *jugée* par les notables, et réprouvée par le cœur bienfaisant de Sa Majesté. Le sel et le tabac (ces deux sources de vexations, de supplices affreux), doivent être rendus marchands dans tout le royaume ; mais surtout le sel, si nécessaire à l'homme, si indispensable aux bestiaux.

2. Le tirage au sort des soldats provinciaux, connu ci-devant sous le nom de milice, est un impôt cruel, pour un objet auquel tout le monde a un égal intérêt. Tout le monde doit donc y concourir, car nulle classe de citoyens ne doit être défendue et protégée aux dépens d'une autre classe. Quand le service militaire sera bien constitué, et que la paye des soldats ne sera point absorbée par le luxe des grades supérieurs, qui est tel que la dépense totale des soldats de l'armée du Roi n'est que de 44 millions, et celle des officiers 46 millions ; quand cette disproportion sera réformée, on trouvera des volontaires. On n'aura pas besoin d'enlever par force des bras à l'agriculture et de déplacer tous les ans, à grands frais, toutes les communautés, comme cela se pratique actuellement.

3. Cette province restera toujours dans un état d'infériorité et de dépopulation, si on ne la débarrasse des entraves qui environnent ici chaque ville et chaque village ; qui rendent nos marchés déserts et nos foires nulles; qui ne permettent pas aux habitants du Toulois de sortir de chez eux sans rencontrer à chaque pas des gardes, des bureaux : de manière que les Lorrains, les Évêchois, les Champenois, les Barisiens, les Alsaciens, quoique tous sujets du Roi, ne peuvent se communiquer, sont réputés étrangers les uns aux autres, et doivent préférer de rester sans commerce, plutôt que de tomber dans les pièges des acquits et confiscations.

4. La marque des fers et les droits de la marque des cuirs sont aussi des impôts onéreux au commerce et à l'agriculture. La perception du droit sur les cuirs est dispendieuse, et quant au droit sur les fers, il est tel que les outils les plus nécessaires sont hors de prix. Cet objet est bien digne d'être pris en considération par les États-Généraux. On doit en dire autant des droits sur les huiles et savons, et ceux sur les papiers, de l'établissement inutile dangereux et coûteux des haras, etc.

5. Il y a une foule d'offices dont le recensement serait trop long, qui ne produisent que des exactions sur le pauvre peuple. Ce sont des impôts déguisés et qui doivent être anéantis. Il faut mettre au premier

rang de ces sangsues et fléaux à détruire, les huissiers-priseurs vendeurs de meubles, qui dévorent les chétifs effets que la misère et les impôts peuvent laisser aux malheureux habitants des campagnes. Le droit sur les ventes mobilières peut être un impôt excellent sur le luxe et les successions fastueuses des riches, dans les grandes villes ; mais dans cette province, dont les habitants ont à peine les meubles nécessaires, taxer cet objet, c'est lever un impôt sur l'indigence même. Cet impôt ne peut subsister,

6. Le droit de franc-fief est contraire à la constitution du pays. Notre député fera valoir à ce sujet les considérations particulières tirées de nos lois et des usages locaux de Toul. Mais il est une considération générale, qui doit faire supprimer ce droit dans tout le royaume : c'est qu'il est nuisible aux intérêts de la noblesse même, et qu'il empêche de tirer parti de ces biens-fonds.

Nous ne sommes plus au temps de l'anarchie féodale. La cause de ce droit ne subsiste plus ; il faut donc l'abolir.

7. Les receveurs généraux et particuliers des finances, ceux des revenus des villes, et une multitude d'autres trésoriers et caissiers, ont des attributions considérables. Leur service peut se faire à moins de frais, par les préposés des Etats provinciaux. Grande économie pour le peuple ! et en même temps gain assuré pour le trésor royal ; enfin, service essentiel à rendre au public, en imposant à tous ceux qui manient ses deniers, l'obligation de les verser fidèlement et promptement dans la caisse où ils doivent parvenir, sans que ces trésoriers et caissiers puissent jamais abuser de ce moyen de crédit, pour exercer des monopoles, pour gêner le commerce et affamer la nation.

8. Un des plus grands abus en matière d'impôts, directs ou indirects, c'est l'ambiguïté, l'obscurité, la multiplicité des décisions du code fiscal ; d'où dérivent les extensions criminelles qu'invente à chaque instant le génie financier, qui effrayent et ruinent le redevable, et qui sont même consacrées quelquefois par les Tribunaux. Les Etats-Généraux ne peuvent éclairer trop tôt et trop exactement ce labyrinthe tortueux. Ainsi, dans toutes les parties des impôts et finances qui seront par eux conservées ou établies, contrôles, domaines, régies, fermes quelconques, il sera rendu des lois et formé des tarifs assez clairs, assez précis, assez notoires, pour que chacun puisse connaître le droit qu'il doit payer et la contravention qu'il peut encourir. Les amendes excessives de ces contraventions seront supprimées. On abrégera les délais

de la recherche des droits omis, et l'on simplifiera les recouvrements, dont le mode est trop onéreux.

CHAPITRE IV.

Des assemblées municipales.

1. Une assemblée municipale, élective et bien composée, est un des grands ressorts du bien et de l'esprit public. Mais il faut supprimer irrévocablement, dans les villes et les campagnes, toutes places municipales en titre d'office à finance, et tous droits de représentation publique attachés à certaines personnes, à certaines commissions, à certaines propriétés ; il faut le choix, l'aveu, le mandat exprès du peuple, pour gérer ses affaires. La cité de Toul a des raisons et des moyens particuliers de rentrer dans le droit d'élection de ses officiers municipaux. Le député aura soin de faire valoir ces raisons et ces moyens, qui amélioreront et soulageront les finances de la cité.

2. Le député demandera en même temps que les assemblées municipales des campagnes soient confirmées, avec des pouvoirs plus certains et mieux définis ; qu'elles soient autorisées à correspondre directement avec les États de la province, ou leur commission intermédiaire ; que les places desdites assemblées puissent être honorables et recherchées par les sujets les plus distingués, sans leur donner aucun moyen d'opprimer leurs concitoyens.

3. Pour rendre les assemblées municipales des villes et des campagnes, l'objet de la confiance des peuples, les habitants de chaque lieu auront le droit d'assister à des séances publiques, qui seront tenues tous les trois mois, et dans lesquelles il sera donné lecture des délibérations et opérations faites dans cet intervalle, de sorte que chacun puisse suivre le cours des affaires communales, et se préparer à y concourir d'une manière utile.

4. Dans tous les lieux où il n'y a pas un siège de justice subsistant, on doit attribuer aux assemblées municipales une juridiction gratuite et modique, suffisante pour faire comparaître les parties par assignation verbale du lieutenant des lieux, pour exercer la police, pour réprimer les délits, *mésus* et anticipations ; pour accommoder les petits différends, pour faire respecter les plantations et autres objets confiés à la foi publique ; de tout quoi il sera dressé des actes et procès-verbaux

en papier libre, et sans contrôle, dont copie sera délivrée à celui qui voudra en porter l'appel au bailliage royal, ou siège présidial, suivant l'exigence des cas.

CHAPITRE V.

De la réforme des abus concernant l'Eglise.

1. Le Tiers-État applaudit aux dispositions du règlement qui appellent aux Etats *tous ces bons et utiles pasteurs*, plus instruits que personne, par une expérience journalière des misères et des plaintes du peuple. Mais pour mettre ces hommes si respectables à portée de remplir leur ministère et le vœu de leur cœur, il est à désirer qu'on supprime cette rétribution sordide qu'ils sont obligés de percevoir, sous le titre de *casuel*, et que la masse des revenus ecclésiastiques, mieux distribués et rendus aux curés et vicaires, les dispense de recourir à un tribut aussi odieux.

2. L'édit du mois d'avril 1695, concernant la juridiction ecclésiastique, a été rendu sur les représentations des députés du clergé du royaume, comme on le voit par le préambule. Cette loi a accordé au clergé, en général, des faveurs et privilèges, qui chargent le reste de la nation, et qui ne peuvent subsister sans le consentement des Etats-Généraux. Car il n'est pas juste qu'un des trois ordres de l'Etat, dans le temps où il jouissait seul de la faculté de s'assembler, ait profité de la circonstance pour se faire donner des immunités et des droits qui retombent sur les deux autres ordres. Cette loi sera donc revue par les Etats, et il y sera changé, ôté ou ajouté, ce que la nation assemblée jugera à propos d'y changer, ôter et ajouter, sans égard aux confirmations suspectes et non contradictoires que le clergé a obtenues sur sa requête.

3. Nous désirons surtout qu'on rappelle les dîmes à l'esprit de leur institution, qui en fait le patrimoine de chaque église. En conséquence, les réparations et reconstructions totales des églises, paroisses, annexes et succursales et des maisons de cure seront à la charge des décimateurs, de sorte que les paroissiens ne puissent être tenus d'y subvenir, en tout ou en partie, qu'après l'épuisement des dîmes et des fabriques. A l'effet de quoi, une partie du revenu des dîmes et fabriques sera mise tous les ans en réserve, et il sera dérogé à l'article 21 de l'édit de 1695, et à tous autres règlements modernes, contraires

aux lois anciennes et à la cause originaire de la dîme, l'un des impôts les plus forts qui existent.

4. Quant aux droits seigneuriaux et de justice, appartenant aux bénéfices, dans lesquels droits l'article 49 de cet édit de 1695 maintient les ecclésiastiques, *quand même ils ne rapporteraient que des titres et preuves de possession*, il sera dit qu'un tel article est un abus, et les seigneurs ecclésiastiques seront ramenés, par le vœu national, au droit commun qui soumet les seigneurs laïcs à l'obligation de justifier, par titres valables, de l'origine et de la cause des droits seigneuriaux exhorbitants, sans que la possession puisse légitimer ces redevances, dont quelques-unes même sont peu dignes des ministres de l'Evangile qui les exigent.

CHAPITRE VI.

De la justice civile.

1. La justice est la dette principale des rois envers le peuple : elle ne saurait être rendue avec trop de soin, de célérité, d'économie ; en conséquence, Sa Majesté sera suppliée de révoquer tous *committimus*, évocations, tribunaux d'exception, *pareatis* au grand sceau, tribunaux privilégiés, et toutes commissions qui ne peuvent servir qu'à vexer les parties, en les éloignant de leurs foyers et en multipliant les frais. Toutes sortes d'affaires contentieuses, même celles consulaires et d'eaux et forêts, seront renvoyées aux officiers des bailliages et juges ordinaires en première instance, à charge de juger les matières sommaires sans papier timbré et sans frais, conformément aux lettres patentes rendues en 1769 pour la Normandie.

2. Que les provinces seront autorisées à rembourser tous les offices de procureur ; c'est le seul moyen de faire réussir les autres mesures qu'on prendra pour l'abréviation des procès, le retranchement des formalités et la taxe plus modérée des frais.

3. Le bienfait qu'annonçait aux peuples l'établissement des sièges présidiaux, n'a jamais été complété, surtout dans cette province, où les présidiaux ne jugent en dernier ressort que jusqu'à 1,200 livres. Il est nécessaire d'élever leur compétence à une somme plus forte, et d'assurer tellement l'exécution de leurs jugements, que la chicane et la mauvaise foi ne parviennent plus à les éluder et à faire remettre en question ce qu'ils ont décidé.

4. L'édit de la régie des hypothèques a besoin d'être refondu sur un plan nouveau qui rende ces hypothèques plus assurées, en ordonnant que les acquéreurs seront tenus de faire afficher l'extrait de leur contrat à la porte de l'église paroissiale du lieu de la situation des biens acquis, et que les vendeurs seront également tenus de faire insérer dans les contrats la mouvance des biens et les noms des différents possesseurs, dix ans antérieurement à la passation des mêmes contrats, à peine d'être déchus du bénéfice des lettres de ratification et par un règlement qui prévienne en même temps la longueur dispendieuse des collocations et distributions ; enfin, nous désirons qu'il n'y ait plus d'incertitude sur l'hypothèque résultant des actes passés par les tabellions des seigneurs.

5. Les ordonnances sur ces lettres de répit n'ont pu empêcher des débiteurs de mauvaise foi de tromper leurs créanciers par des arrêts de surséance surpris à la religion du Conseil. Ces lettres de répit ou ces arrêts de surséance ne devraient pas avoir lieu, ou ne devraient être obtenus qu'après une vérification juridique et locale de l'exposé des requêtes des débiteurs.

6. De tous les règlements à faire sur la justice civile, le plus essentiel est une ordonnance expresse pour favoriser les arbitrages et les chambres de conciliation. Dans les villes, on établira à cet effet des conseils charitables. Dans les campagnes, on autorisera les assemblées municipales, comme on l'a dit à leur article.

CHAPITRE VII.

De la Justice criminelle.

1. Un cri général s'est élevé contre quelques dispositions des lois criminelles de France et de tristes exemples ont appuyé cette réclamation. L'humanité, la raison, la justice veulent que l'on donne aux accusés un défenseur et un délai pour reprocher les témoins ; que ce défenseur puisse voir les informations après l'interrogatoire ; que ces informations soient faites, non pas devant un juge seul, mais par devant deux juges et les interrogatoires par-devant la compagnie entière qui doit juger.

2. La nouvelle législation criminelle ne peut être mieux couronnée que par la destruction absolue du préjugé qui note d'infamie les parents des suppliciés.

CHAPITRE VIII.

De la justice gruriale ou des eaux et forêts

1. Il est reconnu que l'administration actuelle des eaux et forêts est trop dispendieuse, qu'elle absorbe les produits des bois, et qu'elle entraîne d'autres maux, détaillés avec énergie dans les doléances de plusieurs campagnes, et surtout dans celles du bourg de Pagny-sur-Meuse. Il est indispensable de changer cette administration, d'adopter une régie économique et de pourvoir au repeuplement des bois, en évitant les vexations des officiers et des gardes.

2. Le détail des précautions à prendre, pour former ce nouveau régime, excéderait les bornes de ce cahier ; mais on ne saurait trop recommander au député d'insister sur ce point important et de représenter avec la plus grande force la dissipation immodérée et la disette progressive des bois, qui menacent la province et le royaume du dernier des malheurs, s'il n'y est pourvu promptement, surtout par la suppression ou suspension des usines à feu, trop multipliées, et par la destruction des salines de Lorraine et des Evêchés.

3. Mais ce n'est pas assez de veiller à l'aménagement et à la conservation des forêts existantes, il faut regarder dans l'avenir et travailler pour la postérité ; c'est en ce genre que les assemblées municipales pourront être très utiles, si elles sont autorisées à planter des bois dans les places vides des forêts, et dans les portions de communes qu'elles pourront mettre en réserve à cet effet.

4. Il est probable qu'on trouvera dans le pays des mines de charbon de terre ; c'est un objet de recherche dont l'utilité sera digne d'occuper les Etats provinciaux ; il compensera bien la dépense qu'ils pourront y consacrer.

CHAPITRE IX.

Des doléances particulières des campagnes.

1. C'est ici, surtout, que l'on doit regretter que la précision du cahier et la multitude d'objets à présenter aux Etats-Généraux empêchent de développer la situation malheureuse des habitants des campagnes de ce ressort. Enclavés de toutes parts dans les provinces voisines avec moins d'avantages et de ressources que n'en ont les sujets du Roi dans ces provinces, les cultivateurs et manœuvres du pays toulois

sont accablés également de l'exorbitance des droits seigneuriaux, et de l'impossibilité de payer les subsides. Un calcul (que notre député mettra sous les yeux de la nation) démontre que ces respectables et laborieux cultivateurs, après avoir payé la dîme, les redevances aux seigneurs, et l'impôt, ne tirent presque rien pour eux de cette terre que leurs sueurs arrosent et rendent fertile pour d'autres. C'est dans cet état d'angoisses et de privations continuelles, que des milliers d'hommes utiles sont obligés de végéter péniblement ; tandis que leur labeur fournit aux profusions et à la mollesse de quelques individus, lesquels sont *privilégiés* et ne payent à l'Etat que ce qu'ils veulent.

Quel tableau à présenter ! et que cette idée douloureuse doit engager puissamment les Etats-Généraux à seconder les vues économiques, les vues sages, les vues paternelles du monarque, pour le soulagement de cette classe précieuse de son peuple, qui nourrit et soutient l'Etat, qui en fait à la fois la force et la richesse, et qui pourtant languit dans la misère et le dénûment.

2. D'après ces considérations, on a lieu d'espérer que l'on ne trouvera nulle difficulté à faciliter aux cultivateurs les moyens de racheter ou convertir en argent, ces prestations, ces droits seigneuriaux excessifs dont ils sont grevés. Le Roi peut en donner l'exemple, et sans doute il doit en donner la loi, car ces droits abusifs conservent les vestiges de la servitude qu'il a voulu détruire. Ils nuisent à l'agriculture, ils la flétrissent, ils l'écrasent. La banalité, inconnue dans le droit à Toul, est établie, dans le fait, en plusieurs endroits, contre le texte précis de nos lois. Il y a des droits plus odieux encore. Les prairies sont dévorées par les bœufs des seigneurs. Les champs en jachère payent des cens aussi forts que les terres cultivées. Des droits régaliens, extorqués avant la réunion à la couronne, continuent à être perçus, depuis que le Roi est devenu, par le traité de Munster, le seul législateur et le seul maître de la souveraineté. Les tribunaux, qui auraient dû venir au secours des sujets du prince, ont cédé autrefois à un esprit de complaisance ou de religion, qui a consacré ces abus et les a fait passer en chose jugée. Aujourd'hui donc, il n'y a que la réclamation et l'indignation universelle qui puissent renverser et proscrire ces attentats contre le peuple. Mais sans les proscrire, on peut les évaluer en argent, les modérer, les restreindre dans leurs limites naturelles. Le peuple ne demande rien que de juste. Mais si l'on ne veut pas lui rendre justice, du moins qu'on lui fasse grâce.

3. Les conventions des hommes, les ventes et contrats, etc. sont soumis à des droits seigneuriaux et royaux, qui empêchent et suspendent toutes les affaires. Les lots et ventes sont accablants. Il serait surtout à désirer qu'on modérât les droits des actes d'échange destinés à réunir les possessions champêtres, lesquelles sont trop divisées dans cette province, ce qui fatigue le cultivateur, épuise les bestiaux et multiplie les procès.

4. Sans les secours et avances pécuniaires, il n'est point d'amélioration, ni même de culture. Les Lorrains, nos voisins, et les habitants de plusieurs provinces du royaume, jouissent de la faculté précieuse d'emprunter par billets stipulatifs d'intérêt, aux taux du Souverain. Les Evêchois en sont privés par un préjugé qui ruine leur agriculture, comparée à celle de ces provinces ; et nulle banque rurale, nul établissement public ne vient à leur aide. Il n'est pas possible de laisser subsister un préjugé si contraire aux principes de l'économie politique.

5. Il existe une bigarrure singulière, dans un même bailliage, entre les poids, aune et mesures dont se sert chaque canton. Est-ce qu'il est donc impossible de parvenir sur ce point à l'uniformité ? La réduction s'opère avec facilité dans le commerce. Elle n'aurait aucun inconvénient et pourrait résulter, dans cette province, de la bonne formation des Etats provinciaux.

6. On a formé, dans les capitales, des écoles vétérinaires, et c'est un bien, mais les hommes aussi, les hommes laborieux des campagnes méritent de n'être pas abandonnés. Pourquoi donc ne pas procurer dans les arrondissements des campagnes des matrones expérimentées, des chirurgiens habiles et choisis au concours, qui puissent soulager les pauvres malades et veiller à la conservation de la classe la plus à plaindre des sujets du Roi ? Les traitements de ces chirurgiens et les frais des remèdes seraient prélevés aisément sur tant de fondations inutiles et sur tant de bénéfices trop considérables qu'il faudrait diviser et affecter à cette bonne œuvre, ainsi qu'à l'éducation des pauvres orphelins, et en général, à l'éducation publique et nationale.

7. Nous estimons et observons que si on veut encourager l'agriculture, il faut : 1° favoriser la libre circulation des grains, tant que leur prix ne passe pas 10 livres le quintal ; 2° sans trop gêner le droit de propriété, remédier à la manie de la plantation des vignes dans les ieux qui n'y sont pas propres ; 3° détruire ou restreindre cette im-

4

mense quantité de colombiers, sans titre ou avec titre, repaires privilégiés des oiseaux, voleurs de nos grains et ennemis de nos récoltes ; 4° ne pas placer les casernes des troupes uniquement dans les villes , mais vivifier aussi, par ce moyen, les villages éloignés qui ont des fourrages et des denrées à vendre, et qui manquent de chemins et de débouchés ; 5° enfin, revoir les lois et règlements sur les parcours, sur la pâture, sur les clôtures, sur tous les objets champêtres.

8. Il faudrait beaucoup d'autres précautions que l'on ne peut pas même indiquer ici. On nous objectera que ces détails sont prématurés ; qu'ils ne peuvent concerner les premiers Etats-Généraux, qui seront suffisamment occupés de la Constitution nationale ; que chacun convient de la nécessité de remédier aux malheurs des campagnes ; et que lorsque les bases du bonheur et de l'esprit public seront bien posées, le bien de détail en découlera et s'opérera de lui-même, par l'excellente organisation des Etats provinciaux et des assemblées municipales. Il faut donc attendre encore, il faut donc différer le bien si nécessaire, si urgent. Mais du moins, qu'il nous soit permis d'en garantir l'espérance à ces peuples infortunés qui osent à peine y compter. La parole sacrée du Roi a ranimé leur confiance. La nation s'assemble pour ratifier ces promesses. O prince bienfaisant ! O généreuse nation ! Ne trompez pas l'attente du bon cultivateur, victime depuis tant de siècles des abus, des vexations, des surcharges, des privilèges dont vous annoncez la réforme ! Et que le résultat d'une assemblée si solennelle soit tel, que le pauvre peuple en bénisse l'effet, et en célèbre la mémoire.

CHAPITRE X.

Du commerce.

1. Ce chapitre sera très court malheureusement, parce qu'une cité et qu'un pays, enfermés de toutes parts dans les barrières de la Lorraine, où rien ne pénètre, d'où rien ne peut sortir sans payer des droits énormes, une telle cité, un tel pays, subordonnés à l'empire du trafic d'une ville voisine et privilégiée, ne peuvent avoir par eux-mêmes qu'un trafic impuissant et un commerce malheureux. Cependant la situation de la ville de Toul, sur la Moselle (qu'il est facile de réunir à la Meuse, suivant un projet magnifique du maréchal de Vauban, renouvelé par M. de Caraman), cette situation serait favorable à l'in-

dustrie et au négoce, mais tant que subsisteront les anciens tarifs, reste de la division des souverainetés, il n'y a rien à espérer.

2. Tout ce qu'on peut demander dans ce moment-ci, c'est : la révocation de l'arrêt du Conseil, qui assujettit la vente des bibliothèques à des formalités coûteuses et gênantes ; 2° d'accorder dix jours de grâce dans la place de Toul, en matière de lettres de change, comme en d'autres parties du royaume ; 3° de supprimer l'impôt particulier par pièce de vin qui passe dans le pays messin, impôt qui met une entrave presque insurmontable au seul commerce de Toul, et dont la Lorraine a été affranchie par l'arrêt.

CHAPITRE XI.

Des doléances particulières de la ville et cité de Toul.

1. Nous avons lu avec intérêt et approuvé le cahier des doléances de la ville et cité de Toul ; mais les excellentes réflexions et les détails précieux qu'il contient, trop étendus pour trouver place dans ce cahier, méritant d'être lus et médités dans celui-là même, nous en recommandons la lecture et l'étude à notre député ; et pour fixer son attention sur les points principaux qui ont attiré la nôtre, nous observerons que cette ville et cité est grevée de plusieurs charges, engagements et droits onéreux : 4 sous pour livre, don gratuit, octrois payés à la régie, droit de quittance, droit de coupelle et de mouchelle, logements, ameublements et fournitures des gens de guerre, contribution pour la renfermerie de Metz, cens, attributions et traitement dispendieux des officiers municipaux à finance, etc. de toutes lesquelles charges, engagements et droits dont il convient de demander la suppression ou la conversion.

2. Le nombre considérable de maisons de cette ville, qui appartiennent aux gens de mainmorte et qui occupent la moitié de son enceinte, est digne aussi de quelque attention. Il est important de faire rentrer ces maisons dans le commerce par les moyens indiqués.

3. Les sujets du pays toulois ne sauraient se dispenser de réclamer avec vigueur contre les lettres-patentes du 18 août 1776, qui, par une innovation injuste envers eux, ont affecté à des nobles les prébendes du Chapitre de la cathédrale de Toul. Ces lettres-patentes et la réduction des prébendes sont contraires à la fondation de cette Eglise, à laquelle les empereurs ont donné autrefois la moitié du pays toulois, pour entretenir soixante chanoines, sans qu'il fut question de nobles.

4. Enfin, outre la demande générale du rétablissement de l'élection des officiers municipaux, il convient d'insister sur la nécessité d'associer en tout temps, au corps municipal quelconque, le conseil des notables de la ville, pour l'assiette des impôts, l'adjudication des octrois, les formalités à observer au sujet des procès, des emprunts et des comptes de la cité de Toul.

Quant aux doléances des corporations, elles se trouvent à peu près renfermées implicitement dans quelques-uns des chapitres de ce cahier général. Et les points trop minutieux, qui ont paru peu dignes des regards de la nation, seront traités ensuite avec plus de convenance par les Etats provinciaux, auxquels, comme on l'a dit, appartiendra le soin de répondre à tous les articles de doléances locales qui n'auront pu être soumises aux Etats-Généraux.

CHAPITRE XII.

Des moyens généraux.

1. Le Roi demande des moyens. Nous supplions Sa Majesté de considérer que le fonds le plus sûr est la diminution des dépenses. C'est une vérité dont notre bon Roi est convaincu ; mais telle est la force des abus, la prépondérance du rang et l'influence du crédit dans l'administration ministérielle que l'autorité du Souverain, secondée par son propre caractère, n'est pas suffisante pour réprimer les usurpations de sa faveur, pour corriger les scandales du luxe, et pour fermer ce gouffre épouvantable, cet abîme où chacun va s'engloutir par un effet de la malheureuse stimulation qu'inspire la trop grande inégalité des fortunes ; mais la nation assemblée a le droit de se montrer inflexible envers les déprédateurs. Puisque c'est elle qui paye, elle a le droit de vérifier les mémoires et d'arrêter les dépenses. En conséquence, les Etats-Généraux, après avoir examiné et classé les dettes qui forment l'objet du déficit, introduiront l'économie la plus rigoureuse dans tous les départements, d'après leurs besoins réels, et prendront les termes possibles pour les remboursements, d'après la légitimité des dettes et la qualité des créances.

2. Les Etats soumettront à une révision aussi sévère, et à tous les retranchements possibles, cette multitude incroyable de gouvernements, de places, d'offices, de trésors, de recettes, de dons, de pensions, de gages, d'échanges prétendus, et d'autres faveurs directes ou indi-

rectes, qui consomment la fortune publique, sans aucune espèce d'objet ; et il sera pris des mesures pour empêcher à l'avenir que le trésor royal ne soit en proie à cet esprit d'intrigue qui devrait déshonorer et faire exiler de la Société ceux qui ont la lâcheté de s'enrichir ainsi aux dépens du peuple.

3. Il est une monnaie idéale, mais bien puissante, bien précieuse et bien chère dans un royaume comme la France, c'est le trésor de l'honneur : trésor inépuisable, si l'on y sait puiser avec sagesse. Les Etats-Généraux rendront au peuple et à la postérité un service signalé, s'ils trouvent le moyen de refrapper, en quelque sorte, cette monnaie nationale, et de lui rendre assez de cours pour qu'elle puisse suppléer (comme cela fut autrefois, comme cela peut être encore) à ces vils et honteux salaires, toujours évalués en argent, et qui ne sauraient être la paye de l'héroïsme ni le prix de la vertu.

4. S'il faut absolument des ressources extraordinaires en argent, autres que les deux impôts sur les terres et les personnes, on pourra consentir : 1o à l'établissement d'un droit de timbre sur toutes les grâces, concessions, lettres-patentes, collations et autres dons et avantages, sans que ce timbre puisse jamais s'étendre aux actes du commerce et aux affaires journalières des sujets du Roi ; 2° à une aliénation momentanée des domaines, qui pourront être affermés pour trente ans, en détail et par petites portions, de manière que l'accensement général rende au Roi, non seulement le produit de l'administration actuelle, mais encore le bénéfice de cette administration.

CHAPITRE XIII ET DERNIER.
Des instructions et pouvoirs généraux et définitifs.

1. Nous devons parcourir les instructions et pouvoirs particuliers dont notre député sera chargé. Nous lui recommandons surtout les premiers articles, lesquels doivent être délibérés, résolus, présentés au Roi, et répondus par Sa Majesté, avant que les Etats généraux puissent s'occuper d'aucun autre objet. Mais sur d'autres matières prévues et non prévues ci-dessus, comme sur l'éducation nationale, sur le partage du royaume en bailliages mieux arrondis, sur la composition des magistratures, sur l'abolition si désirable de la vénalité des charges de judicature, et sur divers autres objets de législation, que nous ne pouvons spécifier de peur d'un trop long détail, nous nous en rap-

portons à ce que notre député estimera en son âme et conscience, ne doutant pas qu'il ne soit toujours dirigé par la justice, la modération, la fidélité envers le Roi, le respect des propriétés, l'amour de l'ordre et le zèle du patriotisme.

2. Notre député sera tenu : 1° de se concerter, pour le plus grand bien de la province, avec les députés des autres bailliages des Trois-Evêchés et Clermontois ; 2° de nous donner avis, chaque semaine, en la personne des trois électeurs qui auront concouru à le choisir, des positions, opinions et délibérations principales, durant tout le temps de la tenue des Etats-Généraux. Lesdits trois électeurs en feront part aux députés des villes et des campagnes, pour en instruire leurs communautés et corporations respectives et lesdits trois électeurs enverront au député tous les renseignements et pièces dont il aura besoin, et qu'il demandera pour appuyer nos intérêts et faire accueillir nos demandes.

3. Nous désirons et recommandons que les Etats-Généraux ne se séparent pas sans avoir soulagé, d'une manière notable, les pauvres habitants des campagnes, et en outre, sans avoir rédigé de la manière la plus claire et la plus précise, la Déclaration des droits de la nation et les lois de sa Constitution, pour être publiées, inscrites dans les registres des tribunaux et des municipalités, enseignées dans les écoles et lues aux prônes, chaque année, dans toutes les paroisses du royaume.

4° Enfin, les Etats-Généraux ne pourront se donner une commission intermédiaire, mais ils pourront établir des bureaux ou conseils particuliers, composés de personnes éclairées, choisies par les Etats seuls ; lesquels bureaux ou conseils seront chargés, chacun indistinctement, de préparer les matières qui n'auront pas pu être réglées dans la première assemblée nationale, et de recueillir les notes, observations et preuves dont il devra être fait rapport à l'assemblée subséquente des Etats-Généraux, laquelle seule pourra y statuer.

Lequel cahier général des plaintes, griefs, très humbles remontrances et demandes du Tiers-Etat des villes et campagnes du ressort du bailliage de Toul, ayant été lu, médité, discuté en l'assemblée du Tiers-Etat desdites villes et communautés, tenue à Toul aujourd'hui 21 mars 1789, ouï préalablement le procureur du Roi, a été unanimement agréé, approuvé et arrêté définitivement par les députés composant ladite assemblée, et signé par les commissaires rédacteurs, et les président et greffier.

A Toul, en la salle du Séminaire, lieu des séances de l'assemblée, cejourd'hui 21 mars 1789, midi sonnant.

Signé : MAILLOT, président ; DÉBROUX, procureur du Roi ; BAROTTE, CAREZ, JACQUET, QUINOT, CHÉNIN, BAUCHE, LIMAUX, BIGOTTE, JANRARD, LIÉNARD, DA-VRAINVILLE, DE MALCUIT, PIERSON, JULLIAC, RAGUET, PATTIN, PEIGNIER, FRANÇOIS DE NEUFCHATEAU et CHAUDRON, greffier-secrétaire.

L'Ordre du clergé se réunit le 30 mars pour élire ses députés et exprimer ses vœux, et l'Assemblée, dite *de réduction*, pour les bailliages réunis de Toul et de Vic, se tint à Toul le 6 avril.

L'abbé Bastien (1), curé de Xeuilley, et l'abbé Chatrian, curé de Saint-Clément, furent choisis pour représenter le bailliage diocésain de Toul, le premier comme député et le second comme suppléant.

Furent élus pour la rédaction du cahier de remontrances : MM. de la Roche-en-Or et de Caffarelly, chanoines de la Cathédrale ; Bastien, curé de Xeuilley ; Roussel, curé de Francheville ; Claudot, curé de Tranqueville ; Liouville, curé de Villey-St-Etienne ; Pelet de Bonneville, grand-chantre ; Thiébaut, curé de Void et Vacon ; Roussel, curé de Saint-Évre et chapelain ; Maréchal, prieur de l'abbaye de Saint-Léon, et Dom Derone, prieur de l'abbaye de Saint-Évre.

_____

(1) BASTIEN, *Claude-Nicolas*, né à Colombey, prêtre en 1751, était curé de Xeuilley depuis 1760, et s'y était fait chérir lorsqu'il fut élu député ; mais il ne devait pas siéger longtemps aux États-Généraux ; il mourut à Paris le 25 mai 1790, à l'âge de 60 ans, et fut remplacé depuis lors par M. Chatrian dans cette assemblée. (Voir à l'appendice biographique les lignes qui sont relatives à ce dernier).

Le Clergé du bailliage de Toul, tout en revendiquant fièrement, dans ce cahier qu'on va lire, l'honneur d'appartenir au *premier ordre de l'Etat*, s'y associa presqu'en tous points, en un langage généreux et convaincu, aux énergiques doléances du Tiers, et comme lui, il sollicita avant tout l'établissement d'une Constitution, mais sans se prononcer sur le système de votation des députés.

Il énonça les réformes qu'il reconnaissait utile d'établir dans le *Temporel*, concernant les Bénéfices, les Menses, les Prébendes ou Canonicats, et le Casuel, exprimant le désir qu'on déterminât un revenu annuel fixe pour les curés des villes et des campagnes ; mais il défendit tous les droits qu'il considérait comme indispensables aux fabriques, hôpitaux, etc...

Pour le *Spirituel*, il se montra d'une rare sincérité et fut hardi dans ses doléances. Réclamant tous les droits auxquels il n'a cessé de prétendre en matière de discipline ecclésiastique, d'exécution des Canons, etc., il demanda « le rétablissement de la *Pragmatique* « *Sanction* (1), la suppression de tous les concordats et « indults, par lesquels les Souverains Pontifes auraient « accordé à Sa Majesté la nomination aux places « ecclésiastiques, » c'est-à-dire « le retour au principe « des *élections* par les Chapitres pour toute dignité « ecclésiastique. »

« Si l'élection est rendue, — disait-il, — l'Eglise

_____

(1) La *Pragmatique Sanction* était un acte législatif par lequel le roi Char'es VII avait approuvé en 1438, à Bourges, des dispositions votées par toutes les Eglises, mais plus particulièrement observées en France, et connues sous le nom de *Libertés de l'Eglise gallicane.*

« changera de face. La voix publique appelle aux dis-
« tinctions, toujours bien plus sûrement que les intrigues
« des Cours. »

L'ordre du clergé aspirait donc à ses anciennes
franchises (1), aux *Libertés de l'Église gallicane*, pour
ainsi constituer une Eglise nationale, qui aurait vécu
de l'Esprit de la société moderne.

C'était la plus belle préface pour l'œuvre d'émanci-
pation que la Révolution allait commencer.

Le cahier du clergé resta toutefois muet, on le
remarquera, sur les droits et les priviléges qui appartenaient à la noblesse.

CAHIER

Des très respectueuses remontrances, plaintes et doléances du Clergé
du bailliage de Toul (2).

L'ordre du clergé du bailliage de Toul, pénétré de reconnaissance
du bienfait signalé que le Roi veut bien accorder à ses peuples en les
appelant auprès de lui pour les consulter sur les besoins de l'Etat, et
de la déclaration touchante qu'il daigne faire : qu'environné de ses
peuples, il se regarde comme un père de famille au milieu de ses
enfants, s'empressera de répondre à une confiance aussi honorable et
de porter, au pied du trône, l'hommage de son respect et l'offre
illimitée de ses biens et de ses personnes. Il ne craindra jamais de
faire de trop grands sacrifices pour un prince qui sacrifie lui-même au
bonheur de son peuple les dépenses qui tiennent plus particulièrement

---

(1) Après avoir été accueillie comme un bienfait par le Parlement, la Bourgeoisie et le Clergé, la *Pragmatique Sanction* avait été abandonnée par les
successeurs de Charles VII ; mais elle avait laissé dans le cœur d'une partie du
Clergé et de la magistrature, qui en conserva l'esprit jusqu'en 1789, des regrets
assez grands pour empêcher les libertés de l'Eglise gallicane d'être toutes
sacrifiées à la curie romaine (Victor Duruy : *Histoire de France*. — Des Institutions de Charles VII).

(2) D'après un manuscrit des archives nationales.

à sa personne, pour un prince qui ne connaît d'autre bonheur que celui de rendre ses sujets heureux, pour un prince qui regarde le plus grand avantage de l'État et la plus grande félicité de ses sujets comme le plus bel usage qu'il puisse faire de sa puissance.

Sa Majesté aurait été attendrie, si elle avait été témoin de l'effusion de sentiments qu'a fait naître dans tous les cœurs de ses sujets la manifestation de ses bontés paternelles. Il n'en est aucun qui ne se crût heureux de lui offrir corps et biens, et d'acheter par les plus grands sacrifices la paix et le bonheur d'un aussi bon Roi.

Mais puisque Sa Majesté appelle à son conseil la nation entière, puisqu'elle veut que la prospérité de l'État ne soit due qu'au zèle empressé de tous les ordres du royaume, le clergé ne craindra pas de mettre sous les yeux de Sa Majesté l'expression de ses vœux pour le bien général de l'État. Il profite donc de la liberté qui est donnée à tous les ordres pour s'expliquer avec franchise.

Il croit qu'avant de s'occuper de l'objet relatif à l'impôt, à l'emprunt, ou à toutes les autres demandes des ministres, il faut que la constitution soit assurée par une déclaration envoyée dans toutes les provinces, et enregistrée dans toutes les Cours du royaume, qui arrête irrévocablement :

Article 1er. — Qu'aucun impôt ne sera à l'avenir établi ou prorogé, aucun emprunt ouvert, que du consentement des États-Généraux, et que l'impôt sera toujours limité à l'époque où devra se tenir la prochaine assemblée.

Article 2. — Que les États-Généraux s'assembleront régulièrement tous les cinq ans, au mois de mai, dans la ville qui sera désignée par l'assemblée précédente avant sa séparation, sans qu'ils aient besoin d'aucune convocation, sans qu'il puisse y être apporté aucun obstacle, et sans que, dans l'intervalle, on puisse établir aucune commission intermédiaire.

Article 3. — Qu'aucun citoyen ne puisse jamais être arrêté par des ordres arbitraires que le temps nécessaire pour être conduit dans une prison légale, et remis aux juges que lui donne la loi.

Article 4. — Qu'aucun acte publié ne soit réputé loi, s'il n'est consenti par les États-Généraux, avant que d'être muni du sceau de l'autorité royale, et s'il ne contient l'expression de ce consentement, que le Roi néanmoins puisse, dans l'intervalle des États, faire toutes les lois provisoires que les circonstances exigeront.

Article 5. — Qu'il soit établi dans chaque province des Etats particuliers dans la forme réglée par les Etats-Généraux, ou consentis par la province. Ces Etats particuliers seront chargés de l'assiette, de la répartition et de la levée de tous les impôts, dans la proportion qui sera fixée par les Etats pour chaque province, ainsi que de la régie et de l'administration de tous les objets qui concernent les provinces, et de les verser eux-mêmes directement dans le trésor royal.

Le désir du clergé est que les Etats-Généraux commencent par obtenir cette déclaration ; qu'elle soit envoyée dans les provinces, et que ce ne soit qu'après l'avoir obtenue que l'on s'occupe du déficit, des moyens d'y remédier, de consolider la dette de l'Etat, des secours à accorder, des emprunts à ouvrir, et généralement de tout ce qui peut tendre à l'amélioration des finances de l'Etat.

Le clergé n'ose se flatter d'obtenir, dans ces premiers Etats-Généraux, la réforme de tous les abus, des lois civiles et criminelles, de la justice, de la police, de l'administration et des tribunaux.

Cependant, il croit qu'il est indispensable que la sagesse du monarque et les lumières des Etats-Généraux s'occupent le plus promptement possible d'y apporter un remède efficace, en établissant des comités composés des hommes les plus instruits dans chacune de ces matières ; — que les mémoires qu'ils seront obligés de dresser soient envoyés dans différentes provinces pour y être ensuite rendus publics, portés même au pied du trône, afin d'en obtenir l'effet le plus avantageux pour la nation. Mais comme il est des abus que l'on ne peut arrêter trop tôt, et contre lesquels il faut s'élever avec force, il paraît indispensable que les Etats-Généraux sollicitent de la justice du Roi une loi particulière qui s'oppose à celles qui paraissent favoriser l'usure.

Le clergé se contentera donc de composer son cahier de doléances d'objets qui le touchent de plus près, et qui pèsent d'une manière plus directe sur lui ou sur le peuple avec lequel il vit, et dont il a l'honneur d'être le premier ordre :

Article 1er. — Le clergé ne se considère dans l'Etat que comme citoyen et enfant de la Patrie ; il lui paraît juste de subvenir selon ses forces et facultés aux besoins de l'Etat, et de concourir avec tous les autres citoyens à l'extinction de la dette nationale. Il abandonne toutes les distinctions utiles et pécuniaires, et ne se réserve que celles qui sont purement honorifiques et personnelles, se soumettant pour la forme dans laquelle sa contribution sera levée, à celle qui sera réglée par les Etats-Généraux du royaume.

Article 2. — Il demande que les lois sur le respect dû aux églises, sur la défense d'imprimer, vendre ou colporter des livres ou autres écrits contraires à la religion, aux bonnes mœurs et à l'ordre public, soient remises en vigueur, et prononcent une peine grave contre les délinquants.

Article 3. — Il demande que pour maintenir et augmenter l'esprit ecclésiastique, l'étude des saints canons et la régularité des mœurs, les conciles provinciaux soient rétablis ; que ce soit dans ces assemblées que soient réglés les articles de la discipline et arrêtés les rituels et autres livres faits pour diriger la conduite que doivent tenir les ecclésiastiques dans toutes les fonctions de leur ministère, de sorte que tout soit marqué et vraiment prononcé par la loi, et qu'il n'y ait rien de laissé à l'arbitraire.

Article 4. — Que l'éducation, ayant une influence aussi importante sur les mœurs, et pouvant en quelque façon être regardée comme une seconde nature, soit surveillée avec tout le soin possible ; qu'il soit dressé des livres élémentaires qui apprennent les principaux devoirs du citoyen, ainsi que nos catéchismes enseignent ceux de la morale et du christianisme ; qu'il soit travaillé à un plan d'éducation nationale ; que les curés soient maintenus dans la juridiction que leur donne l'édit de 1695, sur les maîtres et maîtresses d'école, et qu'il soit, autant que faire se pourra, établi des instituteurs différents pour les deux sexes.

Article 5. — Il demande le rétablissement de la discipline ecclésiastique et l'exécution des saints canons sur la pluralité des bénéfices ; qu'en conséquence, il soit sévèrement prohibé d'en posséder plusieurs lorsqu'un seul peut suffire à un honnête entretien, et que, pour éviter toutes les inquiétudes qu'on pourrait avoir sur ce qu'on doit entendre par un honnête entretien, il soit renvoyé au clergé de statuer clairement et définitivement, ce qu'on doit regarder comme suffisant à l'entretien d'un membre du premier ordre et de celui du second ; — que la décision soit rendue publique, et qu'après qu'elle aura été manifestée, toutes les sommes qui excéderaient celle qui aurait été estimée suffisante, provenant de la pluralité des bénéfices, soient versées dans la caisse de la chambre ecclésiastique dont il sera parlé dans la suite ; l'autoriser même à en percevoir les fruits, en offrant de payer à chaque titulaire le revenu fixé par le clergé.

Article 6. — Il demande le rétablissement de la *Pragmatique Sanction*, la suppression de tous les concordats et indults par lesquels les souverains pontifes auraient accordé à Sa Majesté la nomination aux places ecclésiastiques. L'Eglise et l'Etat ont gémi longtemps sur l'abolition de cette loi. Tous les Tribunaux ont réclamé pendant plus d'un siècle sur cette plaie faite à la discipline et aux études. Si leurs plaintes ont cessé, c'est moins parce qu'elles cessaient d'être justes que parce qu'on était convaincu de leur inutilité. Si l'élection est rendue, l'Eglise changera de face. La voix publique appelle aux distinctions toujours bien plus sûrement que les intrigues des cours.

Article 7. — Il demande que les commendes dans les abbayes soient supprimées, que l'élection des prélatures soit rendue aux maisons religieuses ; mais comme les menses dont jouissaient les abbés sont depuis longtemps hors de la possession de ces maisons, qu'elles soient versées dans la caisse des deniers de la chambre diocésaine.

Article 8. — Que cette chambre soit établie pour y recevoir le produit des menses des abbayes dont l'élection aura été rendue aux maisons religieuses. Ces revenus seront toujours estimés au tiers de celui total de la maison. Il y sera encore versé le produit de l'excédent des bénéfices qui passeront la somme qui aura été jugée par le clergé de France être suffisante pour l'entretien ; relativement à ceux qui jouiraient de plusieurs bénéfices, soit pour le premier, soit pour le second ordre, sur les revenus ainsi versés dans la caisse de cette chambre, il sera établi des pensions de 500 livres pour servir de retraite aux ecclésiastiques dont l'âge ou les infirmités ne leur permettraient pas de continuer leurs fonctions, ou pour tous autres usages pieux ou d'utilité publique, qui seront statués par l'assemblée du diocèse.

Article 9. — Que cette chambre soit régie par des administrateurs qui seront nommés par le clergé de tout le diocèse, que les comptes en soient rendus au synode général ; qu'ils soient imprimés et qu'on en remette à chaque doyen, des exemplaires en nombre suffisant pour que chaque curé du diocèse puisse avoir sous les yeux l'état de cette chambre ; que cette forme soit aussi pratiquée par tous les établissements publics quelconques, l'administration des hôpitaux, le séminaire, la fondation de la retraite et tous autres, de sorte que toute régie où le public est intéressé, soit toujours publique.

Article 10. — Le clergé demande que le droit que les curés sont dans l'usage de percevoir, sous le titre de casuel exigible, soit supprimé pour toujours comme incompatible avec la dignité de leur état et de leurs fonctions, et comme un impôt onéreux au peuple, sans cependant que cette demande puisse s'étendre au casuel de leurs clercs ou maîtres d'école, auxquels cette ressource est nécessaire pour leur subsistance et pour celle de leur famille, sauf aux Etats provinciaux de suppléer par un autre moyen à la rétribution.

Article 11. — Le clergé demande qu'on détermine un revenu annuel fixe pour les curés des villes et des campagnes. Il se confie entièrement en la bonté du Roi pour faire, par les Etats-Généraux, fixer une somme qui convienne, et qu'il l'augmente graduellement en raison de la population des paroisses, de ses besoins et de ses charges ; qu'elle soit toujours réglée sur le taux du numéraire actuel et sur le prix des grains, de sorte que tous les vingt ans elle éprouve une augmentation progressive, si le numéraire ou les grains en ont éprouvé une. Quant aux moyens nécessaires pour opérer cette dotation dans la proportion susdite, le clergé invoque la bonté et la justice du Roi envers la classe du clergé la plus laborieuse et la plus pauvre Il se repose entièrement du succès de cette demande sur les lumières et la prudence des Etats-Généraux, le tout néanmoins sans préjudice aux établissements subsistants dans la province, dont le clergé reconnaît l'utilité, et dont il est bien éloigné de demander la suppression.

Article 12. — Le clergé demande que les églises paroissiales soient déclarées libres et affranchies pour toujours de toute servitude, et les curés déchargés de toute obligation personnelle, jadis imposée par les chapitres et communautés régulières sous le nom des droits des curés primitifs, en ce qui ne touche que les droits purement honorifiques et personnels, n'étant pas convenable, d'un côté, que les corps auxquels ces droits appartiennent soient détournés de leurs occupations ordinaires, et de l'autre, que des pasteurs accoutumés à paraître à la tête de leur paroisse en soient exclus les jours les plus solennels, l'exercice de ces droits déplaisant au peuple qui ne les voit qu'avec murmure et chagrin, et ne servant absolument qu'à embarrasser le service divin et à humilier des pasteurs auxquels l'intérêt de l'Eglise et de l'Etat exige qu'on ne retranche rien de la considération due à leur place.

Article 13. — Le clergé demande que, pour prévenir les contestations et procès entre les curés et les chapitres tant séculiers que réguliers au sujet de la juridiction pastorale, il soit statué définitivement par une ordonnance que tout domestique des chanoines, ou autres personnes laïques attachées au service de leurs églises par quelque fonction que ce soit, et domiciliées de fait dans l'étendue des paroisses, soient soumises à la juridiction ordinaire des curés, nonobstant tout titre ou possession à ce contraire, sans néanmoins comprendre dans le présent article les gens demeurant *intra septa* des maisons religieuses, qui continueront à être paroissiens de ces maisons, sauf tout droit à ce contraire.

Article 14. — Le clergé demande que les cures séculières dont la nomination appartient aux abbés commendataires, ne tournent pas à la disposition des maisons religieuses dans le cas où il serait statué que le droit d'élection leur serait rendu, mais qu'elles soient toutes conférées par la voie du concours ; — qu'on ne soit plus obligé de recourir à Rome après le concours, mais que l'ordinaire des lieux soit autorisé à donner des institutions ; — que le concours ne dépende pas de la seule volonté de l'évêque, mais strictement de la pluralité des suffrages des examinateurs synodaux ; que monseigneur l'évêque, dans la présentation qu'il est autorisée de faire au Roi de trois sujets pour les *prébendes* ou *canonicats* de cinq églises collégiales de son diocèse, soit tenu de choisir les sujets parmi ceux qui travaillent au moins depuis dix ans aux fonctions du saint ministère.

Article 15. — Le clergé demande qu'on ne soit plus obligé dans les Trois-Evêchés d'obtenir des bulles en cour de Rome pour les collations, résignations et toutes espèces de provisions de bénéfices ; — qu'il plaise à Sa Majesté faire instance par son ambassadeur auprès de Sa Sainteté pour que les dites provisions soient dorénavant expédiées et accordées sur simple signature, les bulles étant extrêmement onéreuses aux ecclésiastiques.

Article 16. — Le clergé demande que ses membres ne soient plus obligés de se présenter soit au bailliage, soit au parlement pour y prêter serment de fidélité, lorsqu'ils sont dans le cas de prendre possession de quelque bénéfice. Cette formalité, inconnue dans le reste du royaume, doit être abolie dans cette province, où il est humiliant pour les ecclésiastiques de prendre ces précautions sur leur fidélité, et injuste de les assujettir à des frais considérables.

Article 17. — Le clergé demande qu'il soit permis de remplacer les anciens fonds des fabriques, ceux des hôpitaux, et ceux apparte-

nant aux gens de mainmorte, sans lettres patentes et sans qu'on soit
exposé à aucune recherche de la part des administrateurs du domaine ;
que les droits d'amortissement pour les améliorations, embellissements,
reconstructions et réparations qui n'auraient été faites que sur des
fonds déjà amortis, soient supprimés. Il est intéressant pour le public
que les fabriques et hôpitaux ne soient pas exposés à voir leurs revenus diminués et que les bâtiments appartenant aux gens de mainmorte
puissent être rendus plus commodes et plus multipliés pour faciliter
le logement des citoyens et en diminuer le prix. Il parait contraire à
la décoration des villes de faire payer des droits à ceux qui veulent les
embellir à leurs frais.

Article 18. — Il demande aussi que les échanges des biens ecclésiastiques soient affranchis de tous droits, ainsi que les échanges simples des biens amortis avec des biens non amortis. Les opérations
n'augmentent pas le revenu du clergé et contrarient par des frais considérables des arrangements qui conviendraient à des citoyens et qui
seraient souvent utiles au public.

Article 19. — Le clergé demande que, pour encourager l'étude et
le mérite, et ne pas donner l'exclusion à un si grand nombre de bons
sujets de ce diocèse, il plaise à Sa Majesté, en interprétant les lettres
d'anoblissement des chapitres de la Cathédrale et de Bar-le-Duc,
ordonner que les ecclésiastiques qui auront exercé les fonctions pasto-
rales en qualité de curé et de vicaire pendant l'espace de quinze années, seront à ce seul titre déclarés habiles à posséder les prébendes
de ces chapitres, de même que les nobles ou les gradués, parce que
les chapitres nobles sont singulièrement multipliés dans cette province.

Le clergé, sensible aux maux immenses qui naissent de la fureur de
plaider et qui s'étendent jusqu'aux dernières classes des citoyens, voit
avec douleur que la ruine des familles est souvent occasionnée pour
des objets peu considérables et qu'il aurait été facile d'apaiser dans
leur naissance s'ils avaient passé sous les yeux de gens sages et amis de
la paix. En conséquence, il dénonce aux Etats-Généraux ce fléau, un
des plus funestes de ceux qui désolent les campagnes. Il attend de la
sagesse des membres qui composeront cette assemblée, qu'ils ne croi-
ront pas indigne d'eux de s'en occuper et de chercher à le prévenir.
Le clergé indiquera les moyens qu'il croit capables d'y remédier, bien
persuadé qu'à la source des lumières, des connaissances et du patriotisme, il en sera trouvé de plus efficaces.

Il croit qu'on pourrait donner aux municipalités des campagnes l'autorité de décider les contestations les plus légères. Ce premier jugement rendu par les chefs des communes, élus par elles et dignes de leur confiance, pourra apaiser bien des querelles dans leur naissance.

Il croit qu'on pourrait établir de distance en distance des bureaux qu'on appellerait de pacification, qui seraient de véritables justices de paix et de charité. On doit attendre de la religion et de la bienfaisance des curés, des seigneurs et des gens les plus aisés qui habitent les campagnes, qu'il ne serait pas difficile de composer ces bureaux. Il faudrait qu'on fût obligé de porter devant eux toutes les contestations qui s'élèveraient dans leur canton. Il serait très expressément défendu à tous praticiens et gens qui ne vivent que par le ministère qu'ils prêtent aux plaideurs, de s'immiscer dans aucune discussion, de quelque genre qu'elle pût être, avant d'avoir été portée au bureau. L'audience serait refusée par les juges ordinaires lorsqu'il ne leur apparaîtrait pas de cette première décision, qui serait toujours rendue gratuitement et où aucun praticien ne pourrait jamais paraître.

La nécessité de ne paraître dans les tribunaux qu'avec l'assistance de procureurs et d'avocats ne pourrait-elle pas être abolie, et la liberté être rendue aux citoyens de se présenter eux-mêmes, sans prendre de conseil qu'autant qu'ils le jugeraient à propos ? Pourquoi n'espéreraient-ils pas de la patience et des lumières de leurs juges, qu'ils suppléeraient à ce qui leur manquerait en talent et en clarté ? Ne conviendrait-il pas de donner aux arbitres, que les parties auront choisis, une plus grande autorité ; qu'il fut interdit d'interjeter appel des jugements des arbitres, surtout si l'on s'était soumis indéfiniment à leur décision, sans réserver expressément la faculté d'appeler ?

Article 20. — Le clergé croit que la milice, dans la forme où elle est levée dans les campagnes, est un des grands malheurs qui les affligent. Il est bien éloigné de croire que la défense de la Patrie ne doive être regardée comme un des principaux devoirs des citoyens, ou que des troupes nationales ne soient infiniment préférables à des troupes étrangères. Mais ne pourrait-on pas laisser chaque province fournir de la manière dont elle jugerait à propos le contingent en troupes auquel elle serait imposée ? On ne verrait plus ces assemblées dans le temps du tirage de la milice, cette perte de temps et d'argent et tous les autres abus qui sont attachés à cette forme vicieuse, abus dont sont témoins et gémissent les ecclésiastiques répandus dans les campagnes.

5

Article 21. — Le clergé, témoin des abus qui naissent de la
fréquentation des cabarets, croit qu'il ne doit pas être au-dessous de
l'attention des Etats-Généraux de s'occuper d'un plan qui les rendît
moins nuisibles. Ce n'est pas seulement de leur fréquentation pendant
la célébration des offices, dont le clergé se plaint : cette irrévérence
envers la religion est cependant de grande importance. La perte d'un
temps précieux, le dérangement des affaires, la division dans les
familles, les rixes et disputes, les désertions des soldats et mille autres
malheurs naissent dans les cabarets. Ce n'est pas assez de défendre aux
cabaretiers de les ouvrir pendant le temps du service divin ; il faudrait
qu'il fût très sévèrement interdit d'y jamais recevoir ceux qui sont
domiciliés dans le lieu ; il faudrait encore que MM. les procureurs-
généraux veillassent avec une scrupuleuse attention à l'exécution des
sages ordonnances faites à ce sujet ; que les maires et gens de justice
des lieux fussent chargés d'y tenir la main, et de condamner à des
amendes au profit des pauvres, ceux qui contreviendraient à ces
règlements.

Article 22. — Le clergé demande la suppression des jurés-priseurs
comme très onéreux aux campagnes, celle de tous les droits de traites
foraines, transit, acquits et sauf-conduits comme étant si multipliés dans
la province, qu'ils exposent à des reprises continuelles, et comme étant
une source de vexations les plus criantes ; la suppression des droits
pour la marque des fers et des cuirs comme portant directement sur
les laboureurs et les artisans des campagnes.

Article 23. — Le clergé demande d'être maintenu dans le droit qui
lui a été accordé en 1765, d'avoir à l'hôtel-de-ville ses députés pour
concourir avec les autres ordres aux délibérations et élections, le cas
échéant, ainsi que pour auditionner les comptes et surveiller l'emploi
des revenus auxquels il contribue comme toutes les autres classes des
citoyens, en payant les octrois qui constituent la majeure partie des
revenus de la ville.

Article 24. — Le clergé fait des vœux pour que le jugement, porté
par le Roi lui-même sur la gabelle, soit promptement exécuté. Il ne
suffit pas que ce fléau redoutable qui pèse d'une manière si terrible
sur le pauvre peuple des villes et des campagnes, qui arrête les progrès
de l'agriculture et qui la dessèche dans sa source, ait été jugé, il faut
que la gabelle soit anéantie et que le sel soit rendu marchand. En
attendant ce bienfait, que la bonté du Roi, la sagesse et les lumières

d'un ministre, ami du peuple et des campagnes, donnent lieu de croire peu éloigné, le clergé demande au moins que les salines soient supprimées, et qu'on ne laisse subsister que les usines à feu qui sont absolument nécessaires au pays, ces établissements trop multipliés occasionnant une énorme consommation de bois.

Article 25. — Les chapitres et les communautés, tant séculières que régulières et ecclésiastiques, croyant avoir à se plaindre de l'inégalité du nombre des députés qui leur sont accordés par le règlement du 24 janvier dernier, relativement à MM. les curés, demandent qu'il y soit pourvu à l'avenir, chaque chanoine y ayant un intérêt personnel, ainsi que chaque curé, sans que la comparution à l'assemblée générale puisse tirer à conséquence par la suite.

Telles sont les plaintes, demandes et doléances que le clergé porte au pied du trône, avec la confiance la plus entière, le plus profond respect, que la bonté et la justice du meilleur des rois inspirent à tout son peuple.

> *Signé :* Duchot, chanoine, trésorier, président par élection ; de la Chapelle de la Roche-en-Or, chanoine, député, commissaire ; de Caffarelly, chanoine, député, commissaire ; Bastien, curé de Xeuilley, commissaire, premier député ; Roussel, curé de Francheville, commissaire ; Liouville, curé de Villey-Saint-Etienne, commissaire, second député ; Pelet de Bonneville, grand chantre, commissaire ; de Jumilly, doyen de Saint-Gengoult, député ; Thiébaut, curé de Void et Vacon, commissaire ; Roussel, curé de Saint-Èvre, chapelain, commissaire ; Maréchal, prieur de Saint-Léon, député, commissaire ; Dom Debrone, prieur de Saint-Èvre, député, commissaire ; Girardot, curé de Saint-Jean, secrétaire de l'ordre du clergé.

L'Assemblée de l'ordre de la Noblesse succéda à celles du Tiers-Etat et du Clergé.

Elle choisit comme député aux Etats-Généraux M. de Chérières, comte de Rénel, seigneur de Pettoncourt, et comme député suppléant, Charles-Mathias, comte d'Alençon, seigneur de Braux, Naives-en-Blois et Vroncourt.

MM. Dedon-Duclaux, le comte de Migot, Pagel de Sainte-Croix, de Saint-Pierreville, de Valori et Le Lymonnier de la Marche furent élus commissaires-rédacteurs du Cahier.

Les remontrances de l'ordre, si elles visèrent d'intelligentes et nombreuses réformes dans l'intérêt du peuple, n'en furent pas moins, comme cela était à prévoir, en contradiction absolue avec celles du Tiers-Etat sur les questions les plus importantes.

Ainsi, la Noblesse ne désirait pas l'établissement d'une constitution ; elle admettait le vote *par tête* en matière d'impôts, demandant pour tout le reste le maintien du vote *par ordre* ; elle déclarait renoncer à tout privilège pécuniaire, mais entendait conserver les *prérogatives inhérentes à son ordre*, c'est-à-dire ses dignités, grades et distinctions honorifiques.

En ce qui concerne le clergé et ses hardies doléances, le cahier ne contient aucune observation, la noblesse ayant dû ménager, par une naturelle réciprocité, l'amitié de ce puissant ordre.

CAHIER

Des respectueuses remontrances et doléances de l'ordre de la noblesse de Toul et pays toulois, adressées au Roi (1).

C'est avec l'expression de la reconnaissance, c'est avec l'enthousiasme du patriotisme que la noblesse française répond à la voix d'un monarque bienfaisant et sensible, qui appelle autour de son trône

(1) D'après un manuscrit des archives nationales.

ses bons et fidèles sujets de tous les ordres, et donne à l'univers le spectacle intéressant d'un père entouré de sa famille.

Fiers du titre de conseil et d'ami de notre maître, titre précieux donné aujourd'hui à tout Français par le meilleur des princes, montrons-nous dignes de sa confiance ; discutons de sang-froid nos droits respectifs, mais que la prospérité de l'Etat, le soulagement des peuples soit notre premier vœu, et que tout intérêt particulier cède à la voix du patriotisme.

Les lois de la franchise et de l'honneur ne permettent pas à la noblesse de dissimuler au prince, qui cherche la vérité et qui ne craint pas de l'entendre, l'état malheureux de ses peuples et surtout de celui qui habite les campagnes, gémissant sous le poids des impôts dont nous assurons que le fardeau ne peut être augmenté. Son amour pour son Roi, son attachement pour la patrie, adouciraient sans doute l'état de détresse auquel il est réduit, si le prix de ses veilles et de ses sueurs tournait au profit de l'Etat et au bien de la chose publique. Mais un coup-d'œil de Sa Majesté sur la masse des contributions, comparée au produit net versé au trésor royal, lui fera connaître nos malheurs et la nécessité de changer le mode onéreux et vexant de la perception actuelle.

Il est de notre devoir de recommander au prince la classe la plus indigente et la plus nombreuse de ses sujets, qui n'a pour subsister que le produit de ses bras. Nous lui recommandons un commerce languissant et chargé d'entraves, qu'un regard du maître peut vivifier. Nous osons le répéter : ce n'est point dans des surcroîts d'impôts que Sa Majesté trouvera les moyens d'éteindre une dette malheureuse ; c'est dans les plans d'économie déjà adoptés par son amour pour ses peuples, c'est en détruisant les abus, c'est en ôtant tout moyen à ces abornements frauduleux à la faveur desquels les plus riches propriétaires parviennent à se soustraire au fardeau des impôts, qui retombent en surcharge sur la classe la plus indigente des contribuables.

Sur ces objets, important à la gloire du Roi, à la splendeur du royaume, à la félicité des sujets, le cri de la France nous dit de nous en rapporter au sage ministre qui gouverne aujourd'hui les finances. Son génie, découvrant seul l'immensité de la carrière qu'il doit parcourir, l'éclairera de son flambeau et nourrira son courage. Il préférera l'estime, les bénédictions du peuple, à la faveur des grands, et répondra à l'espérance de la nation qui attend tout de ses lumières et de son intégrité sous le règne du plus juste des rois.

Déclare la noblesse de Toul et pays toulois que, ne formant de vœux que pour la prospérité de l'Etat et le soulagement des peuples, elle renonce à tous privilèges pécuniaires et consent à partager les charges des impôts ainsi, de la même manière et aux mêmes conditions que toute la noblesse du royaume, d'après ce qui sera statué dans l'assemblée prochaine des Etats-Généraux, se réservant les prérogatives inhérentes à son ordre, comme tenant essentiellement à la constitution de la monarchie, comme prix des services rendus et le gage de ceux que la noblesse se montrera toujours jalouse de rendre à la patrie.

PREUVES DE NOBLESSE

Mais en même temps que la noblesse désire et demande à conserver ses privilèges honorifiques, elle doit, tant pour la distinction de son ordre que pour prévenir le préjudice qu'éprouverait le tiers-état si un trop grand nombre de personnes se prévalaient indûment des titres caractéristiques de la noblesse, désirer que l'on prenne les moyens pour empêcher toute usurpation à cet égard, en obligeant les individus qui passent d'une province à l'autre, de justifier leur état par titres reconnus valables.

ADMINISTRATION

De quelle manière il sera voté.

Article 1ᵉʳ. — L'ordre de la noblesse désire et demande que les Etats-Généraux votent par tête en matière d'impositions, et par ordre pour tout le reste.

Dette nationale consolidée

Article 2. — Désire et demande que la dette de l'Etat soit discutée, vérifiée et ensuite consolidée par la nation.

Visite des titres des créanciers de l'Etat.

Article 3. — Désire et demande qu'il soit établi par les Etats-Généraux une commission pour examiner les titres de la généralité des créanciers de l'Etat, en réduire tous les intérêts à l'intérêt légal soumis aux retenues qui auraient lieu de particulier à particulier.

Réduction des rentes perpétuelles et viagères.

Cette commission portera une attention singulière sur les contrats de rentes perpétuelles à 4 p. 0/0 de la nature de ceux sur l'hôtel de ville de Paris, de la création de 1770, pour réduire les porteurs de l'intérêt de pareils contrats à l'intérêt de leurs mises réelles.

Sera également procédé à la révision des rentes viagères créées par les différents emprunts, proportionnant cette réduction à l'intérêt légal et calculant pour tous les créanciers de cette espèce d'après les tables de probabilité de la vie par MM. de Buffon, Deparcieux et autres, classant une seule fois pour toutes, à l'époque du travail de la commission, les différents âges des créanciers de l'Etat, de dix ans en dix ans, à commencer de l'instant de la naissance jusqu'à l'âge le plus avancé, afin que désormais chacun d'eux puisse avoir un intérêt proportionné au temps qui lui reste à jouir, sans que ces réductions puissent avoir un effet rétroactif. Cette demande est d'autant plus légitime que lors de chaque emprunt le prêteur a calculé les risques qu'il avait à courir d'une réduction totale ou partielle sur sa créance, et qu'il ne s'est déterminé qu'en vertu de l'appât d'un plus fort intérêt qu'on lui offrait.

Mais aujourd'hui que nous demandons que la dette nationale soit consolidée et garantie par la nation, ces créanciers se trouvant à l'abri de tout danger, il est juste que les intérêts en soient réduits au taux fixé par tout le royaume.

Terme fixé pour les subsides.

Article 4. — Désire et demande que l'impôt consenti par la nation ne puisse être prorogé, sous quel prétexte que ce soit, ni par quelque pouvoir intermédiaire que ce puisse être, au-delà du temps voulu par les Etats-Généraux, lesquels fixeront eux-mêmes les termes de leur retour périodique.

Répartition des impôts.

Article 5. — Désire et demande que l'impôt soit supporté indistinctement par tous les sujets des trois ordres proportionnellement aux propriétés et facultés de chaque individu, ne doutant pas que l'ordre respectable du clergé ne renonce dans cette circonstance au privilège d'offrir à l'Etat sa contribution sous la forme de don gratuit et de répartir lui-même ses impositions. Nous ne pouvons encore nous refuser au désir de voir la dette du clergé incorporée à celle de la nation, et la caisse des économats tenue d'en payer les intérêts et de l'amortir,

Point de commission intermédiaire.

Article 6. — Désire et demande que les Etats-Généraux ne laissent point de commission intermédiaire pour les représenter.

Enregistrement attribué aux Parlements.

Article 7. — Désire et demande qu'on attribue aux Parlements l'enregistrement des impôts consentis par la nation, de même que le droit de remontrances et d'opposition contre tous impôts et édits bursaux non consentis par elle.

Caisse d'amortissement.

Article 8. — Désire et demande l'établissement d'une caisse d'amortissement destinée au remboursement des dettes exigibles onéreuses par leurs intérêts exorbitants, et autres, cette caisse sous l'inspection et sauvegarde des Etats-Généraux. Dans le cas d'une guerre commencée, le ministre sera autorisé à puiser dans la dite caisse pour subvenir aux préparatifs nécessaires jusqu'à l'assemblée des Etats-Généraux, qui, dans de semblables circonstances, aura lieu dans les trois mois qui suivront les premières hostilités.

Des ministres.

Article 9. — Désire et demande que le ministre des finances et ceux des autres départements soient sous la surveillance de la nation, et responsable de leur conduite envers elle.

Compte-rendu.

Article 10. — Désire et demande que le compte, qui devra être nécessairement rendu chaque année par le contrôleur général des finances, soit imprimé et rendu public.

Etat nominatif des pensionnaires imprimé.

Article 11. — Désire et demande que l'état nominatif de tous les pensionnaires de Sa Majesté soit une fois rendu public, et que chaque année le compte-rendu offre l'état nominatif de toutes les personnes qui auront reçu quelques grâces pécuniaires à quelque titre que ce puisse être.

Des emprunts.

Article 12. — Désire et demande que tout emprunt proposé par le gouvernement ne puisse avoir lieu que du consentement des Etats-Généraux.

Droits de contrôle.

Article 13. — Désire et demande un tarif modéré et certain sur les droits de contrôle, pour garantir les sujets de Sa Majesté de l'arbitraire et des interprétations du génie fiscal, source féconde de vexations ignorées du souverain.

Poste aux lettres.

Article 14. — Désire et demande un taux fixé pour les ports de lettres, la sûreté de la correspondance et qu'elle ne soit plus exposée à l'espèce d'espionnage qui existe. La foi publique doit être respectée.

La presse.

Article 15. — Désire et demande la liberté de la presse comme le moyen d'arrêter les entreprises contraires à l'intérêt de la nation et à l'éclairer, sous la réserve de la responsabilité des auteurs et imprimeurs, pour les libelles qui attaqueraient directement la religion, les mœurs, la réputation ou l'honneur des particuliers.

Perception.

Article 16. — La noblesse s'en rapporte à la sagesse du ministre actuel des finances pour simplifier les modes de perception et diminuer ce nombre infini d'agents qui, sous toutes les dénominations possibles, tournent à leur profit une trop grande partie des sacrifices des sujets de Sa Majesté. C'est entrer dans les vues du souverain que de lui proposer des moyens de soulagement pour ses peuples. C'est seconder les désirs de ses sujets que de leur accorder la facilité de verser plus directement dans le trésor royal, et de déposer au pied du trône, en même temps que leurs contributions, l'hommage de leur amour et et de leur reconnaissance.

Réduction des pensions et autres suppressions.

Article 17. — Désire et demande la réduction des pensions attachées aux retraites des grandes places, la suppression des intendants de province, des bureaux de finance, cour des aides, celle des chambres des comptes, à l'exception de celle de Paris.

LEGISLATION

Codes civil et criminel.

Article 18. — Désire et demande la révision des codes civil et criminel, et qu'il soit pris les moyens nécessaires pour rendre la justice moins dispendieuse et moins longue aux sujets de sa Majesté, en favorisant les arbitrages et en créant des chambres conciliatoires.

Eaux et forêts.

Article 19. — Désire et demande que l'administration des eaux et forêts soit changée.

Lettres de cachet.

Article 20. — Désire et demande l'abolition des lettres de cachet, excepté dans le cas où de semblables lettres seraient sollicitées par des assemblées de famille, l'usage le plus respectable que puisse faire le souverain de sa puissance étant de seconder l'autorité paternelle.

Militaire.

Article 21. — Désire et demande que des ordonnances sages, fixes, analogues au génie de la nation, rendent au militaire français le goût de sa profession, que tant de changements successifs, tant de vacillations dans les principes n'ont que trop affaibli. On n'a pas encore assez calculé jusqu'à quel point on pourrait adopter en France, les principes d'une tactique et d'une discipline étrangères, et le danger d'humilier le soldat au milieu d'une nation qui ne se conduit que par l'honneur. La noblesse éloignée de la cour par la médiocrité de sa fortune, a lieu de se plaindre des ordonnances qui, la séparant en deux classes, donneraient lieu de croire que les grâces et les honneurs sont devenus le patrimoine de certaines familles, tandis que le talent, le mérite et les services réunis, doivent dans l'état militaire, rendre le gentilhomme susceptible de tous rangs et dignités.

VŒU GÉNÉRAL.

Arrondissement des provinces.

Article 22. — Désire et demande que les Etats-Généraux s'occupent de l'arrondissement des provinces, opération facile, en employant le moyen des échanges, et qui serait particulièrement avantageuse à la

Lorraine et aux Evêchés. La carte du territoire de ces deux provinces offre un mélange bizarre, mélange nuisible au commerce, onéreux aux justiciables, contraire aux projets qu'une des deux provinces pourrait former pour la confection des canaux et des routes, et l'amélioration de l'agriculture.

Etats provinciaux.

Article 23. — Mais considérant les choses dans l'état où elles existent aujourd'hui, désire et demande qu'il soit accordé à la province des Trois-Evêchés des Etats provinciaux, composés de districts régis par la même forme que ceux accordés par Sa Majesté à sa province du Dauphiné ; qu'une commission intermédiaire, toujours subsistante, soit chargée de faire mettre à exécution tout ce qui aura été arrêté par les Etats provinciaux ; que lesdits Etats soient assemblés alternativement dans les villes de Metz, Toul et Verdun, pour les mettre à même de mieux juger des bonifications dont toutes et chacune des parties de la province sont susceptibles ; que le bailliage de Toul puisse avoir auxdits Etats un huitième au moins des voix représentatives de la province, vu le rang que cette ville, célèbre par son antiquité, importante par ses établissements, a toujours tenu dans la province des Trois-Evêchés, et que tout fils d'anobli ayant la noblesse acquise et transmissible, propriétaire ou domicilié, puisse être élu représentant de son ordre.

Répartition des impôts.

Article 24. — Désire et demande qu'on accorde aux Etats provinciaux la répartition et collecte des impô's, de même que la direction de toutes les entreprises tant civiles que militaires à la charge de cette province.

Encouragements.

Article 25. — Désire et demande qu'on donne aux Etats provinciaux tous les moyens de vivifier les provinces, d'animer le travail, ce trésor du pauvre.

Bonnes mœurs.

D'encourager les bonnes mœurs en récompensant les vertus civiques par des honneurs et des distinctions, recommandant aux ministres de la religion la conservation de ce dépôt sacré.

Mendicité.

De détruire la mendicité.

Greniers d'abondance.

D'entretenir des greniers d'abondance et en général de faire tout ce qui intéresse le bonheur des peuples confiés à leurs soins.

Agiotage.

Article 26. — S'en rapporte au sage ministre des finances, ministre dont les intentions pures et les talents rares sont connus, pour poursuivre et détruire cet espoir d'agiotage trop généralement répandu, malgré l'infamie dont il est noté par tous les bons citoyens, et pour empêcher qu'une partie opulente des sujets de Sa Majesté, désignés sous le nom de capitalistes, ne trouve à l'avenir, comme par le passé, les moyens de se soustraire aux impôts, dont le fardeau s'appesantit tous les jours sur la partie la plus faible des contribuables.

Domaines aliénables.

Article 27. — Désire et demande que les domaines de Sa Majesté soient déclarés aliénables, considérant leur aliénation comme un moyen d'éteindre la dette nationale, et de vivifier les provinces. Mais comme cette seconde vue serait contrariée par les grands propriétaires qui, pour la plupart, consomment dans la capitale la plus grande partie de leurs revenus, qui devient nulle pour la circulation dans les provinces, il est à désirer que ces domaines soient vendus partiellement et divisés en lots dont les plus forts n'excéderaient pas 3,000 livres de rente, sans pouvoir jamais être donnés à titre d'échange, ni à titre de grâce.

Apanages.

Article 28. — Désire et demande la réduction des apanages pour l'avenir.

Huissiers-Priseurs.

Article 29. — Désire et demande qu'on s'occupe de supprimer une multitude de charges onéreuses aux peuples, et notamment celles d'huissiers-priseurs, dont la création excite les réclamations de toutes les provinces.

Police.

Article 30. — Désire et demande qu'on avise aux moyens de prévenir et de punir les mésus champêtres; et d'améliorer la police des villes, bourgs et villages.

Point de justice par commission.

Article 31. — Désire et demande que nul citoyen ne soit jugé que par les juges établis par les lois, et jamais par une commission particulière ; que l'autorité ne puisse évoquer à son tribunal aucune cause dont seraient saisis les tribunaux légitimes et compétents pour en connaître.

VŒUX PARTICULIERS.

Municipalités.

Article 32. — Désire et demande qu'on autorise les Etats provinciaux à prendre les moyens les plus sages pour changer la forme des municipalités, et les rendre électives par les trois ordres, en remboursant ces charges ainsi que celles des finances, onéreuses par les attributions qui y sont attachées.

Chapitre de Toul.

Article 33. — L'ordre de la noblesse, prenant en considération que par l'érection du chapitre noble de la cathédrale de Toul le Tiers-Etat est privé de la plus grande partie des places de chanoines, supplie Sa Majesté d'ordonner que celles de gradué, les seules auxquelles peuvent prétendre les sujets qui sont dans l'impossibilité de satisfaire aux preuves de noblesse requises, demeurent à l'avenir affectées exclusivement à des nés dans le pays toulois, ou qu'il soit libre, dans les nominations, d'élire indirectement un noble ou un gradué, tant que le nombre des prébendes affectées à ces derniers ne serait pas rempli.

Reculement des barrières.

Article 34. — Désire et demande que les députés de la province des Evêchés soient entendus de nouveau sur le reculement des barrières, et dans le cas où la considération du bien public, que ne doit (*sic*) jamais contrarier des considérations particulières, forcerait impérieusement les Etats-Généraux à adopter ce projet défavorable à la province, elle sollicite en dédommagement la suppression des traites foraines *comme une condition inséparable de l'établissement de toutes les douanes aux frontières du royaume.*

Suppression de la marque des fers et des cuirs.

La suppression de la marque des cuirs et des fers comme onéreuse à l'agriculture.

Des huiles et des savons.

La suppression des droits sur les huiles et savons, dont le produit dans cette province est absorbé par les frais de régie, et l'exemption de tous droits sur les vins de cette province à la sortie du royaume, vu que le moindre impôt en arrêterait le débit chez l'étranger, leur médiocre qualité ne permettant pas de concurrence avec ceux des provinces voisines.

Suppression des salines.

Article 35. — Désire et demande que le nouveau régime à substituer à la gabelle, impôt jugé désastreux par le cœur bienfaisant de Sa Majesté, trouve les moyens d'approvisionner les provinces d'Alsace, Franche-Comté, Lorraine et Trois-Evêchés, de sel tiré des côtes, afin de supprimer les salines de Lorraine, de Franche-Comté et des Trois-Evêchés, ce qui procurerait une économie précieuse sur les bois, denrée de première nécessité, et dont l'augmentation de prix progressive, fait craindre avec raison une disette très-prochaine.

Verrerie de Vannes supprimée.

Par une vue semblable, désire et demande qu'on s'oppose au rétablissement de la verrerie de Vannes, située dans le pays toulois.

Contrats obligatoires.

Article 36. — Désire et demande pour les Trois-Evêchés l'introduction des contrats obligatoires, dont la Lorraine sait apprécier les avantages.

Juifs.

Article 37. — Cette province étant plus qu'aucune autre dans le cas de gémir tous les jours sur les maux que produit l'usure, et voyant à regret dans son sein une classe d'hommes à laquelle tout moyen honnête de subsister est interdit, désire et demande qu'il soit permis aux juifs d'exercer les arts libéraux et mécaniques comme aux autres sujets de Sa Majesté, et quant à la faculté d'acquérir, s'en rapporte aux Etats provinciaux sollicités, cet objet exigeant les plus mûres délibérations.

Sa Majesté sera suppliée de prendre en considération l'établissement des maisons d'éducation destinées à la jeunesse de tous les ordres, et des deux sexes. Nous recommandons à sa bienfaisance l'indigente noblesse qui fait aujourd'hui des sacrifices au-dessus de ses forces.

La noblesse, jalouse de conserver au pays toulois un privilège consacré par le temps, réclame pour l'avenir le droit d'une députation entière aux Etats-Généraux, droit prouvé et reconnu par la lettre du Roy, du 10 février 1649, et réclamé dernièrement par la commission intermédiaire du district. Mais que ne devons-nous pas espérer sous le règne d'un prince qui nous annonce « qu'il veut atteindre par son amour. à tous les individus qui vivent sous ses lois, et qui assure à tous ses peuples un droit égal aux soins prévoyants de sa bonté ! »

> *Signé :* DE TAFFIN, président; DE MALAUMONT; DE LÉVISTON, commissaire aux preuves ; le comte D'ALENÇON, député ; DEDON-DUCLAUX, commissaire pour les cahiers ; DE CHOLET DE CLAIREY, commissaire aux preuves ; DE COMTET ; D'HARDOUINAUD père ; le comte DE MIGOT, commissaire pour les cahiers ; PAGEL DE SAINTE-CROIX, commissaire pour les cahiers ; DE SAINT-PIERREVILLE, commissaire pour les cahiers ; GAUTIER DE RIGNY ; HUGONIN DE LAUNAGUET ; LE PAGE ; DE LA BAROLIÈRE ; vicomte DE BAUSSET, scrutateur ; DE GUERRE ; DE KLOPSTEIN ; RICHARD DE BAUMEFORT ; DE VALORI, commissaire pour les cahiers et les preuves, scrutateur et député; D'HARDOUINAUD fils ; LE LYMONNIER DE LA MARCHE, commissaire pour les cahiers et les preuves et scrutateur, et POIROT, membre, secrétaire de l'ordre.

La députation était donc composée pour les bailliages de Toul et de Vic réunis, conformément aux prescriptions de l'arrêt royal du 7 février, des députés suivants :

Dans l'ordre du clergé :

Député : l'abbé BASTIEN. — *Député suppléant :* l'abbé CHATRIAN.

Dans l'ordre de la noblesse :

Député : DE CHÉRIÈRES, comte de RÉNEL. — *Député
suppléant :* le comte D'ALENÇON.

Dans l'ordre du Tiers-Etat :

Députés : MAILLOT, de Toul, et GÉRARD, de Vic. —
Députés suppléants : FRANÇOIS DE NEUFCHATEAU
(Toul) et N..... (Vic).

A la fin d'avril 1789, les députés titulaires des trois
ordres partirent pour Versailles, où ils assistèrent ensemble, le 5 mai, à la cérémonie d'inauguration des
Etats-Généraux.

Mais lorsque, les jours suivants, les Etats voulurent
passer à la vérification en commun des pouvoirs de leurs
membres, les députés des deux ordres privilégiés refusèrent de quitter leurs chambres particulières et de
procéder à cette opération avec les députés du Tiers-
Etat. Celui-ci déclara alors qu'il ne pouvait agir isolé-
ment et qu'il était nécessaire que les deux autres ordres
vinssent se joindre à lui.

Les choses trainaient en longueur dans cette attitude
expectante de part et d'autre, quand, le 28 mai, les trois
ordres reçurent du roi un message qui les invitait à
nommer des commissaires conciliateurs, chargés de
résoudre le conflit.

La lettre du roi rencontra une résistance hautaine
dans la noblesse ; il n'en fut pas de même dans l'ordre
du clergé, où les évèques étaient prêts à accepter un
compromis, craignant de voir le bas-clergé les abandonner bientôt pour se rallier aux représentants des

LAURENT CHATRIAN

(1732-1814)

D'après un dessin in-8° de PERRIN, gravé par
LETELLIER et édité par DÉJABIN. - (Musée de Toul).

communes ; c'était, en effet, sous l'influence des curés, presque tous libéraux, qu'était né le mouvement réformateur manifesté dans les cahiers de l'ordre. Le moment était venu pour le Tiers de prendre une résolution énergique.

Dans ces circonstances critiques, aggravées encore par un deuil de la famille royale (1), Maillot crut de son devoir, en mandataire consciencieux, de tenir ses électeurs au courant des évènements politiques et de leur faire connaître ses intentions pour l'avenir.

Le 3 juin 1789, il écrivit donc au maire de Toul, Léopold Contault, en joignant à sa lettre un compte-rendu sommaire des séances tenues jusqu'à ce jour par l'ordre du Tiers-Etat.

Cette lettre, très intéressante (2), dépeint l'état des esprits et montre combien le Tiers avait soif de liberté et de justice, combien Maillot était digne de la confiance que la démocratie touloise avait mise en lui ; la voici dans son entier :

Versailles, le 3 juin 1789.

Monsieur et cher ami,

Ma qualité de député du ressort du bailliage de Toul m'impose l'obligation de correspondre avec mes constituants, de les instruire de la marche des affaires publiques qui se traitent dans l'Assemblée nationale. En remplissant ce devoir, je satisfais en même temps à un autre qui n'est pas moins cher à mon cœur, celui de m'entretenir avec vous et nos amis communs, auprès desquels je vous prie d'être

---

(1) Le Dauphin, fils aîné de Louis XVI, mourut le 4 juin 1789, à l'âge de 8 ans.

(2) La lettre et le compte-rendu ont été conservés, transcrits sur un registre spécial, coté aux archives municipales sous le n° 7 (série JJ.)

mon correspondant ; de vous offrir à tous les assurances d'une amitié constante, qui ne s'alimente à présent que des regrets d'être privée d'une société charmante, et pour un temps dont je ne prévois qu'un terme éloigné.

En vous adressant le journal de nos séances, je n'ai pas besoin de vous prier de le communiquer à nos amis réunis chez M. Henry, ainsi que la suite exacte que je vous adresserai toutes les semaines ou deux fois par semaine, quand le travail deviendra plus intéressant ; ce sera probablement un double emploi, car M. de Chérières m'a dit qu'il n'a-vait pas laissé ignorer M. Henry de tout ce qui s'était passé dans nos assemblées, mais comme il est plus instruit que moi de ce qui se traite dans la Chambre de la noblesse, par ses relations avec plusieurs de ses membres, son journal servira de supplément au mien, et d'ail-leurs je suis flatté d'offrir ces hommages de mon exactitude au patrio-tisme de nos zélés citoyens.

Vous pressentez, mon cher ami, que j'ai encore un devoir très pres-sant à remplir vis-à-vis le public dont je suis le mandataire : c'est pour me faciliter les moyens de le servir que je m'adresse à vous qui êtes le chef de notre commune et qui pouvez établir à l'hôtel de ville un dépôt public, ouvert à tout le monde, des rapports que je ferai des séances, délibérations, résolutions et actes des Etats-Généraux.

Il est nécessaire que l'avis en soit donné également aux corps et corporations de la ville, afin que, par plusieurs des syndics, il puisse être pris des copies s'ils le désirent, qu'ils répandront après dans les autres corps ; la difficulté ne sera que celle du moment présent par l'énormité du cahier qui comprend toutes nos séances jusqu'aujourd'hui. Dorénavant l'embarras sera moindre pour distribuer des copies d'une feuille qui ne relatera que le courant.

Vous rectifierez mon plan par vos idées et par des moyens que vous trouverez de faciliter cette publicité que je désire et que je crois extrêmement importante au bien de la chose. Il restera les campagnes, auxquelles je ne crois pas possible de faire parvenir la connaissance de mes relations ; il suffira qu'elles sachent qu'il est en existence un dé-pôt à l'hôtel de ville où elles auront la liberté d'en prendre communi-cation ou copie; plusieurs communautés réunies, une prévôté, peu-vent nommer le syndic d'une d'entre elles qui ira à Toul prendre cette copie, ou, ce qui serait plus expédient, à qui un procureur ou toute autre personne de confiance, demeurant à Toul, enverrait cette copie qu'il répandrait dans son arrondissement. M. le Subdélégué peut aisément faire passer cet avis dans les campagnes.

Je vois, par l'ascendant que les Communes ont pris sur toutes les autres Chambres, dans l'opinion publique tant à Paris qu'à Versailles, et qu'elles doivent à la publicité de leurs séances auxquelles assistent journellement près de 2,000 personnes, combien il est important que le peuple soit instruit de la justice, de l'évidence des demandes et démarches que l'on fait en son nom, de la fermeté constante et sage que les représentants apporteront à soutenir ses intérêts, à revendiquer ses droits.

C'est par de pareilles correspondances, établies dans toutes les provinces entre les députés et leurs commettants, que se formera l'esprit public qui en imposera au gouvernement et investira les communes et leurs députés aux Etats de toute la force de la volonté générale ; car, en ce pays plus qu'en tout autre, l'opinion publique maîtrise les évènements, fait ou défait les ministères, donne à l'administration la tendance au bien général.

Nous avons besoin de cet appui dans la circonstance présente où toutes les *Grandeurs du ciel et de la terre,* je veux dire les prélats et les nobles, se liguent ensemblent et conspirent pour rendre éternelles la servitude et l'oppression du peuple et nous ont tenu fermée jusqu'à présent la barrière de l'arène où nous brûlons de nous présenter pour en prendre la défense. Mais la politique artificieuse du haut clergé, la violence des arrêtés de la noblesse, ne nous ont fait perdre que du temps et ont plutôt augmenté qu'affaibli les résolutions vigoureuses des communes, qu'elles mettront à exécution lorsqu'elles jugeront le moment le plus favorable.

Voici l'esprit qui règne dans notre assemblée : elle a cru devoir ne point brusquer le moment de se constituer, au désir du ministre patriote et à celui du roi qui veulent que l'on prévienne les troubles, que la division, le dissentiment des ordres pourraient occasionner. En épuisant vis-à-vis les deux premiers les ménagements et les voies conciliatoires, aucuns n'ont réussi. Je crois que sur la fin de la semaine ou dans le courant de la suivante, si la délibération du clergé au sujet de sa réunion avec les communes qu'un incident imprévu, préparé par les intrigues, a malheureusement interrompu, n'est point favorable, les députés des communes se constitueront en *Etats-Nationaux,* vérifieront les pouvoirs et travailleront à l'intéressant objet de la Constitution de l'Etat et à ceux que nous prescrivent nos cahiers.

Ce parti, qui est le seul que la nécessité des circonstances nous laisse, prépare quelques orages, car une Constitution est un contrat social qui, pour être obligatoire envers tous les ordres, doit être consenti par eux; il n'est douteux que les ordres du clergé et de la noblesse opposent leur refus d'engagement au contrat public, mais il n'en fera pas moins la loi pour vingt-quatre millions de citoyens et leur droit positif, qu'ils suivront et exécuteront nonobstant toute réclamation, à moins que la force et la violence n'en empêchent l'exécution, ce que je ne crois pas possible, surtout si l'esprit public se forme d'après les vrais principes, si les cœurs sont échauffés par le sentiment de la liberté et du bonheur général.

Nous avons parmi nous d'excellents orateurs, des publicistes de premier mérite et en grand nombre; nos séances offrent quelquefois l'image des tribunes romaines, des Parlements d'Angleterre, par la liberté des principes, la profondeur des discussions et la grandeur des objets. Je ne doute pas un instant que nous ne surmontions tous les obstacles et ne remplissions notre mission avec succès. Aucune puissance ne peut dissoudre l'Assemblée nationale : elle formera son vœu en cette volonté générale pour faire la loi.

Je ne vous parlerai pas des magnificences du Château, de la pompe de la cérémonie des *Cordons-Bleus* (1), du faste de tous les Grands : tout cela fait moins spectacle pour un député d'une province pauvre que sujet de méditation et de réflexion; le jeune duc de Berry a été reçu chevalier de l'Ordre à la cérémonie dernière. La Cour, c'est-à-dire le Roi et la Reine, est dans la plus grande consternation et dans la plus grande douleur : M. le Dauphin, qui avait donné de grandes espérances de rétablissement, touche à son dernier moment. J'entends tout le monde le regretter.

« Je ne vous rapporterai pas tous les *on-dit* de Versailles, qui se détruisent le lendemain. Je suis trop occupé pour m'ennuyer; je regrette cependant la cessation des spectacles du Château, qui étaient pour moi le seul agréable délassement. Ma santé avait un peu souffert du défaut d'air de notre salle, dont toutes les décorations étaient

_____

(1) Cette cérémonie avait eu lieu le 31 mai, jour de la Pentecôte, dans le cabinet du Roi : elle avait pour motif l'admission de certains personnages dans l'ordre du Saint-Esprit, en présence des chevaliers, officiers et commandeurs de l'ordre, revêtus de leurs insignes, et elle fut suivie d'une procession et d'une messe solennelle au château de Versailles.

fraîchement peintes et dont les vitraux fixes empêchent le courant à la communication de l'air extérieur, ce qui avait affecté ma poitrine, mais elle s'est parfaitement rétablie par la cessation de l'odeur..... »

MAILLOT.

Les deux classes privilégiées se refusèrent à opérer en commun la vérification des pouvoirs des députés et se constituèrent en Chambres séparées. Le Tiers-Etat, alléguant qu'il représentait à lui seul *les quatre-vingt-seize centièmes* de la Nation, et qu'il n'était pas juste que par la mauvaise volonté des premiers ordres les affaires publiques restassent en souffrance prit, le 17 juin, le nom d'*Assemblée Nationale* ; puis, par deux votes immédiats, il déclara illégales les impositions qui accablaient le peuple, et plaça la dette publique sous la protection de la loyauté française.

C'est alors que les Grands persuadèrent au Roi de faire fermer la salle des délibérations de l'Assemblée, et le 20 juin les députés, qui n'avaient pas été prévenus, trouvaient la porte close et gardée militairement. Convaincus toutefois que partout où ils se réuniraient, là serait l'Assemblée Nationale, ils se rendirent sur l'invitation de Bailly, leur président, dans une salle de jeu de paume qui se trouvait à proximité, salle devenue à jamais célèbre, et ils prêtèrent le serment solennel de ne pas se séparer avant d'avoir donné une Constitution à la France.

La population de Paris fit un accueil enthousiaste aux différentes décisions que venaient de prendre les représentants de la Nation ; le Gouvernement s'en émut ; il rassembla en toute hâte des troupes nom-

breuses et en entoura la capitale « pour calmer l'effervescence qui y régnait » disait-il, mais en réalité dans
le but de dissoudre l'Assemblée Nationale.

Après cette digression, qui nous a semblé nécessaire
pour faire comprendre les évènements politiques qui
se succédèrent alors si rapidement à Paris, nous
n'avons plus à rappeler ici que ceux auxquels le député
de Toul fut plus particulièrement mêlé.

A la suite d'une émeute au faubourg Saint-Antoine
(23 juin), onze soldats des gardes-françaises ayant été
incarcérés à l'Abbaye pour avoir refusé de tirer sur le
peuple, l'Assemblée Nationale résolut d'implorer en
leur faveur la clémence royale. A cet effet, elle envoya
à Louis XVI une députation prise dans son sein, qui
réussit à obtenir la mise en liberté des gardes-françaises (1er juillet) : Maillot faisait partie de cette
députation (1).

Cette mesure de clémence n'ayant pas calmé l'agitation qui régnait dans la capitale, les régiments se
rapprochèrent de Paris et de Versailles, dont les environs furent bientôt occupés par trente mille hommes
que commandait le maréchal de Broglie.

Emue par les clameurs du peuple, l'Assemblée Nationale se décida à envoyer au Roi une députation de 24
de ses membres, avec mission d'obtenir le retrait des
troupes dont la présence seule causait l'effervescence.
Louis XVI refusa, disant aux députés que la force
armée était nécessaire pour maintenir l'ordre et protéger
les délibérations des Etats-Généraux.

---

(1) *Le Moniteur :* Bulletin de la séance du 1er juillet 1789.

Le peuple croyait trouver encore une garantie dans la présence, à la tête du ministère, de Necker qui, on le savait, désapprouvait les mesures prises ; cette garantie elle-même allait disparaître : le 11 juillet, en effet, Necker recevait du roi l'ordre de sortir de France dans le plus grand secret.

La disgrâce du seul ministre, qui eût des amitiés parmi le peuple, causa dans Paris une consternation générale : la nouvelle de son départ, connue le 12 à midi au Palais-Royal, fut le signal du tumulte. Sur une fougueuse exhortation d'un jeune journaliste, Camille Desmoulins, les citoyens pillèrent les boutiques des armuriers, élevèrent des barricades et formèrent des compagnies : pour deux heures du soir, une armée de 48 mille hommes était organisée ; canons, vivres, poudre et munitions de toute sorte, étaient entassés sur la place de Grève.

Pendant ce temps, l'Assemblée Nationale avait décidé qu'elle siégerait en permanence, et elle avait envoyé une nouvelle députation à la Cour pour demander l'éloignement des troupes. La démarche fut vaine. L'Assemblée prit aussitôt un *arrêté* dans lequel, blâmant le renvoi des ministres, elle déclarait les conseillers du Roi responsables des malheurs qui menaçaient la Nation.

Dès le 13 juillet, les clameurs de la foule se faisaient entendre ; elles s'élevaient, précurseurs d'un orage prochain, contre la prison d'Etat que la terreur et la haine désignaient depuis longtemps à la colère du peuple. « A la Bastille ! » criait-on de toutes parts.

Le 14 juillet, Paris s'éveilla avec la volonté d'anéantir cette forteresse, et avant le soir, il y entrait en vainqueur.

Maillot, témoin oculaire de cet évènement mémorable et de ceux qui suivirent, en a donné le détail dans deux lettres qu'il écrivit alors, l'une à M. Léopold Contault, maire de Toul, et l'autre à M. Desbroux, procureur du Roi ; voici la première de ces lettres, conservées dans les archives de la ville (série JJ, reg. n° 7) :

De Paris, du 16 juillet 1789.

Monsieur et cher ami,

Je me rendais à la salle des Etats pour y attendre le retour de la députation, comme on en était convenu le matin, lorsque j'ai rencontré M. de Chérières et deux autres de nos députés qui partaient pour Paris. J'ai fait le quatrième : ma curiosité m'a puni. Nous sommes tombés dans une ville encore remplie d'effroi, de méfiance, armée de précautions contre tout étranger. Notre manteau de député ne nous garantit d'aucun de ces assujettissements et formalités, depuis la barrière jusqu'au Pont-Neuf ; notre voiture a été arrêtée par les patrouilles différentes et il nous a fallu subir des examens, puis des honneurs ; la patrouille s'est rangée, puis nous a présenté les armes en criant : Vive la Nation ! Les quais étaient coupés par des tranchées de distance en distance et il y avait des pierres amoncelées derrière des charrettes attachées ensemble. La ville est triste, morne, sans autre mouvement que celui des patrouilles que l'on rencontre de minute à autre. Douze cents hommes font le service continuel et arrêtent toutes personnes de tout état qui n'ont pas arboré la cocarde rouge et bleue (1).

Nous nous étions présentés à la Bastille, pour examiner l'intérieur de ce trop funeste monument du despotime. Après bien des difficultés pour traverser quatre corps de garde, nous sommes parvenus jusqu'à la première cour. Là, une autre soldatesque nous a défendu le passage,

_____

(1) Le rouge et le bleu sont les couleurs de la ville de Paris.

quoique nous fussions munis d'une permission : il a fallu nous retirer.

J'ai vu, non sans peine, cette cour couverte de papiers, de lambeaux de registres qui ont été déchirés et jetés lors de la prise : c'est une perte irréparable pour l'histoire. Il n'y avait que douze prisonniers d'Etat lorsqu'on a forcé cette prison ; il y a des gens qui prétendent que l'on entend gémir d'autres prisonniers, mais comme les gouverneurs, porte-clefs, concierge, tout a été massacré, on n'a plus de guides pour déterrer les prisons secrètes, s'il y en a eu.

Nous nous hâtons de sortir de cette malheureuse ville où le sang ne se verse plus, mais où l'état de guerre dure encore et durera long-temps. On se propose de démolir la Bastille ; j'aurais été curieux d'en voir l'intérieur : cela serait possible si je passais la journée ici, mais il m'est plus intéressant de retourner à la séance des Etats, où je crois que doit se faire la dénonciation des auteurs de cet évènement cruel.

Je ne puis que vous féliciter, mon cher ami, des sages précautions que vous avez prises pour maintenir l'ordre et la paix dans notre ville, en y annonçant des subsistances. Gardons-nous de ces insurrections populaires : l'exemple de la ville de Paris doit effrayer tous les bons citoyens, car rien n'est plus terrible qu'une pareille démocratie ; si elle dure six mois encore, Paris déchoiera d'un tiers de ses habitants et de son commerce.

Je finis par la crainte de manquer le courrier. Je n'ai reçu aucune lettre de M. le Procureur du roi ; il se peut faire qu'elle soit égarée lors de l'arrêt qu'on a fait de tous les courriers. La vôtre n'a été retardée que d'une poste.

J'ai l'honneur d'être, avec l'attachement le plus inviolable, votre très humble et très obéissant serviteur.

MAILLOT.

Cette lettre est celle d'un honnête homme, d'un bon citoyen ; elle est dictée par un sentiment auquel tout le monde s'associera avec nous ; car, qui ne recule d'instinct devant les horreurs des combats populaires, quelque noble qu'en soit la cause ?

Nous allons donner la reproduction *in extenso* de la seconde lettre du député de Toul ; écrite deux jours après la précédente, elle constitue un précieux document historique (1) :

Paris, ce 18 juillet 1789.

Monsieur et cher ami,

Les évènements dont je suis témoin dans ce moment seront célèbres dans l'histoire et une terrible leçon pour les rois ! A peine puis-je croire ce que je vois : Paris rendue ville de guerre, gardée ou plutôt enchaînée par 25,000 hommes qui font la patrouille jour et nuit ; une armée de 100,000 hommes bien aguerrie et de 15,000 de cavalerie dans ses murs ; un peuple immense exerçant tous les pouvoirs, dénonçant, jugeant et exécutant les premières têtes ; les canons enlevés de l'Hôtel des Invalides ; l'Arsenal forcé ; la Bastille, la place la plus forte du royaume, prise en 45 minutes par des gens qui avaient à peine des bas et des souliers ; le roi obligé de se rendre dans une ville irritée et soulevée contre l'abus de son pouvoir, recevant des mains des factieux (au moins pouvait-il les regarder comme tels) la cocarde, signal de la révolte ; le roi conduit par les gardes françaises, qui ont secoué le joug sévère de la subordination pour se donner au peuple ; reçu au bruit de 40 pièces de canon enlevées à sa puissance pour renforcer celle des mécontents ; traversant, depuis Passy jusqu'à l'Hôtel de ville, une double haie de soldats qui ne sont ni à sa solde, ni à son service ; et beaucoup d'autres faits qui m'échappent par leur rapidité et leur contradiction.

Ce bouleversement de l'ordre politique, cette subversion du gouvernement ont été l'ouvrage de trois jours ou plutôt des longues années d'erreur et des crimes du ministère, de la violation des droits et de l'oppression du peuple. Le téméraire, imprudent et funeste conseil donné au roi, d'investir Paris de troupes, a décidé la Révolution. Cette ville a senti sa force, l'a calculée avec celle qu'on lui opposait et la nécessité de la défense a rompu tous les liens politiques pour rentrer dans le droit naturel. Quelques détails vous satisferont davantage.

J'ai eu l'honneur de vous marquer que j'étais allé à Paris mercredi, jour de la députation envoyée à cette ville. J'étais bien aise de con-

(1) Archives municipales: Série JJ, reg. n° 7.

naître la disposition des esprits et la situation des choses dans cette capitale qui influait si puissamment sur les délibérations et le sort de nos États. Nous arrivâmes, M. de Chérières et moi, et deux autres députés, à 10 heures du soir ; nous nous rendîmes de suite au Palais-Royal, qui est le foyer de l'effervescence et le centre des nouvelles. On nous dit que notre députation avait reçu de grands honneurs, mais qu'aux invitations par elle faites de rentrer dans l'ordre, on ne lui avait répondu que par l'étalage des forces de la ville, par la production des registres qui justifiaient de l'enrôlement de 208,000 hommes, dont la grande partie est armée, et par la nécessité de se tenir en garde contre un ministère auquel le peuple ne pouvait avoir confiance, qu'on lui avait témoigné que Paris désirait que le Roi y vînt pour se montrer. On ne dissimulait point le projet de retenir le Roi s'il arrivait ; la chaleur du discours que j'entendis me fit voir que rien n'était moins calme que Paris. J'en fus atterré et je vis bien que le peuple était encore trop jaloux de son nouveau pouvoir et des grandes choses qu'il avait faites, pour se soumettre de sitôt à l'autorité.

Au sortir de là, nous allâmes voir la Bastille, croyant que, sous notre manteau de député, tout nous serait ouvert ; mais, après avoir obtenu à grand'peine l'entrée de la première cour, il fallut encore batailler une autre garde pour entrer dans l'intérieur du château. Mais le passage nous fut interdit ; l'empressement et la vivacité que deux chevaliers de Saint-Louis, qui s'étaient joints à nous, mettaient pour l'obtenir, l'heure fort avancée de la nuit, nous rendirent suspects. On avait arrêté le même soir un chevalier de Saint-Louis, allumant une mèche pour communiquer le feu aux poudres et leurs soupçons et leurs défiances s'étaient accrus. On nous fit l'honneur de nous déclarer très brusquement de nous retirer bien vite et nous suivîmes à la lettre le conseil de cette canaille qui commençait à s'échauffer.

Le désir de voir le trop fameux château nous fit rester le lendemain pour y retourner. Je vis avec douleur les cours jonchées de papiers, des minutes, des registres de cette prison, tout en lambeaux et la proie d'un nombre infini de personnes. Cependant, on venait de faire défense d'en ramasser, d'en lire ou d'en emporter, mais c'était trop tard ou pas assez surveillé, car je vis un particulier fourrer dans ses poches deux assez gros cartons de lettres originales. Je le suivis et lui demandai à jeter les yeux sur ces recueils, en lui promettant le secret, et je vis en les parcourant rapidement que ces lettres étaient relatives à l'affaire du Cardinal et de Cagliostro. Quelle perte pour l'histoire que ces monuments si précieux qui eussent éclairé les rois et les nations sur cette effroyable prison !

Quelques-uns de ces crimes sont au grand jour ; on publie une lettre de M. de Sartines au gouverneur : « *Je vous envoie un tel, assez mauvais sujet ; dans huit jours, vous vous en débarrasserez* », et le registre mortuaire porte à cette époque la date de sa mort. Par d'autres lettres : « *Vous mettrez tels ou tels aux bouillons amers.* » De beaucoup d'autres, la mort est inscrite sur le registre du jour de leur entrée. J'ai ramassé les quelques papiers que j'ai pu et que je n'ai pas choisis ; quand j'aurai occasion, je vous les adresserai pour en faire part à tous.

Puisque je suis à la Bastille et qu'il n'y a plus de danger à y être, je remonterai aux moyens que le peuple a pris pour se fortifier en s'emparant des armes des châteaux de Paris : dimanche et lundi ne furent remplis que de brigandages, de pillages ; des malheureux sans patrie, sans amis, étaient prêts à tout incendier et les honnêtes gens tremblaient. Dans la nuit du lundi, ils s'assemblèrent, divisèrent la ville par quartiers et paroisses et firent afficher que ceux qui ne viendraient pas se faire inscrire sur le registre de leur paroisse, pour leur être distribué des armes et être enregimentés, seraient punis comme traîtres, lorsqu'on les surprendrait dans les rues. Chacun, plus par zèle que par crainte, se présenta. On rejeta les domestiques et les gens sans domicile, à qui cependant on donna la cocarde. Les citoyens seuls et gens honnêtes furent reçus pour défendre la ville. La Basoche fit à part son enrôlement en envoyant la liste de 3,000 personnes. On avait beaucoup de gens et très peu d'armes ; 2,000 hommes furent envoyés aux Invalides. Le gouverneur leur dit en riant : « Comment, mes amis, vous vouliez sans armes arracher celles de 5,000 braves soldats armés et de canons et de toutes pièces ! » et il les laissa tout parcourir, tout enlever. Les chevaux qui se trouvaient à l'École Militaire servirent à traîner les canons que le peuple plaça à l'entrée des quais, des avenues, des principales rues. Les chefs de quartiers, élus par le peuple, établirent pour le service militaire une garde de 40,000 hommes, distribués partout, arrêtant les voitures, les personnes, les étrangers, se saisissant des chevaux et ne permettant à personne de sortir de Paris. Abbés, financiers, bourgeois, parlementaires, tous arborèrent la cocarde pour se soustraire aux insultes. On porta de fortes gardes au

Trésor royal, à la Caisse des comptes, au Bureau des lettres. On dissipa cet odieux Bureau des secrets qui est la *Bastille de la pensée*. M. Dogny courut risque de la vie ; le lieutenant de police ne sauva la sienne qu'en se présentant à l'hôtel de ville pour se démettre de ses fonctions.

De ce moment, il y eut une espèce d'ordre ; on pendit plusieurs brigands qui commettaient des vols : mais cet ordre exercé par une multitude exaltée, défiante et sanguinaire, qui exécutait à l'instant les malheureux qu'elle jugeait coupables, ou qu'elle soupçonnait, fit trembler tout le monde. Chacun se renferma : Paris ne fut plus que comme une citadelle occupée par des soldats.

Le mardi, on envoya prier le gouverneur de la Bastille de ne pas tirer sur la ville. Les envoyés se présentèrent avec le drapeau blanc ; on les laissa entrer. Mais le peuple, forçant le passage, s'introduisit ; alors, le pont-levis fut levé et le gouverneur, bien fondé à croire que l'on voulait le surprendre, fit tirer sur ceux qui étaient enfermés ; il il y en eut 4 ou 5 de tués et beaucoup de blessés. La place était gardée par 60 invalides et une vingtaine de Suisses encore enfants. Le peuple qui entendit tirer devint furieux ; des échelles furent apportées, des canons, dressés contre la porte, y firent brèche ; on brisa les chaînes du pont à coups de hache ; un garde française, tenant son épée entre les dents, s'élance sur le pont qui baissait et fait effort pour le retenir. D'autres, grimpant sur les épaules les uns des autres pour s'élever à la hauteur de la porte, et malgré les coups de fusil, parviennent à faire tomber le pont. Alors tout fut forcé : les officiers de la Bastille faits prisonniers, on pille, on brise, on jette tout par les fenêtres et on va au secours des prisonniers ; il ne s'en est trouvé que sept. Le gouverneur fut traîné sous les coups jusqu'à l'hôtel de ville, mais il ne put pas y monter et le peuple l'acheva. Le sieur du Buqoy, dont on plaint le mérite et l'innocence, fut également massacré ; deux autres officiers du fort furent livrés à la mort. On pendit 2 canonniers et 3 porte-clefs ; les exécutions se faisaient à l'instant, sans examen et par le peuple. Le sieur de Montbarrey, commandant de l'Arsenal, fut entraîné à l'hôtel de ville ; on lui fit un crime de n'avoir pas livré les armes assez tôt, et cinq cents voix le condamnèrent à la mort ; il n'y échappa qu'en faisant valoir le mérite de son fils et en s'abaissant aux plus viles supplications. M. de Flesselles était à l'hôtel de ville, présidant le bureau ; on lui montra sa lettre par laquelle il promettait de faire rentrer les armes et la poudre à la Bastille. Ses amis le défendirent vivement et le bureau lui fit grâce. Le peuple le sut et quatre jeunes gens, montant et disant à M. de Flesselles qu'on veut lui parler, ses amis le retinrent ; mais, pressé et forcé, il sortit de la chambre, et sur l'escalier on lui tira un coup de pistolet qui le blessa. Il fut traîné sur la place et sa tête abattue à coups de hache ; on l'exposa avec celle de M. de Launay, puis on les promena dans la ville. C'était le jour des grandes justices ; la terreur régnait ; l'accusation de traître, bien ou mal fondée, était un arrêt de mort, et chacun craignait pour soi pareille proscription, car il ne fallait qu'avoir un ennemi.

Le mercredi, ce sentiment régnait encore et rendait la ville déserte. Le jeudi, il y eut une vive alarme au château de Versailles On aperçut par les lorguettes toujours dressées 40 ou 50 personnes qui venaient à Versailles. Le bruit se répandit aussitôt que 60,000 hommes venaient investir le château, et le roi envoya à l'Assemblée des Etats pour les inviter à dépêcher une seconde députation à Paris, pour lui faire part qu'il s'y rendrait le lendemain, qu'il avait écarté de sa personne ses ministres suspects et qu'il confiait à la nation les soins du retour de M. Necker. L'Assemblée députa à l'instant six personnes vers Paris pour tranquilliser les habitants par cette heureuse nouvelle. Ces députés nous dirent que l'Assemblée avait nommé une députation de 140 personnes pour accompagner le roi et qu'elle enverrait plusieurs de l'ordre de la noblesse, pour, avec ceux des communes restés à Paris, recevoir le roi au pied de l'escalier de l'hôtel de ville. Cette disposition nous fit rester, M. de Chérières et moi. Ce jour-là, le comte d'Artois se jeta aux genoux du roi pour lui demander son pardon des conseils violents et dangereux qu'il lui avait donnés. Le roi le reçut mal et lui ordonna de se retirer : on dit qu'il est parti pour Naples et que la reine est allée passer quelques jours dans une maison royale. MM. de Broglie, de Villedeuil, de Breteuil et de Barentin furent renvoyés à l'instant. Le jour même le Parlement députa vers le roi pour lui porter son adresse de remerciement de la séance royale qu'il avait tenue et des sentiments de bonté et de justice qu'il avait témoignés à son peuple. Il a été arrêté que cette adresse serait communiquée à l'Assemblée. Le Premier Président, après s'être rendu auprès du roi, envoya l'adresse à l'Assemblée. On trouva mauvais et indécent qu'il ne l'eût pas présentée lui-même. On délibéra de le mander ; plusieurs nobles furent de cet avis. M. d'Eprémenil parla pour la première fois et pour blâmer son chef. M. Frétaux, toujours sage, modéré et justement estimé, ramena les esprits, excusa la compagnie sur ce mouvement de trouble qui ne permettait pas d'observer les convenances et la bienséance ; enfin, on se contenta de la lettre. Ce signe de vie que donnait le Parlement dans cette occasion fût blâmé. On l'attribua à la frayeur et à la lâcheté. Dans cette séance, la noblesse environnée de périls abjura toute réserve et ne fit plus qu'un corps avec les communes : les têtes coupées étaient de terribles instructions !

Nous passâmes une triste journée avec M. de Chérières, car nous faisons à Paris chambre et lit communs. Nous déplorions le sort de ce roi, bon et honnête homme, mais trop faible pour ne pas être trompé ; nous redoutions des attentats sur sa liberté, des scènes de violence, s'il se faisait accompagner de la reine ou de sa maison militaire ; nous cachions notre indignation de la trame affreuse qu'exerçait la démocratie présente. Nous vîmes assommer et massacrer un homme devant nos yeux par cette soldatesque : jamais on n'a pu nous dire son délit. Nous vîmes arrêter deux négociants de Bordeaux, banqueroutiers et intrigants à Paris, et deux heures après, je vis porter deux têtes qu'on me dit être les leurs.

Enfin, vendredi, la ville présenta le spectacle intéressant d'un million de citoyens entassés sans tumulte, ne bougeant pas de leurs places, respectant leurs gardes ; une armée immense, une jeunesse florissante, pleine d'énergie, distribuée par files ; des canons bordant les quais, les ponts, les places. Le roi arriva à une heure, seul et sans escorte ; le peuple lui donna la sienne. Il n'entendit d'autres cris que ceux de : Vive la nation ! Devant l'hôtel de ville, il put voir un corps de 6,000 hommes, ayant en avant 8 pièces de canon, portant les étendards, vieux drapeaux et autres instruments militaires enlevés à la Bastille et exposés en triomphe. A la descente de sa voiture les officiers bourgeois (peut-être des cordonniers ou autres, car dans cette milice, sage à distribuer le rang, le marquis, l'officier sert sous son tailleur), le reçurent et le soutinrent par le bras. Notre députation fit la haie pour monter à l'hôtel de ville. La salle est très petite et le roi eut peine à y pénétrer : le prince de Beauveau et un autre capitaine des gardes faisaient les plus grands efforts pour empêcher le roi d'être suffoqué. Il parvint à son trône ; les cris de : Vive le roi ! les chapeaux en l'air, le battement des mains, lui firent connaître combien il était encore aimé. Il paraissait fort ému. Le Procureur du roi de l'hôtel de ville le harangua et il entendit cette phrase insolente : « Vos prédécesseurs ont tenu la couronne par leur naissance et nous la donnons à vos vertus ». M. de Lally-Tollendal se présenta pour parler ; M. Bailly, notre ancien président, nommé par acclamation maire de la ville, fit les fonctions de chancelier, parla au roi sans s'agenouiller et permit au nom du roi à M. de Lally de pérorer.

Il ne remplit pas l'attente de l'assemblée ; il dit cependant de belles choses qui furent vivement applaudies. M. Bailly et quelques autres officiers de l'hôtel de ville sortirent pour aller chercher une cocarde qu'ils présentèrent au roi qui l'accepta. Elle fut mise à son chapeau et les Parisiens en furent transportés : mon cœur en saigna, car il n'y avait là nulle délicatesse à abuser des circonstances pour humilier un roi si bon et si confiant. M. Bailly dit, au nom du roi, que Sa Majesté n'avait jamais cessé de désirer le bonheur de son peuple, qu'elle trouverait le sien dans l'amour de ses sujets, mais qu'elle demandait que tout rentrât dans l'ancien ordre. Le roi ne dit pas un mot, mais cette expression de sa volonté a satisfait l'assemblée ; je crois que son cœur était trop serré par tout ce qu'on venait de dire ; il parut extrêmement ému, des larmes coulèrent de ses yeux ; il montra cependant un visage satisfait où la bonté et la douceur se peignaient. Il se mit sur le balcon pour se faire voir et reçut l'hommage d'un peuple immense ; puis il repartit sur le champ.

Au sortir de l'assemblée, chacun nous demandait : « Le roi a-t-il signé la capitulation ? » Nous avions peine à faire comprendre que ce n'était pas là le mot, ni leur dessein de traiter en ennemi leur maître. Mais nous les rassurâmes en leur disant que le roi avait promis de faire tout ce qu'on pouvait désirer pour le bonheur public et tout ce qu'on peut attendre d'un roi bon et vertueux, et aimant son peuple.

J'oubliais de dire que la ville offrit au roi une statue sous le nom de Restaurateur de la nation française (1).

MAILLOT.

Cette relation des faits qui se passèrent à Paris, le 14 juillet 1789 et jours suivants, nous dispense de tout

(1) Un arrêté de l'assemblée nationale du 11 août, confirmant les réformes décrétées dans la nuit du 4, devait à son tour proclamer Louis XVI le *Restaurateur de la Liberté française.*

commentaire ; elle a été écrite au lendemain même des évènements par le député de Toul, qui en avait été le témoin et qui a su, dans un remarquable style, faire un tableau saisissant du plus grand acte de la Révolution française.

Le désordre, qui agitait si violemment Paris, se propagea bientôt hors de la capitale et eut son retentissement dans les provinces, où l'on vit en maints endroits le brigandage se substituer à la défense de la liberté naissante. Dans le pays toulois en particulier, des misérables profitèrent de l'effervescence générale pour parcourir les campagnes en s'y livrant au pillage. Ils s'attaquaient surtout aux châteaux et commettaient de nombreux excès envers les habitations et les propriétés des nobles (1). L'alarme fut bientôt portée à son comble par des courriers qui parcouraient le pays en tous sens et annonçaient l'approche des brigands, fauchant, disaient-ils, les blés en herbe.

Pour conjurer ces excès de la lie populaire, conséquence inévitable des révolutions brusquement décidées, le gouverneur de la province des Trois-Evêchés, M. de Broglie, crut devoir retirer aux différentes municipalités du territoire de Toul les armes qui leur avaient été confiées en dépôt pour la défense du pays et l'armement des milices communales.

C'était, avec l'intention de soustraire aux brigands des armes dont ils auraient pu s'emparer, laisser les

---

(1) « On a donné lecture, — dit le bulletin de la séance de l'Assemblée Nationale du 24 août au soir, — d'une lettre qui annonce les excès auxquels se livrent les paysans dans la Lorraine et le Barrois, où les châteaux de plusieurs seigneurs ont été incendiés et leurs archives brûlées. »

7

campagnes livrées aux bandes qui les infestaient, car la sécurité n'était pas assurée dans les villages, comme elle l'était à Toul, par des gardes-bourgeoises.

Les maires et syndics des municipalités rurales s'émurent à juste titre de cette situation pleine de dangers, et ils résolurent de protester près de l'Assemblée Nationale, par l'entremise de leur représentant, contre la décision du gouverneur.

Aussitôt avisé, Maillot présenta à l'Assemblée, dans la séance du 29 juillet, la motion suivante (1) :

La sûreté du pays toulois, que je représente, exige que je dénonce un fait, ou plutôt un abus de pouvoir, qui alarme avec raison les habitants de ce pays :

M. le maréchal de Broglie, gouverneur de la province des Trois-Evêchés, par ordre daté du 16 de ce mois, a fait enlever par la maréchaussée les dépôts d'armes qui étaient sous la main et la garde des différentes communautés de cette partie de son gouvernement.

Que, dans des temps antérieurs, sous un règne oppressif, où le calme apparent n'était que le silence de la crainte, le commandant militaire ait fait désarmer les citoyens, ait commis le faisceau de leurs armes à la vigilance et à la sagesse des chefs de communautés, on ne peut rigoureusement blâmer une telle précaution, les droits de chasse étant plus respectés que les droits de l'homme. Mais il est contre l'intérêt et la prévoyance de la société et le droit naturel d'une juste défense, que dans la crise actuelle, dans ces circonstances alarmantes où des milliers de brigands, écume de toutes les nations, vomis je ne sais par quelle conspiration, se répandent dans toute la France, y portent la désolation, le ravage, le meurtre, se fortifient de cette classe du peuple toujours mécontente parce qu'elle ne partage dans la société que les fatigues, les besoins et la misère, M. de Broglie a ôté aux communautés les moyens de se défendre et de repousser loin de leurs

_____

(1) Texte envoyé par Maillot à la municipalité de Toul. (Arch. mun. — Sèr. JJ, reg. n° 7).

foyers l'insulte, le pillage et la destruction, et par là, les a livrées, mains liées, aux incursions et aux attaques de cette horde ennemie.

Les milices citoyennes, qu'un danger commun a fait établir dans presque toutes les villes de la province et récemment à Toul, parviendront à les purger d'une infinité de gens sans aveu ou suspects. Les villages seront seuls exposés à la fureur de ces brigands, sans ressources et sans moyens de s'en garantir.

Tout presse ; tout sollicite instamment la protection de l'Assemblée nationale, en faveur des communautés de campagne du pays toulois, contre des ordres aussi absurdes et une violation aussi manifeste des droits naturels d'une défense nécessaire et légitime.

Je la réclame cette protection et je demande que M. le président soit prié d'agir auprès du Ministre pour faire révoquer de pareils ordres et rendre aux maires de ces communautés les armes qui leur ont été enlevées, pour en être usé par eux, selon que la nécessité et leur sûreté l'exigeront.

L'Assemblée prit cette motion en considération ; elle la renvoya à son *Comité des rapports*, qui l'accueillit favorablement, et par l'organe d'un de ses membres, fit connaître son avis dans le rapport suivant, à la séance du lundi soir, 3 août (1).

Dans le pays de Toul, les habitants avaient eu, jusqu'à ce jour, en dépôt, des armes qui leur étaient confiées pour que, dans l'occasion, ils pussent s'armer promptement. Deux ordres, signés de M. de Broglie, les en ont dépouillés dans une circonstance où ils ont besoin de se mettre en défense contre les brigands qui infestent les provinces. Ils prient l'assemblée, par l'organe de leurs syndics, de vouloir bien se concerter avec le ministre, et obtenir que leurs armes leur soient rendues.

L'avis du comité est que la demande doit être accordée.

L'Assemblée nationale ayant adopté cet avis, mais l'affaire étant du ressort du pouvoir exécutif, son président dut agir près du ministre, M. de la Tour-du-Pin, qui, dès le 9 août, rapporta les ordres donnés.

_____

(1) Bulletin de l'assemblée nationale (*Moniteur* du 1er au 3 août 1789).

Cependant à Versailles, entre ces deux dates du 3 et du 9, la voix de la Nation avait été entendue et sa volonté obéie : l'Assemblée nationale en effet, dans la mémorable séance de la nuit du 4 août, avait donné satisfaction à la plus grande partie des vœux des cahiers et décrété l'abolition du servage, des juridictions seigneuriales, des droits de chasse, de colombier et de garenne ; l'abolition de la vénalité des offices ; la suppression des privilèges et immunités des individus, des villes et des provinces ; le rachat des droits féodaux, l'égalité de tous devant l'impôt, l'admissibilité de tous les citoyens aux emplois civils et militaires.

Le principe de *l'égalité devant la loi* était proclamé ; mais la sanction royale manquait encore aux décrets de l'assemblée.

Dans le pays toulois, où l'on n'avait connaissance ni de ces décrets, ni de l'avis favorable émis par le *Comité des rapports* sur la question des armes, quarante-cinq délégués des communes du bailliage s'étaient rassemblés à Bicqueley, le 6 août, pour se concerter principalement sur les suites à donner à l'exécution de leurs cahiers.

Voici les noms de ces citoyens, dont la plupart avaient été, en février et mars, élus par les assemblées primaires comme électeurs du second degré :

Jacquet, avocat ; J. Carez, imprimeur-libraire ; Barotte, avocat ; Bouard, notaire ; Michelet, professeur de mathématiques, tous les cinq délégués de Toul ; J.-F. Variot, syndic du faubourg Saint-Mansuy ; J. Bouchon et C. Mouilleron, délégués de Blénod-les-Toul ; J. Beauche, délégué de Gye ; Chénin et Robert, syndic, délégués de Bicqueley ; L. Heymonet, maire et délégué de Pierre ; Nicolas Pays, syndic et délégué d'Ecrouves et Grandménil ; F. Froyet, délégué de Brixey-aux-Chanoines ; F. Farnier, élu et délégué de Sauvigny ; B. Mourot, délégué de Champougny ; J.-B. Mathieu, délégué de Sepvigny ; F. Leclerc, délégué de Mont-l'Etroit ; C. Bigotte, délégué de Puncrot et de Greux ; J. Liébaut, délégué d'Autreville; A. Quinot, délégué d'Harmonville ; F. Henry, délégué de Barisey-au-Plain ; M. Poirot, délégué de Barisey-la-Côte ; J. Boileau, syndic d'Allamp ; J. Vuillaume, syndic de Maizières ; L. Laurent, syndic et délégué de Bainville ; J.-S. Gérardin, maire, syndic et délégué de Jaillon ; Nicolas Collot, délégué de Royaumeix ; J.-F. Collin, maire et délégué de Bouvron ; François de Neufchâteau, délégué de Vicherey, Manoncourt, Pleuvezin, Beuvezain, les trois Tramont, Soncourt et Aroffe ; J. Guérin, délégué de Tranqueville ; Limaux, délégué du bourg de Void-et-Vacon ; Pattin, syndic et délégué de Troussey ; Baguet, syndic et délégué de Pagny-sur-Meuse ; de Malcuit et Davrainville, délégués de Villey-St-Etienne ; Antoine Lesser, maire et syndic de Francheville ; Claude Hassoux, syndic et délégué du Ménillot ; J. Gérardin, greffier, N. Petit, syndic, et François Ségaut, délégués de Dommartin ; N. Blondel, délégué de Seraumont ; H. Richard, délégué de Housselmont et A. Antoine Louviot, délégué de Ménil-la-Tour.

Parmi eux se trouvait un homme déjà connu par ses écrits ; il habitait Vicherey, possédait à Bicqueley une maison de campagne et jouissait d'une certaine influence, qu'avait augmentée encore son élection comme député-suppléant à l'Assemblée : c'était François de Neufchâteau.

Considérant la réunion comme ayant un caractère séditieux et illégal, craignant qu'elle ne donnât lieu à une émeute, le Lieutenant du Roi à Toul, M. de Taffin, ordonna à la maréchaussée de procéder à l'arrestation de François de Neufchâteau ainsi qu'à celle des citoyens Quinot, Bigotte et Chénin.

Les ordres du Lieutenant du Roi furent exécutés avec une véritable brutalité, et les personnes arrêtées furent soumises à un traitement inqualifiable, ce qui entrava la délibération des 45 délégués des communes.

Nous laissons la parole à un contemporain, *ami de François de Neufchâteau*, qui adressa au journal *Le Mercure de France* la relation des événements des 6 août et jours suivants (1) :

« *De Toul, le* 19 *août* 1789.

« Il vient de se passer ici une scène incroyable par son objet et par ses acteurs, scène qui pouvait avoir des suites affreuses sans la modération de la principale victime et sans la sagesse du Commandant de de la province.

« Le jeudi 6 août, quarante-cinq députés des communes du bailliage de Toul s'étaient réunis dans un petit village à une lieue de cette ville, où ils se concertaient sur les suites à donner à l'exécution de certains articles de leur cahier, dont il a été parlé dans le temps avec éloge. M. François de Neufchâteau, député-suppléant du Tiers-Etat de ce bailliage, s'était rendu à l'Assemblée avec les pouvoirs exprès de neuf communautés.

« Au milieu du dîner frugal, qui succédait à une délibération paisible, la maréchaussée de Toul, renforcée d'un détachement considérable du régiment de *Royal-Normandie*, en garnison à Toul, est venu

---

(1) *Le Mercure de France*, n° 35, du 29 août 1789 ; pages 399 et suivantes.

s'emparer des personnes de quatre de ces députés, sous prétexte que leur assemblée était illicite faute d'être tenue de l'ordre du Lieutenant de Roi de Toul. On a eu beau leur objecter que ce Lieutenant de Roi n'avait point d'ordre de ce genre à donner de son chef hors de la place où il commande, et que tout au plus pouvait-il se faire informer des motifs de cette conférence des communes.

« On a offert de lui communiquer ces motifs, qui n'avaient rien que de conforme au bon ordre, de respectueux pour le Roi et d'utile pour la Nation.

« Sans égard pour ces raisons et sans vouloir montrer le Décret en vertu duquel on agissait, la maréchaussée et la cavalerie ont fait sortir de table quatre députés (MM. *François de Neufchâteau*, Suppléant ; *Quinot*, électeur ; *Bigot* et *Chénin*, rédacteurs). On les a traînés ignominieusement et à pied pendant plus d'une heure ; on les a promenés dans les rues de Toul avec appareil, la troupe ayant le mousqueton haut, le sabre nu, la trompette sonnante. On peut imaginer la surprise et le concours, et les questions du peuple. Comme on n'avait parlé depuis quelque temps que de bandits, les enfants criaient : *Voilà les bandits* ! Et tout le monde a pu le croire, quand on a vu que ces députés, introduits un moment dans la cour de M. le Lieutenant de Roi de Toul, en sont sortis au bout d'une minute, avec le même appareil, pour être transférés à la Conciergerie.

« Là, on les a séparés ; on n'a pas souffert que leurs amis pussent les voir, et on les a traités du reste avec toute la rigueur dont on use envers les scélérats reconnus. Dans la nuit, à une heure du matin, on a annoncé aux quatre députés prisonniers qu'on les envoyait à Metz, pour y être jugés prévôtalement, attendu qu'ils étaient coupables d'un *attroupement illicite*. Ceux qui employaient ces termes n'en connaissaient pas la valeur.

« Un magistrat du lieu est venu visiter ces quatre députés dans la prison. M. *François de Neufchâteau*, l'un des quatre, a représenté à ce magistrat l'inviolabilité de sa personne, en qualité de Suppléant. Il a fait voir qu'un homme tel que lui, qui a été décoré des premières places de magistrature, qui tient à une Cour Souveraine comme conseiller honoraire, etc., ne pouvait être soumis à la juridiction prévôtale, comme les vagabonds et les gens sans aveu. Le magistrat aurait dû revendiquer cette affaire pour les tribunaux ordinaires, vu surtout que la dernière Déclaration du Roi, qui attribue à la maréchaussée la

connaissance des assemblées illicites, ne fait point loi dans le ressort
du Parlement de Metz, où elle n'a pas été enregistrée.

« Le magistrat a laissé partir les prisonniers pour Metz. Les quatre
députés, traités en criminels d'Etat, gardés à vue, sont arrivés à six
heures du matin sur la place de Pont-à-Mousson, ville de Lorraine
entre Toul et Metz. C'était l'heure du marché ! il était trop aisé de
faire prendre le change au peuple et d'insinuer que ces prisonniers
étaient des brigands, des coupeurs de blé. Il n'en fallait pas davantage
pour exciter du trouble. Heureusement M. François de Neufchâteau
a sa réputation faite depuis longtemps, en Lorraine et ailleurs. Sur
son nom seul, on n'a pas pu présumer qu'il fût à la tête des coupeurs
de blé et des brigands. Il aurait dépendu de lui, plusieurs fois depuis
son arrêt, de se faire délivrer par un peuple justement indigné. Mais
il a donné l'exemple de la soumission à l'autorité, bien convaincu qu'il
était que cette affaire serait considérée à Metz sous son vrai point de
vue.

« En effet, il n'a pas eu besoin de plaider sa cause ; car, avant son
arrivée, M. le marquis *de Bouillé*, qui avait reçu un courrier extraordinaire du Lieutenant de Roi de Toul, avait condamné la démarche de
ce dernier, sur l'exposé de sa lettre même. Ce brave et judicieux
commandant a senti le danger de souffrir que quatre députés des
communes, dont l'un est Suppléant, fissent une entrée ignominieuse
dans Metz, et il a expédié des ordres pour les renvoyer paisiblement
chez eux, aussitôt qu'on les rencontrerait. Ses sages intentions ont été
parfaitement secondées par M. *Courtois*, prévôt général, et M. *Coste*,
lieutenant de maréchaussée de Metz. Ce dernier s'est tenu à une lieue
en avant de cette ville et a dit à l'escorte qu'elle pouvait repartir pour
Toul. Trois de ces prisonniers s'en sont retournés à leurs affaires. M.
François de Neufchâteau, se trouvant à une lieue de Metz, y est venu
seul. Il a été invité et accueilli par M. le marquis *de Bouillé* avec la
distinction à laquelle il avait lieu de s'attendre. Ainsi donc, au lieu
d'être pendu à Metz par les ordres du général, comme le débitaient et
l'espéraient à Toul les auteurs de cet attentat, ce député a dîné à la
table du général. Cela est un peu différent.

« Aussi touché de cette marque de justice, qu'il avait dû être
sensible à l'avanie infâme qui l'avait précédée, M. *François de
Neufchâteau* n'a demandé à M. le Commandant de la province,
d'autre réparation contre le Lieutenant de Roi de Toul, que l'agrément

de tenir de nouveau l'assemblée très innocente et très légale que ce Lieutenant de Roi avait dispersée et flétrie avec tant d'imprudence. On a remarqué ce trait de modération : il répond à tout le reste de la conduite de M. *François de Neufchâteau* ; mais on doute que les communes du bailliage de Toul se réduisent à si peu de chose, pour l'insulte faite à tout le peuple, dans la personne de ses représentants.

« A son retour, M. *François de Neufchâteau* a été reçu dans Pont-à-Mousson et à Toul, comme on devait recevoir le martyre du patriotisme et un député suppléant, dont la personne est sous la sauvegarde de la Nation. Son arrivée à Toul a occasionné une de ces fêtes imprévues, qui ne sont point commandées, qui émanent en quelque sorte du mouvement de tous les cœurs et qui transportent toute une ville d'enthousiasme et de joie.

« Cet évènement, si différent de ceux qui se passent ailleurs, aurait été le premier qui eût troublé la tranquillité dans laquelle M. le marquis *de Bouillé* a su maintenir jusqu'ici le département des Trois-Evêchés : de moindres étincelles ont allumé de grands incendies. On ne saurait trop louer la conduite de ce digne officier général.

« Le 13, la nouvelle assemblée des communes du bailliage de Toul s'est tenue au même lieu où elle avait été troublée, outragée, dispersée, huit jours auparavant. Le procès-verbal de cette assemblée va être publié. Il paraît que le Lieutenant de Roi de Toul s'est laissé conduire dans cette affaire par des gens qui l'ont trompé et qui sont connus. »

Le procès-verbal, dont il s'agit dans cette lettre, fut en effet publié : il est l'œuvre de François de Neufchâteau lui-même (1).

En raison du différend survenu à son sujet entre Maillot, député titulaire du bailliage de Toul, et François de Neufchâteau, son suppléant, dont nous entretiendrons le lecteur, il est nécessaire de puiser dans ce

(1) Compte-rendu (imprimé) à l'assemblée des communes du bailliage de Toul, par M. François de Neufchâteau, député-suppléant, de l'outrage fait aux communes du bailliage, en la personne de quatre de leurs délégués, suivi des délibérations de cette assemblée des 6 et 13 août 1789. — (Bibliothèque de la ville de Nancy).

document deux extraits essentiels ; nous laisserons de côté ce qui concerne la dispersion de l'assemblée du 6 et l'arrestation de quatre des délégués, ces faits ayant été rapportés dans l'article du *Mercure* :

Séance du 6 Août.

« M. Bigotte, député de Punerot, fit l'ouverture de la conférence par l'annonce suivante, écrite de sa main (et qui a été saisie sur sa personne, lorsque l'on nous a arrêtés) :

« MM. les députés de la châtellenie de Brixey, qui ont eu l'honneur « de vous inviter à vous trouver à Bicquilley, Messieurs, m'ont en « même temps fait celui de me charger de vous annoncer les motifs « de cette assemblée.

« Les principaux sont :

« 1° Bicquilley étant à peu près le centre du bailliage de Toul, a été « choisi, afin que personne ne puisse alléguer sa préférence en place « de la ville de Toul, que les circonstances actuelles ne permettent « pas de choisir, de crainte de troubler les bourgeois.

« 2° Le défaut de nouvelles directes de ce qui ce passe aux « Etats-Généraux, contre le vœu de l'article 2 du chapitre 13 du « Cahier du Tiers-Etat de Toul, du 21 mars dernier.

« 3° Les moyens de rassurer tous les citoyens contre les brigan- « dages qu'exercent de toutes parts des gens sans aveu.

« 4° S'occuper des moyens de faire rendre aux campagnes les armes « qu'on vient de leur enlever : s'informer à qui s'adresser.

« 5° La formation d'une milice champêtre dans chaque commu- « nauté, de manière qu'au moindre signal la milice d'une commu- « nauté serait au secours de toutes les autres, pour maintenir la « tranquillité publique et le respect des propriétés.

« 6° La comparaison et le tableau de l'impôt supporté par les trois « Ordres, dans les pays de Metz, Toul et Verdun.

« 7° La formation de greniers publics, pour empêcher les disettes « de se renouveler et de nous donner d'aussi tristes exemples que la « présente année.

« Sur tout cela, s'informer à qui il faut s'adresser pour obtenir « toutes ces demandes, et avec le plus de diligence que faire se

« pourra, pour ramener le repos des campagnes, surtout aux approches
« des récoltes. »

« Ces objets furent discutés successivement. J'ai conservé, Messieurs, la note sommaire des délibérations qui furent prises le matin,
et que je devais rédiger de suite dans la soirée. Voici, Messieurs, ce
que je trouve dans ce relevé.

« 1° Vous aviez estimé que rien ne devait dispenser notre député de
l'exécution de l'article du Cahier, par lequel il est tenu « de vous donner avis, chaque semaine, en la personne des trois électeurs qui ont
concouru à le choisir, des propositions, opinions et délibérations principales, durant tout le temps de la tenue des Etats-Généraux, etc. »
(Cahier du Tiers-Etat du bailliage de Toul, chap. XIII, § 2).

« C'est malgré moi, Messieurs, que cette difficulté vous a été
présentée. Je vous ai indiqué le moyen de vous procurer les procès-
verbaux imprimés de l'Assemblée Nationale, que chacun peut avoir
par souscription chez l'imprimeur de l'Assemblée. Cette facilité
dispenserait le député d'employer à écrire un temps qu'il doit à
la discussion des grands intérêts dont il est chargé. Vous avez insisté
sur l'obligation que lui impose votre Cahier. Alors, je vous ai fait part
de la lettre que j'avais écrite sur ce point à M. Pattin, député-
électeur, le 23 juillet dernier, et de celle à moi adressée le 4 août
par M. Contault, maire de la cité de Toul.

« En rendant justice et hommage aux qualités personnelles de M.
Contault, vous avez décidé que ce n'était point par des officiers
municipaux à finance, dont la suppression est demandée dans le
Cahier, que les relations et les lettres de M. notre Député devaient
vous arriver ; que le greffe de l'hôtel-de-ville de Toul n'était point le
dépôt des communes de tout le bailliage ; qu'en un mot, vous aviez
exprimé un vœu précis, et qu'on ne devait pas s'en écarter. Vous
m'avez prié d'instruire M. le Député de cet article de vos délibérations.

« 2° Vous aviez résolu de réclamer les fusils que la maréchaussée
était venue prendre dans les dépôts des communautés de ce département. Vous m'aviez prié d'en parler à M. le Lieutenant de Roi de
Toul, et en cas de refus d'en écrire à M. le Commandant de la
province. Vous ignoriez alors, Messieurs, que la sagesse de ce digne
chef y eût déjà pourvu par son ordonnance du 29 juillet dernier, qui
n'avait encore été notifiée à aucune communauté.

« 3° Comme ce n'est pas assez d'avoir des armes, si l'on n'en dirige
l'usage, vous étiez convenus qu'il y aurait, entre les différents villages

voisins, un signal de correspondance, en cas de trouble et de désordre, afin qu'il y eût toujours dans chaque lieu un nombre déterminé d'hommes connus, prêts à marcher au secours de leurs concitoyens, sans dégarnir leur propre village. Vous aviez ajouté que MM. de la milice bourgeoise de Toul seraient informés de vos dispositions, et priés de participer à cette mutuelle communication du secours des forces publiques. Ces dispositions étaient justifiées par les récits alarmants de ce qui se passe dans le voisinage de cette province, et l'on peut dire, autour de nous. Votre sagesse avait bien pensé que ces récits étaient exagérés ou envenimés ; mais s'il était prudent de ne pas tout croire en ce genre, il était peu sensé de s'abandonner sur ce point à une fausse sécurité, qui aurait laissé sans défense nos maisons et nos personnes, qui aurait enhardi les perturbateurs du repos public, et qui aurait pu n'être réveillée de sa léthargie que par les plus épouvantables désastres. Nous n'étions pas instruits des précautions admirables que M. le marquis de Bouillé venait de prendre pour distribuer des détachements dans les principaux bourgs, et remplir ainsi les mêmes vues de sûreté et de sagesse dont vous étiez animés. M. le marquis de Bouillé désire que ces détachements se concertent avec les milices bourgeoises. Ce n'est pas une petite apologie pour les motifs de notre assemblée, que leur coïncidence parfaite avec les dispositions du Gouvernement.

« 4° Par la communication que j'avais eu l'honneur de vous donner des procès-verbaux imprimés de l'Assemblée Nationale et du dépouillement que j'en ai fait pour mon propre usage, vous aviez regretté, Messieurs, de n'avoir pas été prévenus à temps des différentes opérations générales de cette auguste Assemblée.

« Vous y avez, sans doute, le plus grand intérêt. Si les nations étrangères suivent avec exactitude la marche admirable de ce grand corps national, à combien plus forte raison devez-vous, en quelque sorte, vous attacher à chacun de ses pas, et animer à chaque instant, de la voix et du geste, les généreux athlètes qui combattent pour vous dans cette brillante carrière !

« Votre cahier avait prévu que vous pourriez avoir des renseignements et mémoires à envoyer à l'Assemblée (art. II du chapitre 13, page 31). Vous vous êtes rappelé cette précaution, quand vous avez su que, le 14 juillet dernier, l'Assemblée Nationale avait formé un comité de soixante députés, sous le nom de Comité des finances, lequel doit s'occuper de l'examen de cette partie et préparer le travail, de manière qu'après avoir fixé la Constitution, l'Assemblée Nationale puisse se livrer sans délai à la discussion des finances du royaume.

« Vous avez cru, Messieurs, que c'était le moment de faire parvenir à l'Assemblée nationale le tableau des impôts directs que supportent les trois Ordres du bailliage et de la Province. J'ai mis ce tableau sous vos yeux ; tout imparfait qu'il est sans doute, ce travail vous a paru présenter assez d'avantages pour faire désirer qu'il fût exécuté dans chacune des sénéchaussées du Royaume. Ce serait le moyen de fournir, au comité des finances, des données positives et des instructions locales que le Ministère lui-même ne peut guère lui procurer (1).

« En réunissant ces tableaux, l'Assemblée nationale y verrait d'un coup d'œil : 1° La progression effrayante des impositions directes, depuis leur origine ; 2° La possibilité de les diminuer, en les simplifiant ; 3° La nécessité absolue de les distribuer bien vite d'une manière différente.

« La vue de ce tableau suggère d'elle-même des réflexions importantes sur la première question qui a si longtemps divisé les représentants des trois Ordres. Cette difficulté n'aurait pas existé, si l'état des impôts avait été connu.

« Or, le tableau démontre que la mise du clergé, dans l'impôt personnel, n'est pas d'un trentième, et que celle de la noblesse n'est

---

(1) A l'Assemblée du 6 août, François de Neufchâteau avait fait ressortir l'inique inégalité des charges publiques sur les divers ordres de citoyens et présenté, à l'appui de ses allégations, le tableau ci-dessous des impositions personnelles, supportées comme il suit par les habitants du bailliage :

	LA SUBVENTION et ses accessoires.	LA CAPITATION et ses accessoires.	LA PRESTATION des routes.
Par l'ordre du Clergé. . . .	Néant	7,628 l. 12 s. 2 d.	Néant
Par l'ordre de la Noblesse. .	Néant	396	Néant
Par MM. les officiers du bailliage.	Néant	238 8	Néant
Par les privilégiés	Néant	166	Néant
Par les employés.	Néant	147 8	Néant
Par le Tiers-Etat	98.461 l. 17 s. 2 d.	62,744 l. 16 s. 10 d.	28,410 l. 4 s. 6 d

« Et, ajoutait-il, il y a tel de simples laboureurs, sans aucune propriété, qui « est taxé lui seul plus haut que la noblesse et les officiers du bailliage, et il y a « telle communauté, comme Blénod, qui paie à elle seule plus que tout le clergé, « toute la noblesse et tous les officiers du bailliage. »

pas d'un cinq centième ; ce qui équivaut à un **vingt-cinquième** pour les deux premiers Ordres.

« Les vingt-quatre autres vingt-cinquièmes sont la mise du Tiers-État.

« Et la même disproportion se retrouve, à peu près, dans les impôts réels. On ne saurait y distinguer aussi précisément la quote-part de la noblesse, parce que les rôles des vingtièmes comprennent également les possessions des nobles et celle des autres citoyens. Mais le clergé s'impose à part, et comme cet ordre possède la meilleure partie des biens-fonds dans les Evêchés, il est intéressant de savoir dans quelle proportion il s'est taxé à cet égard. Il ne supporte qu'un huitième.

« Si, dans toute Société, les avantages doivent être toujours évalués en raison des avances de chaque associé, l'on voit, Messieurs, que les avances de l'impôt devaient donner au Tiers-État l'influence qu'il réclamait, et que l'aspect de ce tableau aurait suffi, peut-être, pour éclairer la conscience de ceux qui se croyaient obligés de repousser ce qu'ils nommaient les prétentions des communes.

« Enfin, Messieurs, vous aviez été si frappés de l'utilité de ce tableau et de son évidence, pour ainsi dire oculaire, que vous aviez conçu l'idée d'appliquer cette forme à d'autres objets importants, par exemple, aux droits seigneuriaux. Je ne refusai pas de me charger un jour de ce nouveau travail, parce que je croyais avoir des moyens de rendre le rachat de ces droits aussi utile aux seigneurs qu'à leurs redevables. Mais j'eus l'honneur de répondre aux députés qui m'en parlaient, que le temps n'était pas venu et que nous n'étions pas assemblés pour cet objet. Nous étions loin, Messieurs, de soupçonner qu'à cette époque, l'Assemblée Nationale eût exaucé solennellement presque tous les vœux de vos cahiers en faveur des campagnes. Mais n'anticipons pas sur la suite des faits.

« Je reviens au tableau des impositions directes :

« Vous avez ordonné, Messieurs qu'il serait imprimé, et adressé à Nosseigneurs de l'Assemblée Nationale.

« 5° Les précautions à prendre contre la disette ont occupé la municipalité du bourg de Vicherey, qui a pris la résolution de former un grenier public. J'ai eu l'honneur de vous faire part de sa délibération à ce sujet. Comme elle doit être imprimée séparément, je n'entrerai pas ici dans le détail des motifs qu'elle développe. Vous leur avez donné, Messieurs, votre approbation, et vous avez souhaité que chaque arrondissement d'environ dix villages pût avoir des ressources suffisantes pour former dans son sein un établissement si utile, lorsque des années plus heureuses et des récoltes abondantes procureront un superflu, qu'on pourra ménager sans causes d'inquiétude.

« Après avoir parcouru ainsi la carrière qui nous était tracée, nous avons discuté les motions que les circonstances pouvaient faire naître.

« Un de MM. les députés nous a donné lecture d'un arrêt de la cour du Parlement de Nancy, du 30 juillet 1789, qui ordonne à tous propriétaires et possesseurs de colombiers et volières, à quelque titre que ce soit, d'y tenir dès à présent les pigeons enfermés et pendant la récolte des grains, ordonne qu'ils seront également enfermés pendant les semailles, le tout à peine de trois cents francs d'amende, etc.

« Comme ce réglement très sage paraissait applicable à ceux qui ont été rendus depuis longtemps dans le royaume, et qu'il pouvait remplir un des désirs les plus ardents du malheureux cultivateur, vous avez décidé, Messieurs, que je devais avoir l'honneur d'en écrire en votre nom à M. le Procureur général du Roi du Parlement de Metz, pour le supplier instamment d'obtenir de sa compagnie un arrêt aussi juste et aussi favorable.

« MM. les députés du bourg de Blénod ont témoigné la peine que leur faisait le choix d'un lieu inférieur en population, pour le siège de l'Assemblée. On leur a répondu que l'on avait tâché de choisir un village qui fût le plus au centre et dont la situation ouverte donnât le moins d'alarmes, dans un temps où il est si facile d'en inspirer et d'en prendre.

« Enfin, Messieurs, il vous avait été remis une lettre de MM. les députés de la ville et cité de Toul, qui vous priaient de leur faire part des délibérations que vous auriez prises, avec protestation de leur part d'adhérer avec plaisir à « toute motion tendant à assurer la liberté des citoyens, l'obéissance au Roi, le maintien des lois et de la tranquillité publique ». Nous avions insisté pour que ces Messieurs vinssent nous assister de leur zèle et de leurs lumières. Ils ne l'ont pu. Un seul d'entr'eux, guidé par l'amitié, et ayant des affaires à finir avec moi, avait fait la démarche de se rendre à Bicquilley, comme particulier, non comme député. Il n'a pris nulle part à notre délibération (1).

_____

(1) C'était Carez.

Je remarque ces circonstances, Messieurs, parce qu'elles me mènent à la fatale catastrophe dont quatre d'entre nous ont été choisis pour victimes et dans laquelle on a voulu envelopper aussi cet honnête citoyen.

« Ici, Messieurs, mon cœur se serre et mes yeux se mouillent malgré moi, quand je songe au nouvel ordre de choses qui a succédé à celui dont je viens de vous entretenir.

« L'Assemblée a partagé l'émotion de M. François de Neufchâteau, et après quelques moments, elle l'a prié de vouloir bien continuer le récit de ce qui est arrivé depuis. Il a repris en ces termes :

« Vous vous ressouvenez, Messieurs, qu'à deux heures sonnées, cette délibération paisible avait été renvoyée à l'après-midi, pour être par moi rédigée, et signée d'environ quarante ou quarante-cinq députés présents. Nous nous étions rendus à l'auberge *de la Clef d'Or*, pour y prendre un repas frugal.

« A peine étions-nous à table, que le sieur Adam, brigadier de maréchaussée à Toul, entra dans la chambre, le chapeau sur la tête... (*Suit le récit de l'arrestation*).

Délibérations de l'assemblée du 13 août.

Après toutes ces lectures et communications, l'assemblée des communes du bailliage de Toul, délibérant sur ces divers objets, arrêta unanimement ce qui suit:

« 1° L'assemblée persiste dans ses résolutions qui avaient été prises le jeudi 6, suivant le compte qui en a été rendu par M. François de Neufchâteau, sauf celles de ces résolutions relatives aux armes, lesquelles se trouvent aujourd'hui sans objet, puisqu'il y a été pourvu par la sagesse de M. le commandant de la province ; arrête que les autres articles seront suivis et exécutés, comme il avait été convenu le 6 août.

« 2° Quant à l'attentat commis sur la personne de quatre de ses députés, et l'outrage fait à toute l'assemblée, le 6 août dernier, l'assemblée consent à suivre le vœu généreux de ses députés, et renonce à demander la poursuite de ce crime de lèze-Nation ; mais comme il est très important d'éclairer le public, l'Assemblée Nationale et les députés de l'Ordre à Versailles, sur l'inculpabilité de la conduite des communes ; il a été arrêté que le présent procès-verbal et les pièces y annexées et jointes seront imprimés, et qu'il en sera adressé

FRANÇOIS DE NEUFCHATEAU
(NICOLAS-LOUIS)
(1750-1828)

D'après un portrait in-folio de BELLIARD,
édité par DELPECH. — (Collection A. DENIS).

ALBERT DENIS. — (Toul pendant la Révolution). (8)

des copies, tant à MM. les députés des communes des Trois-Evêchés à Versailles qu'à M. le président de l'Assemblée Nationale ; pour être statué par cette Assemblée ce qu'elle jugera à propos, d'après son arrêté du 23 juillet dernier, qui déclare que la poursuite des crimes de lèse-Nation, appartient aux représentants de la Nation.

« L'Assemblée a prié MM. les députés de la ville et cité de Toul, présents, de se charger de l'exécution de cette partie de la délibération : ce qu'ils ont accepté.

« 3° Pour témoigner à M. le marquis de Bouillé, commandant de la province, la profonde reconnaissance qu'inspire aux communes la justice qu'il a rendue à leurs députés, l'Assemblée arrête qu'il lui sera aussi adressé un exemplaire du procès-verbal ; et quelques-uns de MM. les députés ayant observé qu'il était convenable de porter cet exemplaire à M. le commandant, à Metz, afin de consacrer plus particulièrement l'hommage dû aux chefs qui donnent, comme lui, l'exemple des égards pour les représentants du peuple, l'Assemblée a prié MM. Carez, Pattin et de Malcuit, députés de Toul, Troussey et Villey-Saint-Etienne, de vouloir bien aller de sa part en députation à Metz, et porter à M. le marquis de Bouillé ledit exemplaire: ce que ces Messieurs ont accepté.

« 4° Après l'impression de ce procès-verbal, l'original, signé des députés, sera remis à M. François de Neufchâteau, député suppléant, et par lui conservé, comme le témoignage de la justice que les communes se plaisent à rendre à la pureté de son zèle et de ses intentions. »

Ces quatre articles arrêtés, M. François de Neufchâteau se leva et dit à l'Assemblée qu'elle ne pouvait terminer plus heureusement ses opérations, qu'en protestant, de la manière la plus solennelle, au nom de la divinité, du monarque et de la Patrie, de la résolution sincère où tous les députés des communes sont de respecter les lois, de maintenir l'ordre établi, d'empêcher et de prévenir tout désordre, toute insurrection, toute usurpation ; en un mot, de garder et faire garder inviolablement la tranquillité publique. En conséquence, tous MM. les députés se levèrent et prêtèrent serment de maintenir la paix, la concorde, le respect des propriétés, la soumission aux loix, l'obéissance au souverain, et d'attendre avec cet esprit de modération et de justice, les augustes décrets de l'Assemblée Nationale, à laquelle ils offrent l'hommage de leur vénération, de leur soumission et de leur

8

respectueuse confiance. Ce serment fut suivi des cris répétés de « Vive le Roi ! Vive la Nation ! »

Tous les documents qu'on vient de lire, accompagnés d'une plainte, furent adressés à l'Assemblée Nationale, qui les renvoya à l'examen de son *Comité des Rapports,* avec mission d'en rendre compte dans la quinzaine.

Le député Regnault de Saint-Jean-d'Angély fut chargé du rapport de cette affaire, qu'il exposa en ces termes à ses collègues, dans la séance du 24 août (1) :

« M. François de Neufchâteau, poète connu par des ouvrages agréables, suppléant des députés de la Lorraine, étant à Toul, avait assemblé quelques syndics de communautés pour conférer avec eux sur des nouvelles relatives aux résolutions de l'Assemblée Nationale. M. de Taffin, lieutenant du roi, a fait appréhender M. de Neufchâteau et quatre électeurs par la maréchaussée, sous prétexte qu'ils tenaient une assemblée illicite. Après les avoir mis au secret dans les prisons de Toul, il les a fait conduire à Metz le lendemain, à une heure après minuit. Monsieur le marquis de Bouillé, commandant de la province, a envoyé sur-le-champ à leur rencontre, pour rendre ces Messieurs à la liberté. M. de Bouillé, pour faire oublier à M. de Neufchâteau la disgrâce et l'indignité de son emprisonnement, l'a comblé d'honnêteté : le vrai héros aime toujours l'homme de lettres. Je demande que l'Assemblée prenne une détermination sur cette affaire. »

Après ce rapport, Maillot, qui cependant n'approuvait pas la conduite de M. de Taffin, demanda la permission de lire un mémoire que celui-ci lui avait envoyé et qu'il n'avait pu remettre au rapporteur avant la séance; il ne croyait pas pouvoir se dispenser de faire connaître à l'Assemblée les motifs par lesquels le Lieutenant du

---

(1) Bulletin de la séance du 24 au soir (*Moniteur* du 23 au 26 août, n° 46). — Voir aussi le *Journal de Paris* du 28 août et le *Journal de Versailles* du 29 août 1789.

roi prétendait établir sa justification. Le député de Toul n'accompagna la lecture de ce document d'aucun commentaire.

M. Emmery, député de Metz, prit à son tour la parole pour s'élever contre la conduite de M. de Taffin et réfuter sa défense :

« Le Lieutenant du Roi invoque, pour justifier ses actes, l'ordre qu'il avait reçu de l'intendant de la province, de prévenir et de réprimer toute espèce d'attroupement. Mais un petit nombre de citoyens honnêtes, qui se réunissent, ont-ils quelque chose qui ressemble à un attroupement séditieux ? Le Lieutenant du Roi, lorsqu'il a vu et reconnu M. François de Neufchâteau, ne devait-il pas se hâter de lui rendre sa liberté et de réparer, autant qu'il lui était possible, une telle violence, au lieu de la continuer ? » (1)

Après avoir entendu M. Emmery développer ces considérations avec beaucoup de chaleur, l'Assemblée émit un vœu par lequel, blâmant l'abus d'autorité de M. de Taffin, elle en demandait la punition.

Dès qu'il apprit que Maillot avait lu devant ses collègues le mémoire de M. de Taffin, François de Neufchâteau porta contre lui au *Comité des Recherches*, chargé de la poursuite des crimes d'État, une inculpation des plus graves ; il l'accusa (2) :

De trahir son mandat ; de coopérer à des mystères d'iniquité ; d'avoir fait cause commune avec les oppresseurs, les persécuteurs de

---

(1) *Journal de Paris* du 28 août 1789, page 1079.

(2) Arch. mun. — Série JJ., reg. n° 7. — Ce comité des recherches avait été établi par l'Assemblée le 27 juillet, sur la proposition de Duport. Il était chargé de recevoir les dénonciations et dépositions sur les complots qui pourraient être découverts, et se composait de 12 membres de l'Assemblée.

ses concitoyens ; d'avoir usé pour cet effet de l'influence de sa commission de président des communes pour se concerter, se liguer avec
le président de la noblesse ; d'avoir été instruit des faits qui liaient le
système de violences et d'oppression qu'on méditait contre les citoyens
pour empêcher leurs assemblées, pour les isoler, afin de les rendre
esclaves et victimes ; d'avoir connu le concert qui régnait dans les
mesures prises par les ennemis de la patrie pour désarmer les
provinces, tandis qu'on investissait Paris et Versailles de troupes et de
canons ; de n'avoir rien voulu dire et d'avoir contribué à ce système
d'oppression et indigné les communautés du bailliage, au point qu'elles
allaient révoquer son mandat si on n'eût adouci leurs esprits, et que,
pour récompenser celui qui lui a rendu cet important service, il s'est
chargé de justifier ceux qui l'ont fait traîner en prison.

Maillot ne pouvait rester sous le coup de semblables
accusations : aussi, après s'être facilement disculpé
auprès de ses collègues de l'Assemblée Nationale, qui
n'eurent pas de peine à reconnaître sa complète innocence, le député de Toul estima-t-il que le rejet de
la plainte ne suffisait pas pour le laver des inculpations
dirigées contre lui. Il crut nécessaire d'adresser sans
retard à M. Desbroux, procureur du roi à Toul, un
mémoire dans lequel il réfutait les imputations calom-
nieuses portées contre sa personne ; il y démontrait
qu'elles n'avaient pu être dictées à François de Neufchâteau que par l'intérêt personnel, et chargeait son
correspondant de communiquer ce mémoire justificatif
à tous les citoyens près desquels elles avaient pu
trouver créance.

Voici en quels termes Maillot présentait sa défense à
ses électeurs (1).

Le compte que je rends à mes commettants des affaires publiques,
qui occupent sans relâche l'Assemblée Nationale, est un devoir de ma
place que je remplis avec autant de zèle que de satisfaction.

(1) Arch. mun. JJ. reg. n° 7.

Si, dans des circonstances aussi précieuses à leurs intérêts, ils ont honoré un de leurs concitoyens d'une mission pour les soutenir, plus leur confiance a été grande, plus leur mandataire doit être au-dessus de tout reproche et de toute inculpation. Il est donc nécessaire que mes commettants soient instruits que leur représentant est accusé par le député suppléant, de trahir son mandat, etc.....

(Suivent les chefs d'accusation que l'on vient de lire plus haut).

Ce tableau est horrible, mais la réticence est encore plus cruelle : M. François ajoute que cette représaille est infiniment modérée et qu'il m'épargne des détails plus épineux qui ne sont suspendus qu'autant que je ferai aux communes des réparations et des excuses de l'abandon que j'ai fait de la cause publique, le 24 août, pour me rendre l'avocat des oppresseurs.

Un homme chargé de tant d'iniquités ne doit plus rien à ses concitoyens, parce que rien ne peut le réhabiliter à leurs yeux ; son sort est fini : il doit mourir ou végéter ignominieusement dans la classe des scélérats. Le soupçon de l'opprobre est le tourment de l'homme de bien : depuis cette diffamation écrite, mes jours sont empoisonnés, ma tranquillité détruite, mon cœur est opprimé. Je ne puis dérober à M. François le plaisir de savourer une vengeance complète !

Et de quoi prétend-il se venger ? Quel est mon crime envers lui et envers le public ? Les horreurs qu'il répand sur moi me condamnent à en dire le bien que je devrais taire.

Pendant vingt ans d'un exercice public, je n'ai dans aucune circonstance essuyé de désagréments, ni le moindre reproche de mes supérieurs. Honoré de leur estime, jaloux de l'amitié et de la considération de mes concitoyens, je n'ai eu d'autre ambition que de les mériter par l'exactitude à mes devoirs, l'amour de la justice et le désir de faire le bien. Elevé par eux au poste honorable que, loin de briguer, je redoutais et avec bien de la raison, j'y ai sacrifié tous mes instants, les agréments et la douceur d'une famille et toutes les considérations d'intérêts. Sans société et sans délassements, les jours entiers et une partie de la nuit ne suffisent pas à l'étude, au travail, aux réflexions que l'intérêt des séances de l'Assemblée peut permettre. Ni les orages qui se sont succédé, ni les dangers que j'ai courus avec mes collègues, ni ceux qui peuvent être à craindre, n'ont diminué ma fermeté ni refroidi mon zèle pour la cause commune, pour le service de mes concitoyens. Si un tel état était privé de la considération et de l'honneur, il serait le pire et le plus dur de tous ; c'est à quoi veut me réduire M. François.

Voici les motifs et les causes des accusations graves et capitales qu'il a déférées contre moi au *Comité des recherches*, qui est chargé de la poursuite des crimes d'Etat :

1° *D'avoir été l'apologiste de M. le lieutenant du roy de Toul, persécuteur des députés des communes ;*

2° *D'avoir adressé ma correspondance aux officiers municipaux, odieux à la cité et suspects aux campagnes par la vénalité de leurs offices.*

Le premier fait est absolument faux : un acte, peut-être une erreur de délicatesse, m'a exposé à cet orage de vengeances et de fureurs. Le 21 août, j'ai reçu le procès-verbal de l'assemblée de Bicqueley qui m'était adressé par une lettre de MM. Barotte, Carez, Jacquet, et daté du 17. Le même courrier me remit un paquet d'un placet au ministre avec la copie que m'adressait également M. de Taffin. Le procès-verbal était déjà une première attaque : on m'y inculpait de contrevenir à mon cahier en n'envoyant pas des nouvelles directes, et de m'être servi de la maréchaussée au moment où elle allait servir contre des citoyens libres et assemblés pour leur être notifiée la Déclaration du 29 juillet.

Cependant, je me rendis aussitôt chez M. Emmery, premier député de la province, et il fut convenu que ce procès-verbal serait remis au *Comité des rapports*, ce qui a été fait. Je défie de prouver que je me sois permis aucune démarche, aucune sollicitation en faveur de M. de Taffin, auprès d'aucun membre du comité rapporteur. Le serment que j'en fais doit en être le garant.

Je ne pensai au mémoire de M. de Taffin que le 24, pour prévenir un membre du comité que j'avais l'intention de le lui remettre ; il me dit être chargé du rapport de cette affaire et qu'il le ferait le jour même ou le surlendemain, le lendemain étant une fête. Je pris le mémoire sur moi pour le lui remettre à l'entrée de la séance du soir ; le rapport se fit le soir même, contre mon attente, et je ne pus remettre au rapporteur tout le mémoire dont j'étais chargé.

Ce rapport, qui ne fut que le rapprochement de la situation la plus frappante des opprimés avec la conduite tyrannique des oppresseurs, produisit son effet sur le cœur d'une assemblée des défenseurs de la liberté. L'indignation fut générale. Quoique je la partageasse, je sentais qu'il était contre l'honneur et la délicatesse de dérober à l'Assemblée la connaissance des faits qui pourraient guider son jugement, en supprimant le mémoire que j'avais en main et que M. de Taffin envoyait pour se défendre ; que ce serait abuser de la confiance qu'il avait mise en moi en le laissant juger sans faire usage de ce qu'il avait déposé entre mes mains pour sa satisfaction.

Je sentais aussi qu'il était plus prudent de me taire ; mais comme je n'ai jamais su accommoder ma conscience avec mes intérêts, je me condamnai à parler, non sans grand combat. Je blâmai hautement l'attentat commis contre des citoyens, le traitement oppressant et humiliant qu'ils avaient éprouvé, et je déclarai que je me regarderais comme indigne de la liberté et de siéger comme juge dans une aussi auguste assemblée, si j'élevais la voix pour justifier cette oppression, mais que, si l'Assemblée croyait devoir entendre la défense du lieutenant du roy de Toul, j'étais porteur d'un mémoire qu'il m'avait adressé à cet effet.

On en permit la lecture ; je la donnai sans ajouter un seul mot pour appuyer le mémoire. Après quoi, j'exposai ma conduite relativement à l'adresse de ma correspondance et je priai l'Assemblée de décider si elle était blâmable. Elle ne prononça rien, parce qu'une motion ne peut s'immiscer avec une autre affaire.

Est-ce sacrifier mon mandat que de réserver à M. de Taffin le droit naturel qu'a tout accusé de se faire entendre ? Est-ce montrer de l'ardeur, de la personnalité dans une cause, que rester indifférent jusqu'à l'instant du jugement et de se borner à lire un mémoire très peu justificatif ? Ai-je été le maître de ne pas le recevoir, et l'ayant reçu de le supprimer à l'instant critique et pressant d'un jugement ? Est-ce abandonner la cause publique que de se livrer aux sentiments de justice et d'honneur et de désapprouver ce qui est blâmable : l'oppression dont M François se plaint ?

Le second motif d'accusation est ridicule et puéril : pour rendre ma correspondance plus publique, plus utile, pour la mettre à la connaissance du plus grand nombre possible de mes commettants, il fallait choisir un lieu public ouvert et accessible à tous les citoyens, qui offrit la facilité d'une communication journalière et la sûreté d'un dépôt, qui fût le centre de l'étendue du bailliage, dans une ville où les rapports sont plus fréquents ; car mon obligation est envers *tous* mes commettants et, certes, si j'eusse connu un autre endroit qui offrît plus d'avantages que l'hôtel de ville de Toul, je l'aurais choisi. Ce ne pouvait être Vicherey, le village le plus écarté et de l'abord le plus difficile. Je n'ai donc pu établir une correspondance ailleurs qu'à l'hôtel de ville de Toul.

M. Contault, maire, et M. le procureur du roy du bailliage ont bien voulu s'en rendre les intermédiaires et se prêter au plan que j'avais tracé pour que chaque communauté pût avoir connaissance de ce qui se passait et se traitait dans l'Assemblée nationale. M. le Maire peut prouver la vérité de ce que je dis par la représentation de mes lettres. Ce n'est pas devant mes concitoyens que je dois défendre ces deux magistrats des reproches de leur être odieux et suspects. Leur patriotisme, le zèle toujours actif qu'ils apportent à la chose publique, sont aussi connus que l'estime et la considération dont ils jouissent et qui sont générales.

M. François de Neufchâteau peut d'autant moins se plaindre et me faire un crime d'avoir enseveli, dans un silence léthargique, toutes mes relations des affaires publiques, que je suis instruit par différentes lettres que ma correspondance lui était exactement communiquée par la voie du commissionnaire. J'avoue qu'il éprouvait par là un grand retard, ainsi que les habitants de Vicherey, mais si elle avait été adressée à Vicherey, les trois quarts du bailliage en eussent essuyé un plus grand.

C'est de ces deux faits que M. François induit les crimes graves pour lesquels il m'a traduit au *Comité des recherches* comme coupable de connivence avec les ennemis de la patrie, comme instruit de leur système d'oppression et d'esclavage, et qu'il me dénonce, par des lettres-circulaires à toutes les communautés, comme le défenseur de leurs oppresseurs et de leurs tyrans. Il les abuse sur la foi d'un prétendu extrait des actes de l'Assemblée nationale, qu'il ne peut ignorer n'être pas le vrai procès-verbal de l'Assemblée, puisqu'il ne mentionne aucune signature du président et des secrétaires.

Je joins à cet envoi le procès-verbal de nos séances, *le seul qui existe, qui soit digne de foi.* D'après ces faits, c'est à mes commettants, c'est à l'universalité de mes concitoyens, de juger si je me suis rendu indigne de leur confiance ; s'ils le prononcent, j'en remettrai le dépôt à M. François : son impatience et ses désirs seront satisfaits. Le sentiment intime et l'approbation de ma conscience, la tranquillité et le repos me suffiront.

MAILLOT.

Ce 18 septembre 1789.

On voit que les attaques passionnées et les calomnies n'épargnèrent pas nos députés dès la naissance de la représentation nationale, et que ce ne fut pas sans courage qu'ils purent accomplir leur mandat ; les élus du peuple ne puisaient leur force que dans sa confiance ; il leur fallait, par leurs explications sincères et loyales, entretenir cette confiance et en provoquer la fréquente manifestation.

Quoiqu'il eût, par des arguments serrés et dans son langage d'honnête homme, fait justice des accusations portées contre lui par son suppléant, le zélé député de Toul crut devoir envoyer, quelques jours après, une autre lettre à M. Contault, maire de Toul, pour le prier de provoquer chez les citoyens toulois, le vote d'une *adresse* par laquelle ses commettants marqueraient leur approbation de sa conduite :

Vous avez sûrement reçu — écrit-il à M. Contault — le journal que j'ai adressé le 18 à M. Desbroux. J'ai cru devoir faire part par cette voie à tous mes commettants, des tracasseries et des horreurs que j'essuie pour l'action la plus naturelle et la plus juste. S'ils regardent MM. Carez, Jacquet et autres comme leurs députés, et qu'en cette qualité, il les aient chargés de me faire connaître qu'ils blâment et condamnent ma conduite, je ne récuserai pas leur jugement. Dévoué par honneur et par affection à leurs intérêts, aux travaux pénibles et continuels que m'impose la commission dont ils m'ont honoré, j'y renoncerai sans peine, ne pouvant rien faire d'utile sans leur confiance.

Mais, si je ne suis en but qu'à des haines, à des jalousies particulières, et qu'elles empruntent le caractère de la volonté générale pour me dénoncer, je suis en droit d'attendre de mes commettants un désaveu formel de ces tentatives injurieuses, et qu'en pleine liberté, en connaissance de cause, ils rendent à leur député, à l'homme public, la justice qu'il n'a jamais cessé de mériter.

MAILLOT.

Ce 22 septembre 1789.

Le député de Toul obtint de ses concitoyens le témoignage de confiance qu'il sollicitait, car on trouve, à la page 11 du registre BB.60 des archives municipales, sous la date du 1er octobre 1789, la délibération suivante du Comité municipal :

Le Comité municipal arrête, *à l'unanimité*, que M. Cordier, son président, enverra en son nom à M. Maillot, député des communes aux Etats-Généraux, des remerciements pour les peines et soins qu'il s'est donnés jusqu'à présent, et surtout de son attention à instruire les citoyens des motions et délibérations de l'Assemblée Nationale.

Maillot méritait, en effet, ces remerciements, car il s'occupait consciencieusement à l'Assemblée Nationale.

Ce fut lui qui, dans la séance du 23 août 1789, demanda qu'on inscrivit dans la *Déclaration des Droits* (1) que nul ne pouvait être inquiété pour ses opinions religieuses. Voici en quels termes il formula cette proposition (2) :

_____

(1) Dans les séances qui suivirent celle de la nuit du 4 août, où elle avait aboli les institutions de l'ancien Régime, l'Assemblée Nationale avait élaboré, comme préambule à la Constitution, cet admirable manifeste : la *Déclaration des Droits de l'homme et du citoyen*, qui est le résumé des principes fondamentaux de la Société moderne.

(2) Bulletin de la séance du 23 août (*Moniteur* du 21 au 23, n° 45).

« La religion est un de ces principes qui tiennent aux
« droits des hommes : l'on en doit faire mention dans la
« *Déclaration*. Si la religion ne consistait que dans les
« cérémonies du culte, il faudrait sans doute n'en
« parler que lorsqu'on rédigera la Constitution ; mais
« la religion est de toutes les lois la plus solennelle, la
« plus auguste et la plus sacrée : l'on doit en parler
« dans la *Déclaration des Droits*. Je propose l'article
« suivant :

« La religion étant le plus solide de tous les biens
« politiques, nul homme ne peut être inquiété dans ses
« opinions religieuses. »

Cette proposition donna lieu à une intéressante discussion à laquelle prirent part MM. de Castellane,
Rabaud de Saint-Etienne, Mirabeau et l'abbé d'Eymar.
Elle fut votée avec une modification dans la rédaction,
proposée par M. de Castellane, et devint l'article 10 de
la Déclaration des droits :

« Nul ne doit être inquiété pour ses opinions, même
« religieuses, pourvu que leur manifestation ne trouble
« pas l'ordre public établi par la loi. »

Le Roi, après une longue résistance, ayant enfin par
un message du 21 septembre autorisé la promulgation
des décrets du 4 août, la *gabelle* disparut, et avec elle
les ressources qu'elle fournissait à l'Etat ; il était nécessaire de la remplacer par un autre impôt sur le sel,
plus équitable et mieux réparti. Lorsqu'un projet de loi
à cet égard fut discuté à l'Assemblée, Maillot prit la
défense des intérêts de la Lorraine :

J'avais insisté — écrit-il — pour qu'il fût accordé à la Lorraine et
aux Trois-Evêchés une indemnité à raison de la faiblesse de salaison

des sels qui s'y distribuent et de l'augmentation du prix du bois, à raison de la consommation qu'en font nos salines : cet amendement a été ajourné, c'est-à-dire remis au jour où l'on s'occupera en définitif du remplacement de cet impôt.

Le 27 septembre, l'Assemblée Nationale décida que les biens du clergé seraient hypothéqués par la nation pour servir de gage aux futurs emprunts : c'était le prélude du décret qu'elle devait rendre le 2 novembre pour déclarer que les biens appartenant au clergé étaient *biens nationaux* et pouvaient à ce titre être aliénés au profit du Trésor public.

Les circonstances étaient critiques et la détresse des finances menaçait l'Etat d'une ruine complète : on en était aux expédients pour combler le gouffre creusé dans le Trésor par les gaspillages et les folles dépenses des règnes précédents. Déjà Necker avait été autorisé par l'Assemblée, pour conjurer la banqueroute de l'Etat, à contracter deux emprunts, l'un de trente et l'autre de quatre-vingts millions ; mais ce dernier emprunt n'avait pas donné les résultats attendus et le ministre ne voyait plus qu'une chance de salut, le vote d'une contribution patriotique portant sur le quart des revenus.

Depuis plusieurs mois déjà, des dons patriotiques offerts au Trésor public avaient été souscrits et le montant des souscriptions envoyé aux représentants de la nation. Le roi avait donné lui-même l'exemple des sacrifices en envoyant sa vaisselle à la Monnaie. Cet élan de munificence envers la Patrie n'avait constitué qu'une ressource insuffisante contre le déficit. Aussi, l'Assemblée Nationale, après avoir entendu Mirabeau

faire un sublime appel au dévouement et à l'énergie de
ses collègues, vota-t-elle l'établissement d'un impôt
temporaire frappant le *quart* du revenu déclaré de
chaque citoyen.

La France entière se chargea de ratifier ce vote
patriotique ; elle ne se borna pas à payer l'impôt exigé,
elle fit plus. Partout s'ouvrirent des souscriptions
volontaires, où l'on porta à l'envi la vaisselle d'or et
d'argent, les bijoux précieux et tous les trésors du luxe,
devenus la rançon du crédit public.

La ville de Toul ne resta pas en arrière dans cet élan
de générosité patriotique : les souscripteurs arrivèrent
en foule se faire inscrire sur le registre déposé à
l'hôtel-de-ville (1).

Le 25 novembre, le Comité municipal décida « que
« les dons patriotiques, faits jusqu'à ce jour et consis-
« tant en bijoux et objets d'or et d'argent, seraient
« offerts à l'Assemblée Nationale par le député de Toul,
« qui ferait en même temps la remise sur son bureau
« d'une adresse du Comité et de la liste des donateurs. »
(Reg. BB. 60 ; folios 50, 68 et 69).

L'envoi à l'Assemblée des dons et de l'adresse eut
lieu le 14 décembre.

(1) Nous nous réjouissions de relater ici les noms de ceux de nos ancêtres qui
alors firent à la nation les dons les plus généreux, car nous avions lu dans
l'*Inventaire de nos archives municipales*, dressé par Henri Lepage en 1859 :

« Série CC, n° 443. — Registre des déclarations du quart des revenus, en
exécution du décret de l'Assemblée Nationale du 6 octobre 1789, concernant la
contribution patriotique. — De 1789 à 1791. — 91 feuillets. »

Nous avons éprouvé une vive déception en apprenant que cette importante
pièce historique manquait aux archives depuis la guerre de 1870, ayant malheureusement disparu par suite du transport des archives dans le jardin de l'hôtel-
de-ville, où elles restèrent déposées pendant toute la durée du bombardement.

Les dons comprenaient, outre 89 marcs, 6 onces
d'argent, provenant des citoyens de Toul, 48 marcs
d'argent, don des chanoines réguliers ; et 38 marcs, 6
onces, don des R. P. Prêcheurs (2).

Quant à l'adresse, la voici dans son entier :

A Nosseigneurs de l'Assemblée Nationale,

Nosseigneurs,

Le Comité municipal, au nom des citoyens de Toul, présente à
l'auguste Assemblée Nationale de France, l'hommage de leurs sentiments d'admiration, de gratitude et de soumission entière à ses décrets.

La cité de Toul, jadis ville libre et membre du corps germanique, regrettait depuis deux siècles des droits qui n'existaient plus
que dans ses chartes ; elle regrettait une Constitution où l'homme
n'obéissait qu'à la loi ; où la loi n'était que l'expression du vœu
public ; où les pouvoirs n'étaient institués que pour l'utilité commune
et décernés que par la confiance et l'estime ; où l'égalité civile, éloignant les vices de l'orgueil et de l'abjection, faisait du nom de *citoyen*
le plus glorieux de tous les titres.

C'est à vous, Nosseigneurs, c'est aux sages lois que vous préparez à
la France, que nous devrons le retour de cette liberté dont jouirent
nos aïeux ; c'est par vous que nous verrons revivre, dans nos murs et
dans toute l'étendue de ce beau royaume, la raison, les mœurs, les
vertus qui les honorèrent et qui, plus que l'or et les arts corrupteurs,
assurent la durée et la prospérité des empires.

Vos lumières, votre courage ont sauvé l'État : en vous est l'espoir
de sa régénération et le gage de ses hautes destinées. Déjà, l'œil de la
justice a pénétré dans le dédale des finances ; déjà l'humanité rétablie
dans ses droits, la souveraineté nationale reconnue, les pièces principales de la machine politique rassemblées, le grand édifice de la
Constitution s'élevant avec majesté, ont fixé les regards de l'Europe
entière.

L'égoïsme ose encore fabriquer le mensonge et soudoyer le crime ;
les nombreuses têtes de l'hydre aristocratique font bruire leurs cris

---

(1) Le *marc* pesait environ 500 grammes de notre mesure actuelle de poids.

discordants. Vaincu par vous et réduit à ramper dans l'ombre, il s'efforce de soulever les haines et les orages de la discorde ; mais nous ne cesserons d'opposer à ses fureurs l'énergie du patriotisme, jusqu'au jour où l'accord des bons citoyens, enchaînant au joug des lois les ennemis du bien public, les aura convaincus pour jamais de leur impuissance.

Entraînés par vos magnanimes exemples, et pour offrir à la Patrie les prémices de notre dévouement filial, nous nous empressons d'apporter sur son autel la quantité de 89 marcs, 6 onces d'argent, produit des sacrifices que plusieurs de nos citoyens ont fait à leurs besoins d'un luxe inutile.

Nous attendons avec confiance et nous recevrons avec respect les décrets qui vont assujettir toutes les provinces à un même régime : contents d'être gouvernés désormais par les lois qui nous seront communes avec elles, de nous montrer les dignes enfants de la Patrie, de partager en tout le sort de nos frères, de vivre et de mourir libres, comme eux et avec eux.

A Toul, le 14 décembre 1789.

Signé : JACQUET, *président,* et BORDE, *secrétaire-greffier.*

On a pu, à l'honneur de la France, constater plus d'une fois, aux pages les plus douloureuses de son histoire, un pareil élan de générosité patriotique ; nous avons le droit d'en être fiers. Il n'y a pas longtemps encore, après les désastres de l'année terrible, des souscriptions nationales ne se sont-elles pas produites pour payer à l'ennemi une formidable rançon ?

L'organisation régulière de la *garde-citoyenne* eut lieu définitivement dans notre ville le 13 novembre.

Partout on s'était hâté de constituer, à l'imitation de celle de Paris, des gardes-nationales dans les différentes villes, après la prise de la Bastille et les troubles qui avaient suivi cet évènement.

A Toul, les citoyens s'étaient réunis sous le nom de *milice bourgeoise* pour maintenir l'ordre, et ils avaient réussi à préserver leur cité des horreurs de la guerre civile. Aux premiers jours de calme, les chefs de cette milice et ceux de la *Compagnie des Cadets-Dauphin* proposèrent à leurs effectifs de fusionner.

Les Cadets-Dauphin avaient une origine déjà ancienne ; ils dataient de l'époque où le Dauphin, fils de Louis XV, devant faire son entrée à Toul au mois de septembre 1744, les habitants, pour lui prouver leur attachement et leur zèle, avaient formé une compagnie destinée à lui servir d'escorte d'honneur et composée de soixante jeunes gens et bourgeois, vètus d'une manière uniforme.

Très sensible à cette attention, le prince, autorisant les bourgeois à conserver cette compagnie telle qu'elle était organisée, se déclara leur colonel et leur permit de porter le nom de *Cadets-Dauphin*. Il leur donna, en outre, le droit d'accompagner les officiers de l'hôtel-de-ville dans toutes les cérémonies publiques où ils assisteraient en corps, et dans toutes les occasions « de distinction », et leur envoya un drapeau fleurdelisé portant ses armes qui, en 1789, était encore en possession de la compagnie.

En 1751, pour fortifier et honorer à la fois les Cadets-Dauphin, les officiers municipaux résolurent de leur accorder quelques autres droits et privilèges.

Il fut arrêté qu'ils seraient exempts de guet et de garde ; que, pour entretenir leur adresse, on rétablirait en leur faveur l'ancien usage du temps de la compagnie des arbalêtriers, de *tirer le papeguet* (1), et qu'une médaille d'argent d'une valeur de 24 livres serait donnée, aux frais de la ville, à celui qui remporterait le prix, avec exemption de logement des gens de guerre pendant deux ans, et même pour la vie, si le tireur était vainqueur pendant trois années de suite.

La *milice bourgeoise* et la *compagnie des Cadets-Dauphin* acceptèrent la fusion. Elles formèrent un seul corps de troupes qui prit le nom de *garde citoyenne de Toul* et un règlement fut élaboré et sanctionné par le Comité municipal, le 13 novembre 1789. Le voici, avec ses principaux articles (2) :

La *garde citoyenne* a pour objet, dans son établissement, la sûreté générale et individuelle des citoyens, le maintien des lois et de la tranquillité publique. Pour y parvenir, elle a provisoirement et librement arrêté ce qui suit :

ARTICLE Ier. — Il sera formé dans la ville de Toul, un corps de troupes d'infanterie, dont la force effective sera déterminée d'après les enrôlements volontaires déjà faits et ceux qui se feront dans la suite.

II. — Ce corps portera le nom de *garde citoyenne de Toul*.

III. — Tout citoyen marié ou non marié, depuis l'âge de 18 ans jusqu'à 60, qui se présentera pour entrer dans la garde citoyenne, sera porté sur la liste générale des soldats citoyens et invité à marcher, quand les circonstances l'exigeront.

IV. — Tous compagnons, journaliers et manœuvres, étant chargés de travaux nécessaires à eux et aux autres, ne seront point inscrits sur la liste. Ils pourront, néanmoins, être invités au service dans les cas extraordinaires.

---

(1) Le papeguet ou papegai était une figure en bois ou en fer-blanc représentant un oiseau ayant ses ailes déployées, et posée sur un poteau d'une hauteur de 60 pieds.

(2) Madame François-Bataille a bien voulu nous communiquer ce règlement imprimé, signé de son aïeul *Gérard*.

9

V. — Le nombre des citoyens ainsi librement enrôlés formera, sous un seul drapeau, un bataillon composé d'autant de compagnies qu'on en pourra former, du nombre de 40 hommes, y compris les bas officiers.

VI. — La première compagnie, savoir la *compagnie des grenadiers*, subsistera dans l'état de sa formation et de sa composition actuelle, avec ses officiers et bas officiers qu'elle s'est librement choisis.

VII. — Les compagnies intermédiaires, dans lesquelles seront répartis en nombre égal les citoyens enrôlés, seront formées chacune, autant qu'il sera possible, de ceux des quartiers les plus rapprochés, pour en faciliter la réunion. En conséquence, ceux qui seront chargés de faire les contrôles, auront égard aux numéros inscrits sur les maisons.

VIII. — Le contrôle qui en sera fait comprendra leur nom, leur âge, leur demeure et le numéro de leur maison.

IX. — La dernière compagnie sera de *chasseurs*, qui subsistera, avec les officiers et bas officiers, dans son état actuel.

X. — Celle des *cadets-dauphin* occupera le centre du bataillon dans l'état actuel où elle se trouve, avec ses officiers et bas officiers.

XI. — Les officiers et bas officiers de la *milice bourgeoise* se répartiront dans les compagnies intermédiaires autres que celle des cadets-dauphin, suivant le rang qu'ils occupaient dans cet ancien corps.

XII. — Les officiers qui formaient l'état-major de la *milice bourgeoise*, sur l'ancien pied, formeront l'état-major de la *garde citoyenne*.

XIII. — Le colonel, le lieutenant-colonel et le major seront, à défaut les uns des autres, les chefs des forces de la garde citoyenne subordonnée au comité municipal.

XIV. — Chaque garde citoyen portera, sur son chapeau, des *houpettes* ou marques qui désigneront de quelle compagnie il sera et nul n'en pourra porter, ni prendre les armes dans cette ville, s'il n'est enrôlé dans la garde citoyenne.

XV. — La garde citoyenne, étant purement civile et volontaire, répondra directement et nûement à l'assemblée des représentants de la commune, et jusqu'à ce qu'il existe dans cette ville une municipalité constituée par l'Assemblée Nationale.

(Les articles XVI à XXVI n'ayant trait qu'au service intérieur et à la discipline du bataillon, nous ne les reproduisons pas).

XXVII. — La garde citoyenne étant volontaire, ses membres se soumettent et s'engagent d'honneur à exécuter ponctuellement le présent règlement, à l'effet de quoi il sera par eux librement souscrit et présenté à l'assemblée des représentants de la commune pour être sanctionné, ensuite imprimé et distribué à chaque garde citoyen, si besoin est.

XXVIII. — Le présent règlement n'étant que provisoire, son exécution cessera, pour se soumettre, de la part de tous, à la loi constitutionnelle concernant les *milices nationales du royaume*, dont s'occupent les Etats-Généraux.

Le présent règlement, vu et examiné par le *Comité municipal de la ville et cité de Toul*, a été par lui *adopté et sanctionné*, pour être suivi et exécuté selon sa forme et teneur; ordonné en outre qu'il sera transcrit sur ses registres, pour y avoir recours le cas échéant.

Fait et délibéré à l'assemblée du 13 novembre 1789.

> *Signé :* GERARD, *président du Comité municipal ;*
> BORDE, *secrétaire.*

Sans anticiper sur les évènements, nous pouvons dire que cette garde citoyenne, devenue peu après la *garde-nationale de Toul*, fournit en 1792 soixante-et-onze volontaires pour marcher à l'ennemi.

1790

~~~

SOMMAIRE

—

~~~

'Assemblée Nationale, pour mieux fonder l'unité de la France, voulut effacer toute trace des anciennes divisions provinciales qui rappelaient le moyen-âge et la féodalité ; elle nomma en conséquence un comité pour l'élaboration d'une division nouvelle du territoire, qui supprimerait la distinction historique et géographique des provinces.

Dans la séance du 8 janvier 1790, ce comité déposa, sur le bureau de l'Assemblée, un rapport aux termes duquel la France devait compter un certain nombre de *départements* partagés en *districts*, subdivisés eux-mêmes en *cantons*.

Le député Maillot écrivit alors à Toul au Comité municipal pour lui annoncer que la Lorraine et les Trois-Evêchés devaient, suivant le projet du Comité de l'Assemblée, former *quatre* départements et que la ville de Toul serait certainement le chef-lieu d'un *district*.

Le Comité municipal répondit à Maillot en le priant de soumettre aux représentants de la nation le texte d'un mémoire, rédigé par M. Pierrot, avocat, et dans lequel étaient exposés les droits de la ville à devenir le chef-lieu d'un département ; mais ce mémoire n'eût pas le succès espéré.

Le 15 janvier, l'Assemblée adopta les propositions de son Comité : *La Lorraine, le Barrois et les Trois-Evêchés* formèrent quatre circonscriptions nouvelles, de dimensions à peu près égales, qui, tirant leurs noms de leurs rivières ou chaîne de montagnes, furent la

Meurthe, la *Meuse*, la *Moselle* et les *Vosges* ; Nancy fut désigné comme chef-lieu du département de la Meurthe, à l'encontre des prétentions de Toul et des villes de Lunéville et Pont-à-Mousson, qui s'étaient aussi mises sur les rangs.

Le département de la Meurthe fut divisé en *neuf* districts, ayant pour chefs-lieux : Nancy, Lunéville, Blâmont, Sarrebourg, Dieuze, Vic, Pont-à-Mousson, Toul et Vézelise. Le district de Toul se subdivisait en *neuf* cantons. Le premier était constitué par la ville de Toul et son territoire, comptant 1292 maisons ou édifices ; les chefs-lieux des huit autres étaient : Fontenoy-sur-Moselle, Foug, Lucey, Allamps, Jaillon, Blénod, Royaumeix et Bicqueley (1).

Dans chaque département furent institués un *Directoire* permanent, composé de 8 membres et d'un *procureur-général-syndic*, chargés du pouvoir exécutif,

---

(1) Ces 8 cantons étaient composés des communes ci-dessous :

Fontenoy : Aingeray, Chaudeney, Dommartin-les-Toul, Fontenoy, Gondreville, Sexey-les-Bois et Villey-le-Sec.

Foug : Choloy, Domgermain, Lerouves, Foug, Grand-Ménil, Laye-Saint-Remy, Ménillot et Val-de-Passey.

Lucey : Boucq, Bruley, Lagney, Laneuveville-derrière-Foug, Lucey et Pagney-derrière-Barine.

Allamps : Allamps, Bagneux, Barisey-la-Côte, Barisey-au-Plain, Gibeaumeix, Housselmont, Mont-l'Étroit, Saulxures-les-Vannes, Uruffe et Vannes.

Jaillon : Avrainville, Francheville, Jaillon, Liverdun, Rosières-en-Haye, Tremblecourt et Villey-Saint-Etienne.

Blénod : Blénod-les-Toul, Bulligny, Charmes-la-Côte, Crézilles, Gye et Mont-le-Vignoble.

Royaumeix : Andilly, Ansauville, Bouvron, Domèvre-en-Haye, Grosrouvres, Hamonville, Mandres-aux-Quatre-Tours, Manoncourt, Ménil-la-Tour, Minorville, Royaumeix et Sanzey.

Bicqueley : Bicqueley, Bainville-sur-Madon, Maizières-les-Toul, Moutrot, Ochey, Pierre-la-Treiche et Sexey-aux-Forges.

ainsi qu'un *conseil* de 36 membres, qui devait se réunir chaque année pendant un mois.

Chaque district eut de même un *directoire* de quatre membres et un *procureur-syndic*, ainsi qu'un *conseil* de 12 membres, siégeant quinze jours par an.

Les membres de ces diverses administrations étaient tous élus.

L'administration des communes était réglée sur des bases analogues. A l'ancienne *mairie* de Toul avait été substitué en août 1789, pendant l'élaboration de la loi sur les municipalités, un *Comité municipal* composé de 40 membres, élus par les citoyens de chaque paroisse de la ville. Ce comité, ayant à sa tête un président renouvelable chaque quinze jours par voie d'élection, administrait la ville depuis cette époque. Ses présidents successifs furent MM. Contault (22-29 sept.) ; de Taffin (29 sept.-9 oct.) ; Cordier (9-27 oct.) ; Tardif d'Hamonville (27 oct.-7 nov.) ; Gérard (7-20 nov.) ; Carez (20 nov.-5 déc.) ; Jacquet (5-23 déc.) ; Olry (23 déc.-11 janvier) ; Lacapelle (11 23 janvier) ; Pierrot (23 janv.-10 février) et Jacquet (10-14 février).

Le Comité municipal de Toul devait être remplacé par une *municipalité*, dont les membres seraient élus par les citoyens.

En effet, l'Assemblée Nationale avait, le 14 décembre 1789, rendu un décret aux termes duquel les municipalités, existant alors sous des dénominations variables suivant les provinces, telles qu'*hôtels-de-ville, mairies, échevinats, consulats*, étaient et devaient être remplacées par des *municipalités* électives.

Le chef de toute municipalité devait porter désormais le nom de *maire* et tous les *citoyens actifs* de chaque ville, bourg, paroisse ou communauté, pouvaient concourir à son élection et à celle des autres membres du corps municipal.

Les conditions requises pour posséder la qualité de *citoyen actif* étaient les suivantes : être français, majeur de 25 ans, domicilié depuis un an dans la commune ; payer une contribution directe de la valeur locale de trois journées de travail, et enfin, n'être ni domestique ou serviteur à gages, ni banqueroutier, failli ou débiteur insolvable. L'Assemblée Nationale, tout en proclamant le suffrage universel, le réglementait donc de la manière la plus sage.

Le décret du 14 décembre fixait en outre un intervalle de huit jours entre la convocation des électeurs et le vote, et décidait que, pour procéder à celui-ci, les villes d'une population de 8 à 12,000 âmes seraient divisées en trois sections. La ville de Toul, qui comptait alors, d'après un recensement du 20 janvier 1790, 8,112 habitants, « y compris les pensionnaires du séminaire Saint-Claude et les étrangers en résidence, » rentra donc dans cette catégorie et fut divisée en trois sections de vote qui comprenaient: la première, les paroisses Saint-Jean et Sainte-Geneviève ; la deuxième, la paroisse Saint-Amand, et la troisième, la paroisse Saint-Agnian et les deux faubourgs.

Une proclamation du Comité municipal, faite le 26 janvier, désignait aux citoyens les salles du scrutin : les électeurs de la première section devaient voter au couvent des Dominicains, ceux de la seconde, au grand Séminaire, et ceux de la troisième, au couvent des Cordeliers.

Dans les villes de 3 à 10,000 âmes, le corps municipal à élire devait se composer de *neuf officiers municipaux*, y compris le maire, et d'un *procureur de la commune*, chargé de défendre les intérêts et de poursuivre les affaires de la cité. La majorité absolue des suffrages était nécessaire pour l'élection de tous ces magistrats. De plus, on devait nommer, mais à la majorité relative seulement, un nombre de *notables*, double de celui des officiers municipaux, dont la réunion avec les notables formait le *Conseil général de la commune*.

Un seul tour de scrutin était donc nécessaire pour l'élection des notables, mais il pouvait y en avoir jusqu'à trois pour celle des officiers municipaux. Dans ces scrutins, qui avaient lieu à un jour d'intervalle, il fallait pour être élu aux deux premiers tours, obtenir un nombre de suffrages égal à la moitié plus un des votants ; la majorité relative suffisait au troisième tour.

Enfin, la durée de ces mandats municipaux était de deux ans, et tous les élus devaient prêter solennellement le serment civique.

Les électeurs toulois ayant été régulièrement convoqués, il fut, le 4 février 1790, procédé à l'élection du maire et à celle du procureur-syndic de la commune.

C.-F. Bicquilley, garde du corps de Sa Majesté, fut élu *maire ;* Claude Gérard, avocat et procureur au bailliage de Toul, fut élu *procureur-syndic de la commune* (1).

MM. Bouard (Jean), notaire ; Carez (Joseph), imprimeur ; l'abbé de Caffarelli (Ambroise), chanoine de la Cathédrale ; Pierrot (Nicolas), avocat ; Contault (Léopold), ancien maire ; Jacob (Dominique), avocat, furent élus *officiers municipaux* au premier tour de scrutin (6 février), et MM. Vincent (Nicolas), tanneur, et Bourcier (François), avocat, aux second et troisième tours de scrutin (7 février).

Les citoyens, dont les noms suivent, furent élus *notables* le 8 février :

Berthemot, marchand ; Bernard-Royer ; Huon, tonnelier ; Chénot, de Saint-Mansuy ; Didier, orfèvre ; Thomas, armurier ; Lismond, orfèvre ; Hénard, couvreur ; Lefèvre, marchand ; Cardinal-Maire, de Saint-Èvre ; Bataille, l'aîné ; Evrot, cultivateur ; l'abbé Saulnier ; Laurent, cordonnier ; Richardin, marchand tanneur ; Grégeois, cordonnier ; Gérard, greffier, et Le Jard.

La proclamation solennelle des noms des élus, dans l'ordre indiqué ci-dessus, et l'acceptation par ceux-ci de leurs nouvelles fonctions, eurent lieu le jour suivant, 9 février, par les soins du Comité municipal ; le 14, dans la Cathédrale, à l'issue de la messe, tous durent prêter le serment par lequel ils jurèrent « d'être fidèles à la Nation, à la Loi et au Roi, et de maintenir de tout leur pouvoir la Constitution décrétée par l'Assemblée

---

(1) Voir à l'appendice les biographies de C.-F. Bicquilley et de Cl. Gérard.

Nationale et sanctionnée par le Roi. » C'est ce serment qui a été désigné depuis sous le nom de serment civique et que devaient prêter les fonctionnaires civils, militaires et ecclésiastiques. Voici le procès-verbal officiel (1) de cette cérémonie, qui fut entourée d'une certaine pompe :

« Le Comité municipal, les officiers municipaux et notables, se sont assemblés à l'hôtel-commun à neuf heures du matin, d'où ils sont sortis pour se rendre en l'église Cathédrale, précédés des sergents de ville et de la garde-citoyenne, qui marchaient au son des instruments militaires.

« Parvenus en ladite église, lesdits sieurs se sont placés à la droite de l'autel dressé dans la nef pour y célébrer une messe solennelle en actions de grâces de l'heureuse Révolution qui a rendu aux citoyens le droit naturel de choisir leurs magistrats.

« La messe chantée, et après que M. l'abbé *Mongin* (2) a prononcé un discours sur l'importance du serment à prêter, M. le Président du Comité (*M. Jacquet*) a complimenté au nom de son corps les récipiendaires en les invitant à jurer aux termes des décrets de l'Assemblée Nationale.

« M. *Bicquilley*, maire élu, a prononcé la formule du serment voulu par l'article 48 du Décret du 14 décembre dernier, relatif aux municipalités. Ses nouveaux collègues, placés sur les marches de l'autel, ont prêté conjointement avec lui le même serment, en présence de la commune. M. le maire a témoigné ensuite combien il était sensible aux vœux de ses concitoyens qui l'avaient élu à cette dignité ; il a annoncé qu'il chercherait à obtenir, par son administration, leur reconnaissance.

---

(1) Archives municipales, série BB, reg. 54.

(2) L'abbé Mongin (François-Bernard), dont il sera encore parlé plus loin, était né à Toul le 9 mars 1757. Il devint, sous le Directoire, professeur de grammaire générale à l'Ecole centrale de la Meurthe et prononça en cette qualité à la distribution des prix de l'an VI un discours qui fut très applaudi. A la Restauration, il devint professeur de philosophie et de rhétorique au Collège royal de Metz. Il a publié à Nancy en 1803 un traité de *Philosophie élémentaire* (2 volumes in-8°). Il mourut à Metz le 7 janvier 1837.

« Ce discours, fait tant en son nom qu'en celui de sa compagnie, a été entendu avec satisfaction. Cela fait, le nouveau corps municipal a repris sa marche, au bruit des canons, des boîtes et de la mousqueterie, pour se rendre à l'hôtel-de-ville dans l'ordre décrit ci-dessus. »

Les *Affiches des Evêchés et Lorraine* (1) rendirent compte de cette cérémonie qui marquait, dans notre ville, le commencement de l'ère nouvelle.

Ce journal relate ainsi les réjouissances publiques qui ont clôturé la journée du 14 février 1790 :

« ..... Pendant cette mémorable journée, le peuple entier a donné des preuves non équivoques de son attachement aux nouveaux magistrats. Il a invité leur corps à assister à un feu de joie, et la fête s'est terminée par une illumination de la façade de l'hôtel-de-ville. Elle représentait des obélisques, au milieu desquels s'élevaient des arcs-de-triomphe ; dans l'enfoncement, on voyait un tableau représentant la *force* unie à la *sagesse*, figurées par Minerve et Hercule. Ces divinités soutenaient ensemble le chapeau de la Liberté, surmonté de l'écusson de France. Au bas de cet emblème, on lisait ces mots : *Les Municipalités rendues à l'élection*. L'un des portiques présentait cette inscription :

« Louis, le plus juste des rois,
« Du despotisme abjure la puissance ;
« L'humanité reprend ses droits
« Et le règne des lois commence.

On avait tracé sur l'autre cette épigraphe :

« Dans le cœur des braves Leucois
« Des premiers temps les vertus vont renaître ;
« Ils furent libres autrefois :
« Ils sont encore dignes de l'être !

Cette fête civique a été d'autant plus brillante qu'elle a été inspirée et exécutée par le patriotisme des citoyens. »

_____

(1) N° 8 du 25 février 1790. (A Metz, imprimerie Lamort). La Bibliothèque publique de Nancy possède une collection de cette publication, de l'année 1770 à 1796.

La nouvelle municipalité fut complètement constituée le 16 février, par l'élection de son *secrétaire-greffier*, qui, aux termes de l'article 32 du décret du 14 décembre, devait être élu au scrutin secret par le conseil général de la commune. M. Etienne *Gérard*, greffier de la prévôté du chapitre de la Cathédrale, fut élu par 21 voix sur 23 votants. M. Borde, greffier de l'ancienne municipalité, ne recueillit que deux voix (1).

L'Assemblée Nationale, poursuivant le cours de ses réformes, avait décrété le 13 février « que la loi constitutionnelle du royaume ne reconnaissait plus les vœux monastiques et solennels des personnes de l'un et de l'autre sexe, et qu'en conséquence, les ordres ou congrégations religieuses, dans lesquels on faisait de tels vœux, étaient et demeuraient supprimés en France sans qu'on puisse en établir de semblables à l'avenir. »

Cette mesure, qu'un sentiment généreux avait dictée aux représentants de la Nation, devait néanmoins causer à la ville de Toul un grand préjudice, car elle pos-

---

(1) D'après le décret du 14 décembre 1789, le Conseil général de la commune étant nommé pour deux ans, mais renouvelable annuellement par moitié, il était nécessaire de déterminer, par voie de tirage au sort, les membres qui feraient partie de la série sortante pour la première année. Ce tirage, effectué le 10 novembre 1790, fit sortir MM. Bouard, Caffarelli, Pierrot et Contault, officiers municipaux ; Bernard-Royer, Huon, Lismond, Hénard, Lefèvre, Cardinal, Bataille, Evrot et Laurent, notables. Le scrutin, pour les remplacer, eut lieu les 14 et 15 novembre, dans la même forme que ceux de février, et donna les résultats suivants : Bouard, Contault, Lacapelle et l'abbé Saunier, élus officiers municipaux. Martin, homme de loi ; Lacapelle fils, id. ; Apollinaire Lefèvre, marchand ; Bellot fils, horloger ; Pillement, homme de loi ; Poincloux l'aîné, rentier ; l'abbé Aubry, ci-devant vicaire de la Cathédrale ; Valleron, traiteur ; Valentin, l'aîné ; Isaïe Gâteau, rentier, et Gennevaux, marchand, élus notables.

Tous prêtèrent le serment prescrit par la loi, le 17 novembre.

sédait alors de riches et nombreuses maisons religieuses, dont le personnel disparu n'alimenterait plus son commerce.

Outre un évêque, dont les revenus dépassaient cent mille livres ; un chapitre de la Cathédrale composé de 37 chanoines, dont chaque prébende était de quatre mille livres ; un chapitre de la collégiale Saint-Gengoult, dont chaque prébende valait deux mille livres, il y avait en effet dans notre ville en 1790 : six paroisses, deux abbayes de Bénédictins (Saint-Mansuy et Saint-Epvre), possédant d'immenses biens fonciers d'un revenu de plus de cent-vingt mille livres ; une abbaye de chanoines réguliers (St-Léon), une maison de Cordeliers, une de Dominicains, une de Capucins, un grand et un petit Séminaires, un couvent de religieuses du Grand-Ordre, un autre de religieuses du Tiers-Ordre, un de religieuses de la congrégation de Notre-Dame et enfin un autre de religieuses du Saint-Sacrement.

Ces ecclésiastiques constituaient dans la ville de Toul, privée presqu'entièrement d'établissements industriels, une masse de rentiers qui consommaient leurs revenus au sein de la cité et fournissaient du travail à la moitié au moins de ses habitants ; aussi nos pères, qui n'en restaient pas moins partisans zélés de la Révolution, furent-ils les premiers à souffrir matériellement de la suppression des établissements monastiques et de la dispersion de leurs habitants.

Nous dirons bientôt comment, pour comble d'infortune, le siège épiscopal de Toul qui, treize ans auparavant avait déjà été réduit des deux tiers par la création des évêchés de Nancy et de Saint-Dié, fut définitivement supprimé six mois plus tard par l'Assemblée Nationale, malgré les supplications des Toulois et les protestations de leurs mandataires.

Etienne-François-Xavier des Michels de Champorcin, 91e et dernier évêque de Toul, prêta le serment civique le 23 février, à l'hôtel-de-ville, devant les officiers municipaux, comme le constate le procès-verbal suivant (1) :

« Cejourd'hui 23 février 1790, Monseigneur le Révérendissime Evêque de Toul s'étant présenté en cet hôtel-commun, la séance tenante et tous les membres du corps municipal assemblés, mondit Seigneur Evêque a présenté la déclaration des biens et revenus de son évêché et a demandé à prêter le serment civique par lequel il a *juré d'être fidèle à la Nation, à la Loi et au Roi et de maintenir de tout son pouvoir la Constitution décrétée par l'Assemblée Nationale et sanctionnée par le Roi.* »

> *Signé :* † Etienne Fr. X., Evêque de Toul , Bicquilley, maire ; Caffarelly, J. Carez, Pierrot, Vincent l'aîné ; Gérard, procureur de la commune, Bouard, Bourcier, Jacob et Contault.

Le réglement de la garde-citoyenne de Toul ne devint définitif, par l'approbation de l'autorité locale, que le 8 mars 1790.

Aux termes de ce règlement, le colonel et le lieutenant-colonel de la garde-citoyenne étaient élus par les officiers, bas-officiers et soldats composant le corps.

Il fut procédé à cette double élection le 28 février : MM. Husson de Prailly et Louis Gouvion, capitaine du génie, furent choisis comme colonel et lieutenant-

---

(1) Archives municipales. — Série BB. reg. 54, fol. 12, recto.

CHARLES=FRANÇOIS BICQUILLEY
(1738-1814)

D'après un portrait appartenant à la Ville de Toul.
(Cabinet du Maire).

colonel. Le même jour, officiers et soldats prêtèrent le serment civique sur la place Dauphine, par devant la municipalité. Voici le procès-verbal de la cérémonie de prestation (1) :

« Le 28 février 1790, à 4 heures du soir, la municipalité s'étant transportée, accompagnée d'un détachement de la garde citoyenne, sur la place Dauphine où était assemblé tout le corps, et y étant parvenue, la garde citoyenne a été présentée au serment civique, que M. le colonel, ainsi que cette dernière, ont prêté dans les termes voulus par le décret de l'Assemblée Nationale. »

Voulant assurer la conservation des livres et archives, que renfermaient en grand nombre les couvents et les monastères, l'Assemblée Nationale avait, le 14 novembre 1789, décrété cette disposition :

« Dans les monastères et chapitres où il existe des bibliothèques et archives, lesdits monastères et chapitres seront tenus de déposer, aux greffes des juges royaux ou des municipalités les plus voisines, des états et catalogues des livres qui se trouveront dans lesdites bibliothèques et archives, et d'y désigner particulièrement les manuscrits ; d'affirmer lesdits états véritables ; de se constituer gardiens des livres et manuscrits compris auxdits états, et d'affirmer qu'ils n'ont point soustrait et n'ont point connaissance qu'il ait été soustrait aucun des livres et manuscrits qui étaient dans lesdites bibliothèques et archives. »

La municipalité de Toul, en conséquence, invita les Supérieurs des communautés religieuses de cette ville à se conformer aux prescriptions du décret ; ceux-ci, les 6, 7 et 8 mars 1790, vinrent à l'hôtel-de-ville faire les déclarations exigées et le dépôt des catalogues qu'ils avaient dressés.

_____

(1) Archives municipales, série BB, reg. 54.

Le Supérieur du séminaire du Saint-Esprit, M. de Chambéret, déclara que son établissement possédait une bibliothèque « assez considérable pour ne pouvoir en donner le détail qui serait trop long, » et fit la remise d'un catalogue des livres et archives de la maison, « sans cependant répondre des livres qui ont été égarés. » Des déclarations identiques furent faites par M. Henriot, chanoine régulier de la maison abbatiale de Saint-Léon, par le Prieur des Jacobins et par la Supérieure des Dames du Tiers-Ordre de Saint-Dominique. Le Procureur du collège Saint-Claude, M Gérard, dit que son établissement ne possédait pas de bibliothèque, « mais seulement des livres classiques pour l'usage journalier de l'enseignement, et que la maison étant d'institution nouvelle (1769), il n'y existait d'autres archives que les titres de sa fondation. »

C'étaient les bibliothèques des trois abbayes de Saint-Èvre, de Saint-Mansuy et de Saint-Léon qui étaient alors les plus riches, si l'on en juge par les déclarations faites par leurs Prieurs.

Celle de l'abbaye de Saint-Evre comprenait : 1275 volumes in-folio, 843 in-4°, 2846 in-8° et in-12, et un seul missel manuscrit in-folio. Celle de l'abbaye de Saint-Mansuy contenait : 592 in-folio, 675 in-4°, 1940 volumes de moindre format et 3 manuscrits. Celle de Saint-Léon renfermait : 140 in-folio, 58 in-4°, 106 in-8°, 836 volumes de moindre format et beaucoup de brochures, gazettes et journaux : de plus, il existait dans des chambres particulières pour l'usage des religieux : 110 in-folio, 92 in-4°, 30 in-8° et 744 volumes de moindre format, « le tout dépareillé et en désordre ».

Quant au registre contenant l'inventaire des archives de cette abbaye, il comptait 93 feuillets.

Cette énumération montre quelle était l'importance des bibliothèques des maisons religieuses de notre ville en 1790 (1).

Malgré les mesures prises par l'Assemblée Nationale pour faciliter le commerce des grains en Lorraine et dans les Trois-Evêchés, la disette se faisait sentir plus violemment que jamais dans notre province. Pour prévenir cette calamité, les communes avaient dû recourir à des moyens divers. C'est ainsi que le Conseil général de la commune de Toul, par un arrêté du 13 mars 1790, avait décidé que les *deniers provenant des confréries* seraient affectés à des achats de grains et mis d'ores et déjà, pour ces achats, 12,000 livres à la disposition du Corps municipal.

Mais il était difficile de traiter ; MM. Poincloux, Bataille et Berthemot, désignés à cet effet, n'y parvenant qu'à des conditions fort onéreuses, le Corps municipal n'hésita pas à autoriser, le 1er avril, les achats de blé

---

(1) Si l'on doit savoir gré à l'Assemblée Nationale d'avoir pris des mesures pour en assurer la conservation, on ne peut que regretter davantage la perte des riches bibliothèques des couvents, pillées et dispersées presque entièrement quelques années plus tard.

Ce qui resta du pillage fut vendu au poids, *à quatre sous la livre*, dans la cour de l'abbaye de Saint-Léon, et des érudits de l'époque achetèrent à vil prix des éditions anciennes d'auteurs classiques, grecs et latins, les ouvrages de Rollin, d'Estienne Pasquier, de Dom Calmet, du P. Benoit Picard, de Durival, Chevrier, l'abbé Lionnois, etc. Que sont devenus ces livres ? La bibliothèque de notre ville en possède un petit nombre ; mais, si nous en croyons Mme François-Bataille, l'érudit auteur des *Etudes sur Toul ancien*, la plus grande partie d'entre eux doit être encore possédée par quelques personnes jalouses de conserver ces précieux ouvrages.

« même au prix d'un louis le bichet (1), dans le cas
« qu'on n'en trouverait pas à meilleur compte » ; il vota
en outre, le 2 avril, la construction dans la maison *des
ci-devant Cordeliers,* de deux fours spécialement destinés à cuire les farines provenant des blés achetés ;
MM. Le Jard, Hénard, Boursier et Charpy furent chargés de déterminer dans ce couvent les emplacements
propres à la construction des fours et au dépôt des farines et du pain.

Le 7 avril, pour empêcher l'accaparement du pain au
détriment des Toulois, le Corps municipal prit l'arrêté
suivant :

« Plusieurs enlèvements de pain se faisant, journellement et en
quantité très considérable, des boutiques des boulangers de cette ville
pour les emporter dans les villes ou campagnes voisines sur des chariots et charrettes ;

« Considérant que ces opérations, si elles continuaient, ne pourraient manquer d'accroître la cherté déjà excessive des grains ; de
nécessiter en conséquence la hausse de la taxe du pain au delà des
facultés du plus grand nombre des citoyens de cette commune ; d'ouvrir la voie aux accaparements et aux spéculations les plus illicites de
la malveillance et de la cupidité ; d'épuiser avant terme l'approvisionnement sur lequel est fondée la subsistance de cette commune
jusqu'à la moisson prochaine, sans laisser aux officiers, chargés d'y
pourvoir, des moyens suffisants pour remplir le vide ; enfin d'exposer
la commune à tous les maux et désordres qu'entraîne la disette.

ARRÊTE, *à compter de ce jour et jusqu'à nouvel ordre :*

1° Aucun boulanger ne pourra, dans la distribution journalière qu'il
fera de son pain, livrer à chaque personne *plus d'une miche à la fois.*

2° Les Inspecteurs de police (2) veilleront exactement à toute

_____

(1) Le bichet représentait la contenance d'un hectolitre environ.

(2) Il y avait six *Inspecteurs de police,* quatre pour la ville et un pour chacun
des faubourgs ; ils avaient en toute matière mission de dresser les procès-verbaux des contraventions et délits qui se commettaient. Leur institution remon-

livraison plus considérable qui pourrait se faire, ainsi qu'à tout amas
de pain qui se formerait, de quelque manière que ce soit, pour les
villes ou campagnes voisines ; de tout quoi ils feront leur rapport et
citation des contrevenants au Bureau Municipal pour être ordonné ce
qu'il appartiendra.

3. Les commis établis aux portes de la ville seront tenus d'arrêter
toute voiture ou charrette chargée de pain, qui se présenterait pour
sortir de la ville, et invoqueront, s'il en est besoin, main-forte pour
la faire conduire en la maison commune. Et lesdits commis déféreront
les conducteurs desdites voitures ou charrettes aux Inspecteurs de
police pour y être fait droit.

4° Communication du présent arrêté sera donné incessamment, tant
aux boulangers qu'aux six Inspecteurs de police, lesquels seront tenus
de veiller soigneusement à son exécution. »

En outre le maire, M. Bicquilley, sur l'ordre des
officiers municipaux, manda à l'Hôtel-de-Ville le corps
des boulangers, auxquels il s'adressa en ces termes :

« Vous ne pouvez, sans vous rendre grièvement coupables et sans les
plus grands inconvénients pour l'ordre public, amoindrir l'approvisionnement journalier que vous êtes chargés de faire pour la subsistance publique. Nous savons que plusieurs d'entre vous ont encore chez eux des
grains et farines qui n'ont pas subi l'augmentation du prix ; il est notoire
que plusieurs d'entre vous ont fait des marchés considérables dont ils
ont résolu de n'exiger l'exécution que dans le cas d'augmentation du
pain. Cette conduite est d'autant plus répréhensible qu'elle tend à
forcer la main à la police, à répandre le trouble et l'alarme parmi
les citoyens, sous prétexte d'un préjudice à vos intérêts, dont vous ne
pouvez encore vous plaindre. Obligés comme nous le sommes de pour-

---

tait au 23 février 1790 : à cette date, le corps municipal avait, en exécution du
décret de l'Assemblée Nationale du 14 décembre 1789, pris un arrêté décidant:
1° Qu'il ferait lui-même fonction de tribunal de police ; 2° Qu'une commission
spéciale, nommée *Bureau Municipal*, serait chargée de statuer sur l'urgence
des plaintes et leur renvoi devant le tribunal de police ; et 3° la création d'inspecteurs de police. Les premiers nommés furent : pour la ville, MM. Mourot,
Goffard, Virion et Lhermitte ; pour Saint-Mansuy, M. Chénot, et pour St-Evre,
M. Cardinal.

Les commis établis aux portes de la ville étaient MM. Gengoult, Dillet et Val-
lette.

voir à la fois à la subsistance publique d'une manière suffisante et de
calculer vos intérêts avec une équité qui fasse cesser toute contestation,
nous vous ordonnons, sous les peines les plus grièves, de garnir vos
étaux de la quantité nécessaire pour fournir, sans trouble et suffisamment, à la fourniture de pain qu'exigent les circonstances, sauf à
pourvoir, d'après un essai impartial, à une fixation du prix du pain
proportionné à celui des grains. »

Les boulangers, en présence de ces injonctions sé-
vères, promirent de garnir leurs boutiques d'une quantité suffisante de pain et de s'efforcer de conjurer la
famine ; le corps municipal, calcul fait tant des frais de
mouture et de cuite que du prix des farines ou des
grains, reconnut « qu'en portant le prix du bichet
« de blé à 24 livres, le plus haut qu'il soit monté
« jusqu'à présent, les boulangers pouvaient cuire, non
« seulement sans dommage, mais avec un léger béné-
« fice », à la condition toutefois qu'ils obtiendraient une
augmentation de la taxe du pain.

Celle qu'avait établie le Comité municipal, le 15
octobre 1789, fixait à 3 sols 3 deniers le prix de la
livre de pain blanc et à 2 sols 4 deniers 1/2 celui de
la livre de pain bis ; elle fut donc modifiée par un arrêté
du 13 avril qui augmenta de 3 deniers le prix du pain
blanc et d'un denier 1/2 celui du pain bis.

L'accord étant intervenu sur ces bases entre la corporation des boulangers et l'édilité touloise, celle-ci fut
autorisée par le conseil général de la commune à faire,
jusqu'à concurrence de 50 écus, des aumônes aux malades indigents pour leur permettre d'acheter du pain.

De plus, comme la foire du Saint-Clou devait se tenir
du 15 au 18 avril, il était à craindre que la nourriture

ne manquât, en raison de l'affluence considérable des visiteurs pendant ces quatre jours ; le corps municipal, dans une sage prévoyance, ordonna que 40 bichets, provenant des grains emmagasinés sur les greniers de la commune, seraient moulus sans retard et la farine en provenant envoyée à la maison des Cordeliers, ce qui permit de distribuer au peuple du pain pendant la foire.

Ces mesures furent complétées par deux autres, dont les effets salutaires ne se firent pas attendre : l'institution temporaire de primes pour les boulangers, et l'obligation pour ces derniers de cuire pendant une période déterminée. Pour l'application de ces mesures, le corps municipal manda le 21 avril la corporation à l'Hôtel-de-Ville et proposa aux boulangers de donner, par cuite de pain, une prime de *trois livres* à ceux d'entre eux qui cuiraient *quatre fournées par jour, d'au moins 140 livres de pain blanc et 286 livres de pain bis*, sous le contrôle d'un officier municipal ou d'un notable chargé de vérifier le nombre des cuites et la qualité du pain.

Sept boulangers (1) acceptèrent la proposition et la municipalité décida qu'elle leur paierait cette prime jusqu'à l'établissement d'une nouvelle taxe. De ce fait, ils touchèrent 324 livres, représentant 108 primes, nombre relativement considérable, puisque cette nouvelle taxe fut imposée quatre jours après.

Le 25 avril, en effet, l'arrêté qui suit fut pris par le corps municipal :

(1) Les sieurs Antoine, Petitdidier, Millot, Rochelet, Gagneur, Tronchet et Aubry.

« Les boulangers ne pourront tirer du moulin qu'une seule farine pour en former un seul et même pain de pur froment, le son ôté, et contenant toute la fleur du grain, lequel est taxé à 2 sols 11 deniers la livre.

« Il est enjoint aux boulangers d'en faire abondamment et à bonne heure, de manière qu'on en trouve chez eux en tout temps ; de le peser avant la délivrance et de n'en refuser à personne, à peine d'amende.

« Défense est faite auxdits boulangers de quitter ou d'interrompre l'exercice de leur profession sans avoir fait leur déclaration au greffe de la police, trois mois d'avance, à peine d'interdiction et de trois cents livres d'amende.

« Il leur est enjoint d'avoir copie de ladite ordonnance qu'ils afficheront dans le lieu le plus apparent de leurs boutiques. »

Cet arrêté dut subir dans le cours de l'année six modifications successives relativement à la taxe, dont la municipalité élevait ou abaissait le taux en proportion du cours des grains (1).

La question économique s'impose toujours à l'étude des gouvernants et des corps élus ; mais sa solution exige une longue étude, et ne peut être l'œuvre d'un jour. Combien nous devons rester patients et remplis d'espoir, lorsque nous voyons quelles difficultés de toute sorte nos ancêtres ont eues à vaincre !

Le règlement portant organisation de *la garde-citoyenne de Toul* avait, on se le rappelle, conservé à l'ancienne *compagnie des Cadets-Dauphin* son autonomie et ses diverses prérogatives, tout en l'incorporant dans la nouvelle milice : les Cadets, qui avaient alors pour chefs MM. Daulnoy, capitaine ; Valette, major ;

(1) Arrêtés des 10 juin, 25 et 31 juillet, 10 et 20 août et 14 septembre 1790.

Joux et Le Jard, officiers, formaient une compagnie du bataillon, dont ils occupaient le centre.

Mais les corporations ne pouvaient échapper, plus que les citoyens, au niveau de l'égalité, et cette compagnie devait disparaître, après 46 ans d'existence ; le Conseil général de la commune de Toul prit, le 22 avril l'arrêté suivant :

« Considérant que les privilèges accordés à la compagnie des Cadets-Dauphin sont incompatibles avec la loi, qui anéantit tout privilège ;

« Que l'établissement des gardes-citoyennes dans le royaume exclut de nécessité toute milice bourgeoise qui n'en ferait pas partie ;

« Que le service, auquel la compagnie des Cadets-Dauphin était assujettie par son institution, a cessé de fait d'être rempli et ne l'est plus que par la garde-citoyenne ;

Arrête en conséquence :

« La compagnie des Cadets-Dauphin est supprimée et abolie, ainsi que le prix d'arquebuse ou *papeguet*, sauf à pourvoir, ainsi qu'il appartiendra, aux récompenses et encouragements du service de la garde-citoyenne (1) ».

La garde-citoyenne de Toul, ainsi unifiée, prit part à Nancy et à Metz, aux cérémonies qui réunirent, en des fêtes patriotiques, toutes les gardes-nationales du département et des départements voisins, dans le but de former entre elle le *pacte civique*.

Sur l'invitation des municipalités et des gardes-nationales de ces deux villes, un détachement de cent

(1) Il existe à la Cathédrale un tableau, bien conservé, grâce auquel se conservera peut-être longtemps encore le souvenir de cette vieille milice touloise ; il est placé dans la sacristie et représente Saint-Sébastien, attaché à un arbre et percé de flèches ; autour du saint sont rangés en bataille des soldats « qu'on serait tenté, dit *Henri Lepage*, de prendre pour des soldats romains : ce sont tout simplement les *Cadets-Dauphin* qui se sont fait peindre autour de leur patron. »

hommes de la garde-citoyenne de Toul, les officiers et bas-officiers compris, se rendit à Nancy le 19 avril, et à Metz le 4 mai 1790, pour représenter le corps à ces cérémonies.

A cette occasion, la municipalité de Toul fit don au bataillon de la garde-citoyenne d'un drapeau neuf, portant les trois couleurs adoptées récemment par la Nation, et destiné à remplacer les anciens drapeaux « qui, outre leur vétusté, portaient des couleurs rejetées « par l'opinion publique. »

Le même enthousiasme civique enflammait toute la France : les gardes-nationales des principales villes organisèrent entre elles des *fédérations*, et la municipalité de Paris conçut l'idée de proposer pour le 14 juillet 1790, premier anniversaire de la prise de la Bastille, une fédération générale.

L'Assemblée Nationale accueillit ce projet avec empressement; elle décida que les députés de toutes les gardes-nationales du royaume viendraient à Paris fraterniser avec celle de la capitale, et rendit à cet effet, le 8 juin, un décret dont voici l'article premier :

« Le Directoire de chaque district du royaume, et dans le cas où le Directoire ne serait point encore en activité, le corps municipal du chef-lieu du district, est commis par l'Assemblée Nationale, à l'effet de requérir les commandants des gardes-nationales d'assembler lesdites gardes chacun dans son ressort. Les dites gardes-nationales choisiront *six* hommes sur cent dans la totalité du district pour se réunir au jour fixé par le Directoire. Cette réunion élira dans la totalité des gardes-nationales *un* homme par 200, qu'elle chargera de se rendre à Paris pour la fédération générale de toutes les gardes-nationales du royaume qui aura lieu le 14 juillet. »

L'article 2 portait que les frais de voyage des délégués seraient supportés par chaque district.

En exécution de ce décret et à défaut de *Directoire de district* non encore constitué, (1) le Corps municipal de Toul prit, le 19 juin, un arrêté aux termes duquel les gardes-nationaux du district étaient convoqués pour le 27, afin de désigner ceux d'entre eux qui seraient délégués à Paris.

La réunion eut lieu dans la grande salle du couvent des Cordeliers ; elle comprenait 83 citoyens représentant les gardes-nationaux des cantons de : Allamps, Bicqueley, Blénod, Fontenoy, Foug, Jaillon, Lucey, Royaumeix et Toul, dont l'effectif total s'élevait à 2,741 hommes, ce qui donnait, conformément au décret, 13 délégués à élire.

Après la vérification des états des gardes-nationales et des procès-verbaux d'élections de leurs représentants, il fut procédé par ces derniers au choix de ceux d'entre eux qui se rendraient à Paris.

Les délégués élus furent les suivants :

Allamps. — Regnault dit Petitbien, lieutenant de la garde-nationale d'Uruffe.

Bicqueley. — Etienne Lacroix, de Sexey-aux-Forges.

Blénod. — Bidant, capitaine de la garde-nationale de Blénod.

_____

(1) Le *Directoire* du district de Toul, constitué le 28 juillet 1790, fut composé de MM. Olry, président ; Mary, vice-président ; Carez, Midon, Momblcd et Remy, administrateurs ; Germain. procureur-syndic, et Balland, secrétaire-greffier,

Fontenoy. — Petitjean, trésorier, et Bernardel, garde-général.

Foug. — Bertrand du Plateau, lieutenant de la garde-nationale de Foug.

Jaillon et *Royaumeix.* — J.-B. Wilbert, capitaine de la garde-nationale de Mandres.

Lucey. — François Royer, capitaine de la garde-nationale de Lagney, et Pierre Grégoire, capitaine de la garde-nationale de Lucey.

Toul. — Lefèvre, capitaine ; Richardin, sous-lieutenant ; Valentin, sous-aide-major, et Génot, fusilier de la garde-nationale de Toul.

Chacun d'eux reçut une allocation de 60 livres pour ses frais de voyage et de séjour.

Arrivés à Paris, ils furent logés chez les particuliers qui s'empressèrent, rapporte *Ferrières* dans ses *Mémoires,* « de leur fournir lits, draps, bois et tout ce qui « pouvait contribuer à rendre leur séjour agréable et « commode. »

Le 14 juillet 1790, les délégués toulois figurèrent, précédés d'une bannière au nom du district, dans le cortége qui se rendit au Champ-de-Mars et y prirent part à la grandiose cérémonie de la *Fête de la Fédération* (1).

---

(1) Une messe solennelle y fut dite sur l'*Autel de la Patrie* par M. de Talleyrand, évêque et député d'Autun. L'un des diacres, le premier servant de l'officiant, était l'abbé Louis, né à Toul le 13 novembre 1755, alors conseiller-clerc au Parlement de Paris.

Entré plus tard dans la vie politique, il devint le célèbre Baron Louis, ministre des finances sous la Restauration et le Gouvernement de Juillet. L'abbé Louis, dont une rue de notre ville porte aujourd'hui le nom, mourut à Bray-sur-Marne le 26 août 1837.

La date de cette fête, qui fut celle de la liberté et de l'égalité. celle de l'union des cœurs dans une fraternité touchante, est une des plus glorieuses de notre histoire.

Tous les Français, réunis dans les chefs-lieux des départements et des districts, célébrèrent la Fédération avec un élan indicible, et le lecteur verra plus loin avec quel éclat eut lieu à Toul cette grande fête nationale.

Nous devons revenir un instant en arrière pour relater les circonstances dans lesquelles la Ville allait perdre son siége épiscopal.

L'Evêché de Toul, dont la circonscription territoriale était l'une des plus étendues de toute la France, avait été démembré en 1776 pour la création des évêchés de St-Dié et de Nancy. La division du pays en départements menaçait son exitence elle-même.

L'Assemblée Nationale avait, en effet, dans les derniers jours de 1789, manifesté son intention de mettre, lorsqu'elle établirait la *Constitution civile du clergé*, les circonscriptions ecclésiastiques en conformité avec les nouvelles divisions administratives qu'elle venait de déterminer ; elle voulait réduire au nombre de 83 les 135 diocèses existant alors dans le royaume, ce qui entrainerait pour le département de la Meurthe, la suppression de l'un de ses deux évêchés.

La ville de Nancy s'était empressée de solliciter la conservation de son siége épiscopal et, dans ce but, avait envoyé, le 4 janvier 1790, des délégués à l'Assemblée ; de même le Comité municipal de Toul, aussitôt avisé de cette démarche par le député Maillot, avait décidé l'envoi à Paris de deux délégués et invité le Chapitre de la Cathédrale à désigner deux de ses membres pour s'unir aux représentants de la ville, afin d'agir conjointement avec eux près de l'Assemblée Nationale.

Les élus du Comité municipal furent : François de Neufchâteau, député-suppléant du bailliage de Toul, et Olry, subdélégué de l'intendant provincial. Ceux du Chapitre furent les chanoines Pagel et Barthélemy : il leur fut alloué à chacun une somme de cent livres pour aller à Paris et autant pour le retour, plus dix livres par jour de séjour dans la capitale (1).

Partis le 12 janvier, les délégués rentrèrent à Toul le 26 ; ils se rendirent immédiatement au sein du Comité municipal pour lui faire part de l'insuccès de leur mission. Ils n'avaient aucun espoir, malgré leurs sollicitations pressantes, que l'Assemblée Nationale conservât à la cité son siége épiscopal ; néanmoins, ils furent vivement félicités de leurs efforts, car ils avaient plaidé avec ardeur la cause de ce vieil évêché de Toul qui avait, avec ceux de Metz et de Verdun, traversé tant de siècles.

Des élections ayant eu lieu, comme nous avons vu, le 4 février, pour la nouvelle constitution des municipalités, le premier acte du corps municipal et du conseil général de la commune, issus de ces élections, fut de tenter une seconde démarche près de l'Assemblée Nationale. Ils lui adressèrent un mémoire, qui réfutait le rapport du *Comité ecclésiastique* de l'Assemblée, concluant en faveur de Nancy. Nous ne reproduisons pas

---

(1) Arch. municipales. — Série BB. reg. n° 60, fol. 88.

cette pièce, si intéressante qu'elle soit, parce qu'elle a déjà été livrée à la publicité (1).

Nos édiles y faisaient valoir à l'Assemblée que leur évêché devait être conservé par ces motifs :

I° *Au point de vue politique*, que la ville de Nancy réunissait une Cour de justice, une Université, une Académie, et quantité de fondations de Stanislas ; qu'elle fleurissait par plusieurs grands établissements de commerce et de fabrication ; qu'elle était habitée par une multitude de consommateurs opulents et par une foule d'étrangers qu'attirait la beauté du lieu ;

Que la ville de Toul, chef-lieu d'un des moindres districts du département, n'avait ni commerce, ni industrie, et que, dans cette inégalité frappante de situation entre ces deux villes, il était au moins naturel de favoriser la plus malheureuse, etc...

II° *Au point de vue de la justice*, que le siège épiscopal de Toul était un des plus anciens et des plus célèbres de la chrétienté et qu'il comptait plus de siècles que celui de Nancy ne comptait d'années ; que d'ailleurs, lors de la formation des districts du département, on avait considéré que celui de Toul trouverait dans la possession de son évêché, la compensation de la faible étendue de son territoire, etc...

III° *Au point de vue de l'esprit des décrets de l'Assemblée Nationale*, que ceux-ci tendaient à répartir les *établissements de la Constitution* entre les différentes villes de chaque département; que Toul possédait, outre sa Cathédrale, infiniment supérieure en magnifi-

(.) *Histoire de Toul* de Thiéry ; tome II, pages 284 et suivantes.

cence à celle de Nancy, un superbe palais épiscopal, un très-vaste séminaire, etc...

IV° *Au point de vue de l'intérêt de la ville de Toul*, que celle-ci serait ruinée par la suppression de son évêché; que déjà la suppression de ses couvents et monastères (1) avait rendu la cité malheureuse, que la mendicité s'y propageait, que les habitants quittaient la ville et que des enfants abandonnés encombraient l'hôpital, manquant de provisions et d'argent pour s'en procurer, etc.

La discussion du rapport du comité ecclésiastique eut lieu dans la séance du mardi 6 juillet.

Le rapporteur, M. Boislandry, député de Paris, fit connaître à l'Assemblée que Toul et Nancy se disputaient le siége de l'évêché de la Meurthe, et que le comité proposait de donner la préférence à Nancy, *à cause de sa population et de sa position centrale.*

Le député de Toul, Maillot, monta à la tribune pour développer les arguments du mémoire et réclama énergiquement le maintien de l'Evêché.

Celui de Nancy, M. Régnier, prit la parole après lui, mais, fort de l'avis du comité ecclésiastique, fut assez heureux pour l'emporter. L'Assemblée Nationale vota, maintenant celui de Nancy, la suppression de l'évêché de Toul (6 juillet 1790).

Ainsi disparut, après quatorze cents ans, ce siége épiscopal célèbre, sur lequel s'étaient succédés 91 évêques, le siége de St-Mansuy, de St-Gérard, de St-Evre, de St-Léon...

(1) Conséquence du décret du 13 février 1790 (voir *supra*).

Les Toulois ne perdirent pas sans douleur un évêché qui était leur gloire et dont la suppression lésait sensiblement leurs intérêts matériels ; mais, faisant taire leurs regrets, ils n'en fêtèrent pas avec moins d'enthousiasme le premier anniversaire de la prise de la Bastille.

Dès le 1er juillet, le conseil général de la commune avait déclaré qu'il entendait célébrer *l'acte de la Fédération générale* « avec l'appareil et la pompe qui conviennent à cette auguste cérémonie, de manière à élever l'âme des citoyens aux nobles sentiments qui en sont le principe. »

Il avait, dans ce but, arrêté un programme, dont les différentes parties étaient calquées sur les dispositions adoptées par la ville de Paris : des députations des gardes-nationales de tous les chefs-lieux de canton du district étaient conviées à participer à la fête, qui devait être célébrée dans la plaine de Dommartin-les-Toul.

Au milieu de cette plaine devait s'élever l'Autel de la Patrie, sur lequel l'évêque de Toul célébrerait une messe solennelle. Mais la pluie tomba avec persistance pendant plusieurs jours et détrempa le sol, ce qui rendit impossible l'emploi du terrain désigné. On dut donc modifier le programme au dernier moment et prévenir les autorités que la fête serait célébrée à la Cathédrale et le serment civique prêté par les troupes sur la place Dauphine.

Le compte-rendu officiel de cette Fête est trop intéressant pour être analysé ; voici le texte de ce docu-

11

ment (1), écrit en entier de la main de Jacob, avocat et officier municipal, dont le nom se retrouvera souvent sous notre plume :

« Le 14 juillet 1790, à 7 heures du matin, le corps municipal, assemblé en la maison commune et délibérant sur l'impossibilité que le temps apportait à l'emploi des préparatifs faits en la plaine de Dommartin pour la Fédération des troupes nationales et de ligne, et sur la nécessité de changer ces dispositions, a adressé à M. l'Evêque de Toul, à MM. les doyen et chanoines de l'église cathédrale de Toul, à M. Mongin, prédicateur, à M. le commandant de la Place et aux chefs des deux régiments en garnison en cette ville, de nouvelles instructions pour que le serment de la Fédération soit prononcé sur la place Dauphine et que les cérémonies religieuses, qui devaient le précéder et le suivre, soient exécutées dans l'église Cathédrale, aux mêmes heures et dans le même ordre qu'elles devaient l'être dans la plaine.

« De suite, les députés des gardes-nationales du district de Toul s'étant présentés successivement, il leur a été délivré des billets de logement chez les citoyens qui étaient venus s'inscrire volontairement pour les loger et héberger. Lesdits députés, rendus sur la place d'Armes (place du Marché actuelle), s'y sont réunis à la garde-nationale de Toul qui y était rangée en bataille. Les troupes nationales, qui étaient réunies au régiment de *Vigier-Suisse*, se sont rendues en l'église Cathédrale, suivies du corps municipal, escorté d'un détachement de cent hommes et précédé de la musique.

« Le Corps municipal placé dans le sanctuaire à droite, le chœur occupé par le clergé et les commandants militaires, la nef par la troupe, les collatéraux et les tribunes par le reste des citoyens, M. l'évêque de Toul a entonné l'hymne du *Veni Creator*, qui a été chanté par le chœur. De suite, M. l'évêque a célébré la messe, pendant laquelle des symphonies guerrières ont été exécutées sur l'orgue et par la musique des régiments. A l'issue de la messe, M. l'évêque de Toul et son clergé, le corps municipal et les commandants militaires se sont portés dans la nef, où le sieur Mongin a prononcé, sur la nécessité et les avantages de la Révolution, un discours qui a paru réunir les suffrages de l'auditoire.

(1) Arch. mun. — Registre D. n° 1. fol. 28.

« De suite, M. le maire a prononcé un discours analogue à la circonstance, et les troupes, suivies du corps municipal, se sont transportées de l'église sur la place Dauphine, au son des fanfares guerrières. Le corps municipal étant monté sur une estrade élevée au milieu de cette place, et sur laquelle était dressé un autel surmonté d'un obélisque orné d'emblèmes et d'inscriptions relatifs à la solennité, M. le maire a fait donner par un coup de canon, le signal de midi.

« Le serment civique a été prêté, successivement et dans les termes décrétés, par M. de Taffin, commandant de la Place, agréé unanimement pour commander la Fédération, MM. Bigeard, commandant de la garde-nationale de Toul ; de la Chaise, lieutenant-colonel, commandant le régiment de *Royal-Normandie*, cavalerie ; Parousiéni, major, commandant le régiment de *Vigier-Suisse*, et tous les officiers, bas-officiers, cavaliers et fusiliers de toutes lesdites troupes, tant nationales que de ligne, au son de toutes les cloches de la ville et des deux faubourgs et au bruit de toute l'artillerie de la place.

« De suite, les troupes ont défilé successivement devant l'autel, en levant la main en signe du serment, et sont reparties, suivies du corps municipal, dans l'ordre ci-dessus dit, en l'église Cathédrale où le *Te Deum* a été entonné par M. l'évêque de Toul et chanté par la musique de cette église.

« Les députés des gardes-nationales des campagnes et une partie de la garnison, distribués dans les maisons des citoyens domiciliés, y ont reçu généralement l'accueil qui devait, en une telle fête, réunir tous les cœurs au nom de la Patrie. De l'argent et des comestibles, distribués aux soldats de la garnison par MM. les officiers ; du pain, donné abondamment aux pauvres, des fonds de la commune et des libéralités des bons citoyens, ont mis chacun à portée de participer à la joie de cette fête.

« Les orchestres, destinés pour la plaine, ont été transportés dans la salle du bal et dans celle du spectacle, où les militaires de l'une et l'autre arme, tous les citoyens et citoyennes sans distinction, ont formé des danses pendant la soirée et la nuit, avec tous les témoignages de l'allégresse et de la plus franche cordialité. Une illumination générale de toutes les maisons, un feu d'artifice et des danses sur les places, ont contribué encore à égayer cette fête qui, depuis le 13 à midi jusques au 14 à 8 heures du soir, a été annoncée à différentes heures par le son des cloches et des salves d'artillerie.

« De tout quoi nous avons dressé le présent procès-verbal, en la maison commune de Toul, cejourd'hui 15 juillet 1790, à 8 heures du matin. »

« *Signé* : BICQUILLEY, maire ; JACOB, PIERROT et CONTAULT, officiers municipaux (1). »

A l'occasion et en souvenir de la Fête du 14 juillet 1790, la place Dauphine reçut le nom de *Place de la Fédération*, qu'elle conserva jusqu'en 1815 (2).

La messe de ce jour fut la dernière cérémonie religieuse célébrée par l'évêque, M. de Champorcin (3).

L'Assemblée Nationale, dans sa séance du 19 juin 1790, avait décrété que « la noblesse héréditaire était pour toujours abolie ». Les titres de noblesse ne devaient plus être pris par qui que ce fût, ni donnés à personne (article 1ᵉʳ du décret); nul ne devait plus porter, ni faire porter de livrées, ni avoir d'armoiries (art. 2) ; les titres de *Monseigneur, Excellence, Altesse, Eminence, Grandeur*, etc., ne pouvaient plus être donnés à aucun corps, ni à aucun individu (art. 3).

Les *Ci-devant*, comme on désignait alors les membres de la noblesse, conçurent une grande irritation ; ils étaient plus affectés de la suppression de leurs titres

---

(1) La dépense de la ville pour cette première fête nationale s'éleva à 1197 livres 18 sols, somme qui équivaut environ à 3200 francs, valeur actuelle.

(2) Après avoir, depuis cette date, porté successivement les noms de place Dauphine, d'Orléans, du Peuple et Dauphine, la place de la Fédération est aujourd'hui la *place de la République*.

(3) Etienne-François-Xavier des Michels de Champorcin, né à Digne en 1721, avait été sacré évêque de Sénez le 18 août 1771, et nommé à l'évêché de Toul en 1773, y avait été intronisé le 19 septembre 1774. Nous verrons plus loin qu'il émigra lorsque le roi eût donné sa sanction à la Constitution civile du clergé. Au retour de l'émigration en janvier 1802, il se retira à Gagny (Seine-et-Oise), où il mourut le 19 juillet 1807.

et blasons qu'ils ne l'avaient été au 4 août 1789 de la
perte de leurs privilèges.

Aussi, le plus grand nombre d'entre eux ne tinrent-
ils pas compte du décret du 19 juin ; ils firent entendre
à son propos les plus vives protestations. Au premier
rang de celles-ci se place celle du *Comte d'Alençon*,
député de la noblesse de Toul aux Etats-Généraux (1).

Se basant sur cette déclaration, insérée dans le
cahier que lui avaient remis les électeurs de son ordre,
que la noblesse de Toul et pays toulois « se réservait
« les prérogatives inhérentes à son ordre, comme tenant
« essentiellement à la constitution de la Monarchie,
« comme prix des services rendus et le gage de ceux
« que la noblesse se montrera toujours jalouse de rendre
« à la patrie », il fit imprimer et répandre dans le pays
un écrit, dans lequel il s'élevait contre le décret du 19
juin et ceux antérieurement rendus par l'Assemblée relativement à la nouvelle organisation de la Monarchie.

Dès que le Corps municipal de Toul connut cet écrit
et la propagande dont il était l'objet, il se réunit en tribunal de police et rendit la sentence suivante (2) :

DE PAR LE ROI

LES MAIRE ET OFFICIERS MUNICIPAUX DE TOUL

—

Sentence de police

Qui supprime un écrit intitulé : « Protestation du Comte d'Alençon,
député de la noblesse du bailliage de Toul aux Etats-Généraux,
contre le décret du 19 juin 1790. »

---

(1) Suppléant de M. de Chérières, comte de Rénel, il l'avait remplacé sur les
bancs de l'Assemblée Nationale lors de la démission de ce dernier, après les
évènements de juin 1789. Le comte d'Alençon était né à Bar-le-Duc le 24 février 1727.

(2) Extrait des registres de la municipalité, à la date du 28 juillet 1790.

Lecture faite, en l'Audience publique de ce jour, d'un imprimé ayant pour titre : « *Protestation du comte d'Alençon, député de la noblesse de Toul aux Etats-Généraux, contre le Décret du 19 juin* 1790. (De l'imprimerie de J. Girouard, rue de Grenelle-St-Honoré, vis-à-vis les Fermes, Paris), duquel deux exemplaires ont été déposés sur le bureau ;

M. le Procureur de la commune a dit :

« Messieurs,

« Une multitude de réflexions se présente sur l'écrit dont vous venez d'entendre la lecture, et dont les exemplaires se sont distribués avec profusion dans cette ville.

« Vous avez sans doute considéré que cet écrit vous dispense, vous interdit même d'avouer en son auteur, tel qu'il soit, un représentant de la Nation, un véritable député de l'auguste Assemblée Nationale de France : Puisque lui-même ne s'annonce aucunement sous ce beau titre, le seul que vous puissiez reconnaître : puisqu'il n'existe plus aujourd'hui ni *comte*, ni *noblesse*, ni *bailliage*, ni *Etats-Généraux* ; mais seulement des *citoyens*, des *districts* et une *Assemblée Nationale*.

« Vous avez observé encore que la Déclaration, rapportée en tête de cet avis et qui en est présentée comme le motif, ne peut être reproduite aujourd'hui que par une insurrection coupable contre les lois et la Constitution que vous avez juré de maintenir de tout votre pouvoir ;

« Qu'une telle reproduction ne peut avoir d'autre objet que de faire revivre des notions fausses et victorieusement réfutées, sur la nature et l'essence du gouvernement monarchique, les systèmes heureusement proscrits *d'ordres* et de *privilèges*, des préférences funestes qui divisaient les citoyens, qui rendaient héréditaires et indépendants de tout mérite personnel, les dignités et l'abjection, l'honneur et la honte, des préjugés destructeurs, des lois insensées qui rendaient la Patrie odieuse au plus grand nombre de ses enfants ;

« Que nous devons tenir cette Déclaration pour révoquée authentiquement par les citoyens qui l'avaient souscrite, et que nous les avons vus depuis, pour la plupart, prêter le serment civique, se déclarer les défenseurs de la Constitution et exercer les droits de citoyens actifs dans les assemblées ;

« Qu'outre les iniques prétentions du ci-devant ordre de la noblesse, l'auteur annonce encore une adhésion formelle à des maximes tendantes à soustraire à l'empire de la loi les dispositions de la discipline ecclésiastique, et à revêtir une puissance étrangère d'une partie de la souveraineté de la nation ;

« Que toute protestation particulière, et notamment d'un membre du corps législatif, contre les décrets émanés de la discussion et de la majorité des suffrages de cette auguste assemblée, ne peut être regardée que comme une rébellion à la fois dérisoire et coupable, surtout si un tel acte n'avait pour base réelle que l'opposition de l'orgueil privé contre l'évidence de la raison et du bien public, surtout lorsque celui qui prétend *s'acquitter envers ses commettants*, est désavoué d'avance par ces prétendus commettants ;

« Enfin, que, malgré l'invalidité manifeste de pareils actes, leur publication ne peut qu'entraîner des suites préjudiciables au bon ordre et à la tranquillité publique, en accoutumant les citoyens à opposer leurs opinions particulières aux décrets nationaux revêtus de la sanction royale, et leur donnant à penser qu'on peut s'élever impunément contre la loi.

« C'est d'après ces considérations, Messieurs, que je crois qu'il y a lieu de déclarer la protestation énoncée dans l'imprimé dont il s'agit, fausse dans ses principes, dangereuse dans ses effets et contraire au respect et à la soumission dûe aux lois ; de supprimer cet acte et d'en interdire la publication sous les peines de droit ;

« Ordonner que les exemplaires qui en sont ou pourront être saisis seront déposés au greffe, et enjoindre aux inspecteurs de police d'y veiller ;

« Ordonner en outre que la sentence à intervenir sera imprimée, lue, publiée et affichée aux lieux accoutumés, et que des exemplaires en nombre suffisant, avec des imprimés saisis, seront adressés à l'Assemblée nationale, pour être par elle statué ce qu'il appartiendra. »

—

« Sur lesquelles conclusions le Corps municipal, faisant droit, a déclaré et déclare faux dans ses principes, dangereux dans ses effets et contraire à la soumission dûe aux lois, l'acte énoncé dans l'imprimé qui a pour titre : *Protestation du comte d'Alençon, etc.*, commençant par ces mots : *Extrait du cayer de la noblesse : Déclare la no-*

blesse, etc, et finissant par ceux-ci : *Signé : le comte d'Alençon, député de la noblesse de Toul.*

« Supprime cet écrit et en défend la publication sous les peines
de droit ;

« Ordonne que les exemplaires, qui en sont ou pourront être saisis,
seront déposés au greffe, et enjoint aux inspecteurs de police d'y tenir
la main ;

« Ordonne en outre que la présente sentence sera imprimée, lue et
publiée, et que *vingt* exemplaires, avec un des imprimés saisis, seront
adressés à l'Assemblée Nationale, pour être par elle statué ce qu'il
appartiendra.

« Fait en la grande salle de la maison commune de Toul, audience
de police tenante, les an, mois et jour avant dits. »

> « *Signé* : BICQUILLEY, maire ; BOUARD, CAREZ, PIERROT,
> CONTAULT, JACOB, VINCENT l'aîné et BOURCIER,
> officiers municipaux, et GÉRARD, Procureur de
> la commune.

> « Par mesdits sieurs : GÉRARD, secrétaire-greffier. »

Cette sentence fournit à l'Assemblée Nationale l'occasion de s'occuper de toutes les publications semblables qui avaient eu lieu en divers points du royaume ;
voulant respecter la liberté des opinions, elle ne crut
pas devoir en prononcer la répression, mais pour l'a-
venir, édicta les dispositions suivantes le 2 août 1790 :

« L'Assemblée Nationale décrète qu'il ne pourra être
intenté aucune action, ni dirigé aucune poursuite pour
les écrits qui ont été publiés jusqu'à ce jour sur les
affaires publiques. Et cependant l'Assemblée Nationale,
justement indignée de la licence des écrivains dans ces
derniers temps, charge ses comités de constitution et de
jurisprudence criminelle réunis de lui proposer sous
huitaine un décret en ce sens. »

Le comte d'Alençon ne fut donc nullement inquiété et continua à siéger sur les bancs de l'Assemblée (1).

Avant de parler de la sanglante journée du 31 août 1790, connue dans l'histoire sous le nom d'*Affaire de Nancy*, et à laquelle prit part la garde-nationale de Toul, nous croyons nécessaire d'en rappeler succinctement les causes principales.

Depuis 1789, les officiers de la garnison de Nancy traitaient leurs inférieurs avec une rigueur excessive, parce que ceux-ci avaient adopté les principes de la Révolution. Aussi une sourde fermentation régnait-elle parmi les troupes.

Les soldats avaient contre leurs chefs un autre grief, bien ou mal fondé ; ils leur reprochaient de ne rendre depuis longtemps aucun compte des caisses des régiments et les accusaient d'indélicatesse. N'ayant rien reçu au mois de mai de l'augmentation de solde votée pour eux par l'Assemblée Nationale en février 1790, ils attribuèrent donc la responsabilité de ce retard à leurs officiers, et l'agitation grandit.

La garnison se composait alors des régiments français *du Roi* (infanterie) et *de Mestre-de-Camp* (cavalerie) et du régiment suisse *de Châteauvieux*.

Les soldats du régiment du Roi demandèrent leurs comptes aux officiers et se firent payer. Ceux du régiment de Châteauvieux envoyèrent dans le même but

---

(1) Il devait mourir sur l'échafaud le 25 germinal an II (14 avril 1794), condamné par le tribunal révolutionnaire sous l'inculpation d'avoir entretenu des intelligences avec les Prussiens et les émigrés en septembre 1792. Son portrait, dessiné par Labadye et gravé par Combe (collection Déjabin), figure au musée de Toul (salle Pimodan).

deux délégués à leurs officiers qui, pour toute réponse, les firent fouetter honteusement en pleine parade. L'émotion fut violente dans la garnison : les Français sentirent tous les coups portés aux Suisses de Château-vieux, de ce régiment qui, occupant le Champ-de-Mars de Paris, le 14 juillet 1789, lorsque les Parisiens se rendaient aux Invalides pour y prendre des armes, avait déclaré qu'il ne tirerait jamais sur le peuple. Les soldats des régiments français allèrent chercher les deux suisses battus le matin, les revêtirent de leur uniforme et les promenèrent dans toute la ville ; puis ils forcèrent les officiers suisses à compter à chacun des deux une indemnité de cent louis et à rapporter au quartier les caisses des régiments qu'ils avaient placées chez le trésorier.

L'Assemblée Nationale, saisie du conflit existant relativement à la solde entre les chefs et leurs soldats, décréta le 6 août que le Roi nommerait des inspecteurs, pris parmi les officiers, pour vérifier tous les comptes des six dernières années. M. de Malseigne, officier de la garnison de Besançon, arriva à Nancy le 20 août, pour procéder à cette opération. Au lieu de vérifier les comptes des soldats, il se répandit contre eux en injures et refusa d'écouter leurs réclamations ; ceux-ci alors l'empêchant de sortir du quartier, M. de Malseigne se fraya un passage l'épée à la main et blessa plusieurs hommes ; il alla demander asile à Lunéville au régiment des Carabiniers qui, le ramenant aussitôt à Nancy, le livrèrent à leurs camarades par lesquels il fut retenu prisonnier.

M. de Bouillé, général en chef de l'armée de Meuse,
Sarre et Moselle, considéra ces actes comme une violation du décret de l'Assemblée et il réunit 3,000 hommes
d'infanterie et 1,400 cavaliers pour réprimer la rebellion.

M. de Lafayette, de son côté, envoya des réquisitions
aux gardes-nationales de la région : le 26 août, il faisait
écrire cette lettre à la municipalité de Toul :

« Etant nécessaire de déployer des forces qui puissent faciliter
l'exécution du décret de l'Assemblée Nationale, messieurs les gardes-
nationaux de France ont déjà fait beaucoup pour le rétablissement de
l'ordre : un nouvel effort est encore nécessaire. M. de Lafayette m'a
chargé de prier ses frères d'armes de venir se joindre à ceux de
Nancy. Il l'attend de leur patriotisme et de l'amitié qu'ils veulent
bien lui porter. J'ai l'honneur d'inviter le plus grand nombre de
volontaires possible à partir sur-le-champ pour se rendre à Nancy.
Je suis avec respect, etc...

« *Signé* : Demottes, aide-de-camp de M. de Lafayette. »

Le 27 août, à 3 heures du matin, sur les réquisitions
du corps municipal déférant à ces ordres, le commandant de place de Toul délivra à la garde-nationale, « qui
« s'assemblait et se disposait à partir à l'instant, » des
fusils avec de la poudre et des munitions, ainsi que
deux pièces de campagne. Cette garde, forte de 500
hommes et commandée par Louis Gouvion, son lieutenant colonel, partait quelques heures après pour Nancy,
où les hommes furent à leur arrivée logés militairement
chez les habitants.

Mais l'agitation des esprits étant extrême dans cette
ville, et les citoyens essayant d'entraîner les gardes-
nationaux dans le parti de la garnison, Gouvion jugea
à propos, le 30 août, de ramener à Toul la troupe qu'il

commandait ; la municipalité de cette ville lui avait d'ailleurs envoyé l'ordre d'agir ainsi pour la garder elle-même, dans le cas où M. de Bouillé, s'il était forcé à la retraite, laisserait les Toulois exposés à la vengeance des rebelles.

Ce général avait quitté Metz le 28 et, arrivé à Toul le 29 août, il avait fait partir, en effet, les deux régiments *de Vigier* (1) et *de Royal-Normandie* (cavalerie) qui en formaient la garnison, pour rejoindre son armée à Frouard ; le 30, il avait chargé un notable habitant de Toul, M. Poirot de Sellier, d'aller porter à Nancy la proclamation suivante :

« *Toul le 30 août. — La Nation, la Loi et le Roi !*

« En vertu d'un décret de l'Assemblée Nationale du 16 août, qui ordonne d'employer tous les moyens de la force armée, nous ordonnons aux troupes de marcher, à l'heure qui sera indiquée, pour contraindre par la force les soldats rebelles aux lois et invitons les gardes-nationaux de Nancy, les bons citoyens et les soldats fidèles à se réunir à nous. »

« *Signé* : Bouillé. »

Le général quitta Toul le 31, de très bonne heure, afin d'aller se mettre à la tête de ses troupes sur la route de Pont-à-Mousson ; il était accompagné de Gouvion et de nombreux gardes-nationaux de Toul, qui avaient suivi leur colonel en volontaires.

---

(1) Le régiment suisse de *Vigier*, créé en 1673 et dont les recrues provenaient du canton de Soleure, était en garnison à Toul depuis le mois de mai 1788. Au mois de juillet 1789, il avait été appelé aux environs de Paris. Il était venu jusqu'à Brie-Comte-Robert, avait reçu contre-ordre et était retourné à Toul, d'où il avait détaché 400 hommes à Troyes, au mois de septembre, à la suite de l'affaire des grains et de l'approvisionnement de Paris. En mars 1791, Vigier devenu le 69e d'infanterie, fut envoyé de Toul à Phalsbourg, puis à l'armée du Rhin l'année suivante.

Les troupes arrivèrent devant Nancy dans la matinée; après des pourparlers entre M. de Bouillé et la garnison de cette ville, les deux régiments français du Roi et de Mestre-de-Camp en sortirent à onze heures, après avoir fait leur soumission et mis en liberté leur otage, M. de Malseigne.

Restait le régiment suisse de Châteauvieux; les gardes-nationaux et les habitants ne voulurent pas l'abandonner ; tous ensemble, ils occupèrent la Porte-Neuve, la seule de la ville qui fût fortifiée : après un échange d'injures entre les assaillants et les révoltés, ceux-ci commencèrent le feu, malgré l'héroïsme d'un jeune officier du régiment du Roi, Désilles.

Voulant à tout prix empêcher de donner le **signal** d'une lutte fratricide, ce brave se coucha sur un canon, dont on ne put l'arracher que criblé de blessures, percé de coups de baïonnette.

Ce fut le signal d'un combat qui coûta la vie à beaucoup de citoyens, militaires et gardes-nationaux, au nombre desquels furent M. de Vigneulles, commandant la garde-nationale de Metz, et Gouvion, commandant celle de Toul. Voici en quels termes M. Duquesnoy, avocat, qui devint maire de Nancy en 1792, donnait avis de ce grave évènement par sa lettre du 1er septembre au *Moniteur universel* (1) :

« ..... L'armée avançait à petit pas vers la ville,
« quand on ouvre la Porte-Neuve sans aucune appa-
« rence d'hostilité du dehors ; un grenadier du régiment
« du Roi, furieux, met le feu à une pièce de canon qui

(1) Lettre publiée le 6 septembre, dans le n° 249 de ce journal.

« était en face de l'entrée. Cette pièce était chargée à
« mitraille : 50 ou 60 hommes ont été tués ou blessés.
« Mon bon ami Gouvion a été du nombre : cette mort
« me déchire le cœur !..... »

Quelques iustants après, M. de Bouillé s'était rendu
maître de la porte et rétablissait l'ordre dans la ville.
La répression fut sévère : 22 suisses du régiment de
Châteauvieux furent pendus et 41 conduits aux galères,
un fut roué vif (4 septembre). Quand au régiment français de Mestre-du-Camp, il fut envoyé à Toul en vertu
de l'ordre suivant :

« Il est ordonné au régiment de Mestre-de-Camp (cavalerie) de se
rendre à Toul. Ce régiment n'y arrivera qu'à 8 heures du matin, pour
ne pas inquiéter par son arrivée de nuit les citoyens.

« Nancy, le 1er septembre 1790.

« *Signé* : BOUILLÉ. »

Le régiment fut reçu à la Porte-Moselle, le 2 dans la
matinée, par MM. Pierrot et Jacob, officiers municipaux, Olry, président, et Germain, procureur-syndic
du Directoire du district, qui conduisirent les soldats
dans les deux faubourgs où ils furent logés chez l'habitant. Ceux d'entre eux qui avaient participé à l'émeute
furent aussitôt mis en prison, où ils restèrent jusqu'au
22 janvier 1791.

M. de Bouillé s'attira des haines profondes pour avoir
réprimé la sédition avec une rigueur trop implacable
peut-être, mais il avait défendu l'ordre, et l'Assemblée
Nationale approuva sa conduite, vota des récompenses
aux gardes-nationaux qui l'avaient suivi, des honneurs
funèbres aux morts et des pensions à leurs familles.

La ville de Nancy fit, le jeudi 2 septembre, de magnifiques funérailles à MM. de Vigneulle, commandant la garde-nationale de Metz, et Gouvion, commandant celle de Toul, tués tous deux le 31 août. « Les administrateurs du Directoire du département, — nous dit Léonard, page 160 de sa *Relation*, — ceux du district, les officiers municipaux en habits de cérémonie et en crèpes, les généraux, tous les officiers de la garnison et une grande quantité de citoyens en habit noir, se rendirent à l'hôpital St-Fiacre, hors de la ville, où étaient déposés les corps des deux commandants des troupes nationales; on les enterra avec tous les honneurs funèbres et leurs tombeaux furent arrosés des larmes de tous les honnêtes citoyens. »

Le mardi, 7 septembre, un service funèbre fut célébré à Pont-à-Mousson, dans l'église de Ste-Croix « pour le repos des âmes des gardes-nationaux et citoyens morts à Nancy, à la malheureuse journée du 31 août. » Le conseil général de la commune de Toul, invité par la municipalité de Pont-à-Mousson, délégua pour le représenter à cette cérémonie MM. Bicquilley, maire ; Bouard et Contault, officiers municipaux ; Bernard-Royer, Saulnier et Richardin, notables. La garde-nationale de Toul, de son côté, envoya une députation à Pont-à-Mousson.

Un service semblable fut célébré à Toul, le lundi 13, dans la Cathédrale. Le 8, le conseil général avait chargé MM. Jacob et Pierrot de se rendre à Pont-à-Mousson, afin de prier la municipalité et la garde-nationale de cette ville d'assister à cette fête funèbre ; il avait voté un crédit de cent écus pour les recevoir et leur offrir un banquet, auquel furent conviés les administrateurs du district et des députés de la garde-nationale de Toul.

Voici en quels termes M. Bicquilley écrivait à la veuve de Gouvion et à ses concitoyens pour leur exprimer les regrets unanimes que sa perte avait causés à la population :

« Entre les citoyens de notre ville qui ont partagé les « risques de la funeste journée du 31 août dernier, nous « n'en avons perdu qu'un seul, mais un des plus éclai- « rés, des plus vertueux patriotes dont cette ville puisse « s'honorer ; son nom seul est un éloge. C'est M. Louis « Gouvion, frère-cadet du major-général de la garde- « nationale parisienne, lieutenant-colonel de celle de « Toul, capitaine au corps du génie, commissaire du « Roi pour la formation des assemblées administra- « tives du département de la Meurthe, élu membre de « l'assemblée du département de la Meurthe, mort les « armes à la main pour la défense des Lois et de la Li- « berté dans la 42ᵉ année de son âge (1) ; il laisse une « famille, des amis et tous les bons citoyens inconsola- « bles de sa perte. »

Quelque temps après (17 décembre) et quoiqu'il ne fût pas l'un de ses enfants, la ville de Toul fit aussi célébrer un service en l'honneur de Désilles, le jeune officier dont nous avons raconté plus haut la belle con- duite ; une délégation du Directoire du département,

(1) Louis Gouvion était né à Toul (paroisse Saint-Amand), le 17 juillet 1749. Sa fille épousa M. de Pinteville, de Vaucouleurs (Meuse), qui devint général et baron de l'Empire,

composé de MM. Collenel, président ; Fisson-Dumontet, vice-président, et Husson de Prailly, administrateur, vint de Nancy assister à cette cérémonie (1).

Nous sommes heureux de rendre ici hommage à la mémoire du Toulois qui a partagé la mort de Désilles.

Si le nom de Gouvion a été porté par plusieurs citoyens éminents, il était juste de rappeler les titres de l'un de ceux qui l'ont particulièrement honoré.

En vertu des lois antérieures, la justice avait été rendue à Toul jusqu'en 1789 par un tribunal dénommé *Bailliage et Siège Présidial.*

Faisant disparaître le Tribunal des Dix Justiciers, un édit de Louis XIII du 4 janvier 1641 avait détruit, par l'établissement d'un *Bailliage,* l'ancienne forme de la Justice dans notre ville, et un édit de Louis XIV était venu en 1685 y adjoindre un *Présidial.*

Les *Présidiaux* correspondaient à peu près à nos tribunaux de première instance actuels ; au début, lors de leur institution sous Henri II en 1552, ils jugeaient en dernier ressort dans les procès où le capital en litige ne dépassait pas 250 livres ; depuis 1777, ils prononçaient en dernier ressort jusqu'à la somme de 1200 livres ; au-dessus de cette somme, il pouvait y avoir appel de leurs sentences devant un Parlement (Le présidial de Toul ressortissait au Parlement de Metz).

_____

(1) La *Notice des honneurs rendus le 17 décembre à M. Désilles par la garnison de Toul,* brochure de 4 pages imprimée à cette époque, contient le récit du service qui fut célébré à la Cathédrale, et l'éloge funèbre prononcé à cette occasion par M. Beurez, chanoine régulier et prieur de la maison de Saint-Léon de Toul.

Ils jugeaient également au criminel les brigandages sur les grandes routes, les vols avec effraction, crimes de fausse-monnaie, etc.

Les anciens bailliages qui, depuis 1777, ne faisaient plus qu'un avec les Présidiaux, étaient chargés de juger les procès civils de la noblesse et du clergé ainsi que les questions féodales.

Le *Siège Présidial de Toul*, composé de neuf magistrats, se recrutait dans un nombre restreint de familles qui, grâce à la vénalité des charges, perpétuaient leur autorité en même temps que tous les abus de l'époque : celui qui forçait le plaideur à payer de ses deniers les émoluments des juges n'était pas un des moindres.

En 1789, dès les premiers pas de la Révolution, l'Assemblée Nationale avait compris que ce qu'il importait de donner au pays, c'était une justice indépendante, expéditive et peu coûteuse ; elle supprima donc les Parlements, Bailliages Présidiaux et Justices seigneuriales, et, dans sa *Déclaration des Droits de l'homme*, abolit l'hérédité et la vénalité des offices de judicature, déclara l'égalité de tous les citoyens devant la loi, et proclama la séparation des pouvoirs exécutif et judiciaire, comme la condition indispensable d'un gouvernement libre.

La loi sur la nouvelle organisation judiciaire fut l'objet d'une intéressante discussion qui occupa de longues et nombreuses séances ; elle ne fut décrétée que le 16 août 1790.

Aux termes de cette loi, la magistrature nouvelle devait procéder de l'élection des justiciables, et recevoir sa puissance de la seule souveraineté populaire. La justice était rendue gratuitement, au nom du roi, et les juges étaient salariés par l'Etat. Ceux-ci étaient tous élus, à l'exception de l'officier du ministère public, qui était nommé à vie par le roi. La seule condition à remplir, pour être élu, c'était d'être âgé de 30 ans et d'avoir été précédemment juge ou homme de loi pendant cinq ans.

L'organisation judiciaire était modelée sur l'organisation administrative : il y avait un *tribunal de paix* ou *de conciliation* (justice de paix) par canton et un *tribunal civil* par district. La loi du 16 août 1790 n'instituait pas de cour d'appel, mais elle proclamait la nécessité de deux degrés de juridiction : les juges de district étaient juges d'appel, les uns à l'égard des autres, et les parties pouvaient porter appel devant un tribunal voisin, suivant des règles déterminées par la loi.

Le Tribunal de paix se composait du juge de paix et de quatre prud'hommes-assesseurs, élus pour deux ans et rééligibles. Le tribunal civil se composait de *cinq* juges et de *quatre* suppléants, élus pour six ans. Celui des juges, qui avait été élu le premier, devait remplir les fonctions de Président. Le greffier était nommé à vie par les membres du tribunal. Ces diverses élections avaient lieu au scrutin secret et individuel, et à la majorité absolue ; tous les électeurs du district pouvaient y prendre part.

En vertu de ces dispositions de la loi, les électeurs furent convoqués par le procureur-syndic du Directoire du district, dans le courant de septembre 1790, à l'effet de procéder à l'élection des membres du Tribunal civil de Toul, qui eut lieu le 5 octobre.

Voici les noms des citoyens qui furent choisis dans l'ordre de leur élection :

MM. Olry (Paul), président ; Pillement (Nicolas); Balland (Dominique-François), Naquard (Jean) et Cordier (Victor), juges ; Baptiste (Antoine) ; Barotte, Febvotte et Pagel, juges-suppléants.

Mais M. Olry ayant été nommé commissaire du Roi et chargé de remplir les fonctions du ministère public près le Tribunal, M. Pillement devint président et M. Baptiste, juge titulaire. M. Chodron (Claude) fut peu après choisi comme greffier par le Tribunal.

L'élection du juge de paix du canton de Toul eut lieu les 21, 22 et 23 novembre 1790 ; elle donna lieu à trois tours de scrutin. M. Del fut élu par 312 voix contre 278 données à M. Jacob, avocat. Les quatre prudhommes-assesseurs, élus également le 23, furent MM. Pierrot, Germain fils, Richardin et Maire.

En conformité du titre 7 de la loi du 16 août, ces magistrats furent solennellement installés le 2 décembre par le Conseil général de la commune, dans l'auditoire de l'ancien Bailliage et Siège présidial, situé rue des Lombards, et où est installée aujourd'hui la maison d'arrêt.

Arrivés en la salle d'audience, les maire, officiers municipaux et notables occupèrent le siège, le procureur-syndic de la commune introduisit les juges dans l'intérieur du parquet, puis le maire, M. Bicquilley, leur adressa la parole en ces termes :

« Messieurs,

« La réforme des lois et des tribunaux judiciaires devait être un des objets principaux de la Révolution, qu'ont opérée dans la France les maux du Peuple, les lumières du siècle et les fautes du gouvernement. Déjà l'édifice de notre législation commence à s'élever sur des fondements inébranlables : les pouvoirs sont définis et divisés, des tribunaux populaires sont établis sur les ruines de ces Cours ambitieuses, qui tendaient à les envahir tous ; les droits du Peuple et ceux du Trône sont reconnus. Nous n'éprouverons plus ces crises orageuses, ces chocs scandaleux, qu'ont renouvelés si souvent parmi nous l'ignorance des principes et la confusion des autorités.

« Appelés à composer le nouveau tribunal judiciaire de ce district, vous devenez les défenseurs naturels de la Constitution qui lui sert de base ; vous donnerez donc à vos concitoyens l'exemple d'un attachement filial à la Nation, notre mère commune ; vous leur enseignerez la soumission et le respect que lui doivent tous ses enfants.

« Organes de la Loi, vous en devenez les esclaves. Ce n'est qu'à ce prix seul que nous porterons à vos jugements l'obéissance et le respect qui leur sont dûs ; vous vous renfermerez dans les limites de l'autorité qui vous est donnée, autorité tutélaire qu'une extension illégitime ferait bientôt dégénérer en tyrannie ; vous observerez fidèlement les formes décrétées, soit pour diriger le cours des procédures, soit pour manifester la justice du jugement par l'accord de toutes ses parties avec les dispositions de la loi. Ni l'habitude, ni le préjugé ne vous détourneront des nouvelles études auxquelles vous obligent de nouveaux Droits. En attendant le Code, qui doit approprier notre Législation civile à notre nouveau Droit politique, vous discernerez dans les institutions anciennes ce qui peut convenir à un peuple libre, et votre jurisprudence sera subordonnée aux principes de notre sainte Constitution ; vous éloignerez du trône de Thémis toute considération étrangère à ce qui est juste, à ce qui est vrai ; vous en éloignerez non seulement tout intérêt personnel, mais jusqu'aux égards, aux affections de faveur que l'usage, le rang, l'amitié, la vertu même ne pourraient justifier, s'ils vous écartaient un seul instant de l'exacte impartialité qui doit être votre caractère distinctif.

« Enfin, les ministres des Lois donneront l'exemple de l'obéissance et de la fidélité au Monarque chargé de leur exécution ; ils feront estimer en eux le caractère le plus constant, le plus honorable du Français : l'amour de ses Rois !

» Tels sont, Messieurs, les traits auxquels vos concitoyens ont cru vous reconnaître ; tels sont les garants sur la foi desquels ils n'ont pas

craint de vous rendre les arbitres de leurs intérêts les plus chers, de
leur fortune, de leur honneur, de leur liberté, de leur vie....... S'ils
avaient pu se tromper !.... Ah ! si quelqu'un de vous sentait encore
son âme accessible aux séductions de l'erreur ou du vice, qu'il s'éloigne,
qu'il fuie, qu'il craigne de déshonorer ce sanctuaire, où le Sage
même ne peut s'asseoir qu'en tremblant ! Mais, loin de nous ces injustes craintes ; non, les juges que nous nous sommes donnés ne
consentiront jamais à se montrer indignes de notre confiance, et
nous pourrons nous honorer nous-mêmes dans les objets de notre choix.

« Vous, que votre expérience et vos lumières ont élevé à la Présidence de ce Tribunal (M. *Pillement*), vous saurez y maintenir l'exactitude, les bons principes, l'émulation du travail, la décence et l'honnêteté des mœurs, et cette heureuse harmonie, qui distingue les
hommes faits pour s'estimer et se chérir, et sans laquelle un corps ne
doit espérer ni force, ni considération.

« Le citoyen que le suffrage des électeurs avait porté d'abord à
cette Présidence, mais que la nomination du Prince, d'après le vœu
de la Commune, a rendu aux fonctions du ministère public (M. *Olry*),
continuera à s'honorer de cette intéressante carrière. Nous verrons la
Liberté s'affermir dans nos murs, sous l'empire des Lois, dont il sera le
défenseur et le vengeur.

« Plusieurs d'entre vous, Messieurs, exercés déjà aux fonctions que
vous allez remplir, ne feront que suivre la carrière où l'éducation, la
fortune, les circonstances les ont engagés depuis longtemps ; mais,
quelle distance de ce que vous étiez à ce que vous allez être ! Ces
fonctions augustes, on frémit de le dire, le pouvoir de juger des hommes, était *acheté* et *vendu* ! Vous l'aviez reçu, non d'un choix éclairé,
mais d'un simple acte de la puissance du Prince , vous l'aviez reçu
sans le concours des justiciables, qui seuls pouvaient le légitimer ! Une
autorité plus sainte, plus glorieuse, vous est aujourd'hui conférée :
vous la tenez du Peuple, en qui réside essentiellement la souveraineté ; vous la tenez du Peuple, le principe et la fin de tous les
pouvoirs, de toutes les autorités ; vous la tenez du Peuple, dont
l'intérêt constitue le bien, dont la volonté constitue la Loi, dont les
droits éternels et sacrés triomphent enfin des abus de l'ignorance,
des mensonges, du faux-savoir, des crimes de l'ambition et des longs
outrages de la tyrannie ; vous la tenez du Peuple, qui juge les justices, dont le choix fixé sur vous fait toute votre grandeur, dont l'opinion fera votre gloire ou votre honte !

« C'est à ce Peuple, dans la personne de ses représentants, c'est en présence du souverain arbitre des Peuples, que vous allez prêter le serment qui doit vous lier aux fonctions du redoutable ministère qu'il vous confie. Grand Dieu ! reçois ce serment ! Comble de tes dons les plus chers l'homme vertueux qui saura le remplir, mais efface à jamais de la mémoire des hommes l'impie qui l'osera profaner ! »

Après ce magnifique discours, et lecture faite par le greffier de la municipalité du titre VII de la loi du 16 août 1790, relatif à l'installation des juges, MM. Pillement, président ; Balland, Naquard, Cordier et Baptiste, juges ; Barotte, Febvotte et Pagel, juges-suppléants ; M. Del, juge de paix, et ses assesseurs, prêtèrent le serment « de maintenir de tout leur pouvoir la Consti-« tution du Royaume, décrétée par l'Assemblée natio-« nale et acceptée par le Roi ; d'être fidèles à la Nation, « à la Loi et au Roi, et de remplir avec exactitude et « impartialité les fonctions de leurs offices. »

Ce serment prêté, les membres du conseil général de la commune descendirent dans le parquet, installèrent les juges sur le siège et, au nom du peuple, prononcèrent l'engagement « de porter au tribunal et à ses « jugements le respect et l'obéissance que tout citoyen « doit à la loi et à ses organes. »

Le tribunal était installé. Il reçut aussitôt le serment de M. Olry, commissaire du Roi, qui fut admis à l'exercice de ses fonctions.

Voulant témoigner au Maire le plaisir qu'il avait eu à entendre ses patriotiques paroles, le conseil général décida que le discours de M. Bicquilley serait transcrit sur le registre de ses délibérations et que, pour être porté à la connaissance des populations du district, il serait imprimé et distribué, aux frais de la commune, au nombre de cinq cents exemplaires.

La nouvelle organisation administrative et communale, ainsi que la nouvelle organisation judiciaire, étaient fondées sur le principe électif; c'est d'après le même principe que fut établi le service de la religion.

Après avoir proclamé la liberté de conscience et le liberté des cultes, l'Assemblée Nationale avait, comme nous l'avons vu, supprimé les ordres religieux, aboli les vœux monastiques et déclaré les biens ecclésiastiques *biens nationaux;* par un décret du 12 juillet, réduisant à 83 (un par departement) les 135 diocèses du royaume et supprimant les Chapitres métropolitains, elle avait décidé que les évèques et les curés seraient nommés par les électeurs.

Ce décret, qui édictait la *Constitution civile du Clergé,* était conforme aux vœux de la majorité des prêtres; il répondait notamment au *cahier de doléances* du clergé du bailliage de Toul, réclamant la restitution du droit d'élection (art. 6 du cahier).

S'il rendait les évèques indépendants du Pape, en lui enlevant l'investiture canonique pour la conférer aux évèques métropolitains, le décret du 12 juillet ne faisait que rétablir l'état de choses qui avait régné depuis le concile de Bâle jusqu'à François Ier; il substituait l'élection des évèques à leur *nomination par le Roi* et *non par le Pape,* car si les évèques se disaient tels par la grâce du St-Siège, il n'était pas loisible au pape, avant 1790, de refuser sa sanction au choix du monarque ; c'était donc, surtout, le droit du Roi qu'avait atteint l'Assemblée Nationale.

Le 26 décembre 1790, Louis XVI ne sanctionna pas moins la Constitution civile du clergé, à laquelle le pape Pie VI refusa d'adhérer.

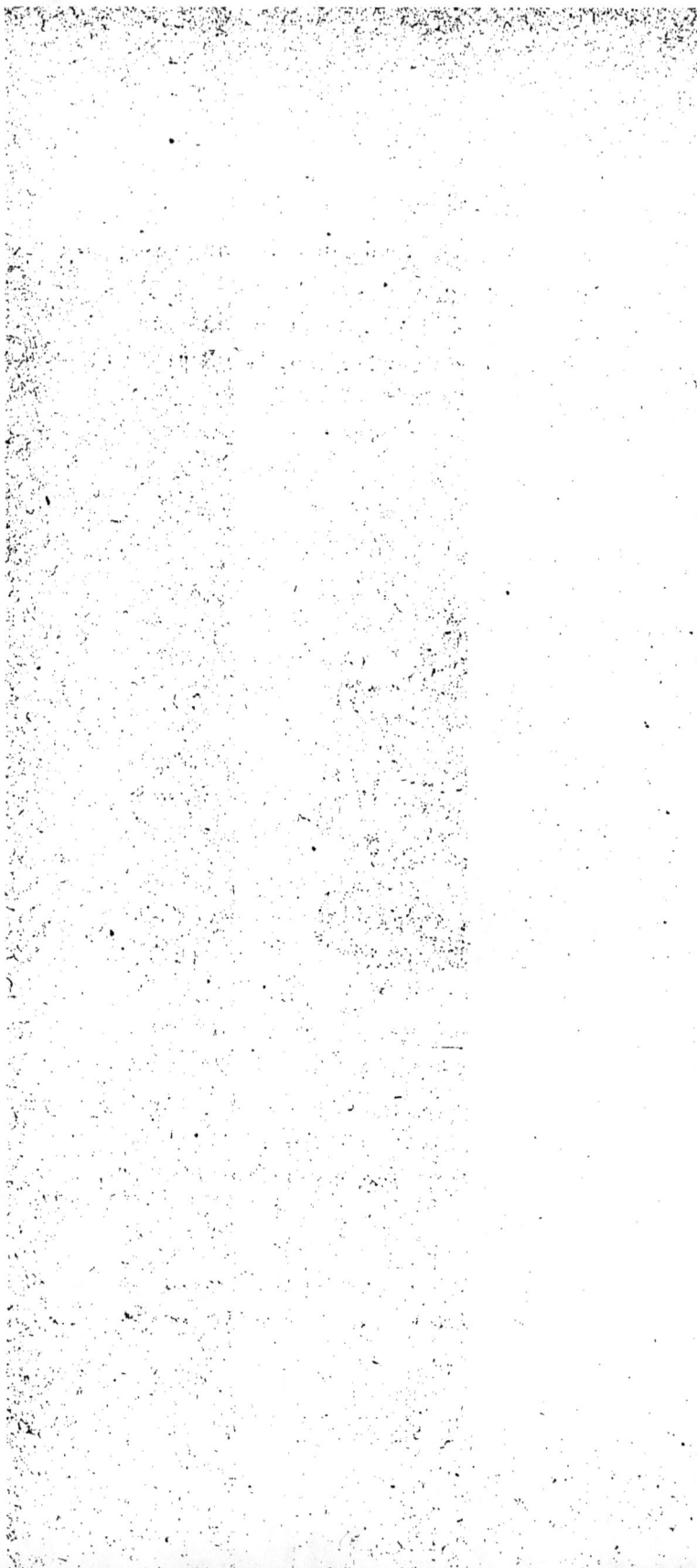

1791

—◦◦◦—

SOMMAIRE

—

jeune Marc est arrêté à Toul, et de Malvoisin à Joinville (Haute-Marne). — L'acte d'accusation. — Les accusés attendent en vain dans les prisons d'Orléans leur comparution devant la Haute-Cour. — L'Assemblée donne l'ordre de les transférer à Saumur ; mais ils sont dirigés sur Paris et massacrés à Versailles.

n présence du refus du Pape et des résistances déjà manifestées par des membres de l'Eglise française, surtout de hauts dignitaires, l'Assemblée Nationale n'avait qu'un parti à prendre : c'était de faire de la *Constitution civile du clergé* une application immédiate.

Elle le prit résolument et, le 4 janvier 1791, décréta spécialement : « que tous les ecclésiastiques jureraient « d'être fidèles à la Nation, à la Loi et au Roi, et de « maintenir de tout leur pouvoir la Constitution décrétée « par l'Assemblée et acceptée par le Roi. »

Que firent nos prêtres ?

Les curés élus des six paroisses de Toul prêtèrent tous le serment entre les mains du délégué du corps municipal, le 30 janvier, à l'issue de la messe : à Saint-Etienne, l'abbé Robert ; à St-Gengoult, l'abbé Roussel ; à St-Jean-du-Cloître, l'abbé Saulnier, officier municipal ; à Saint-Amand, l'abbé Guillaume, professeur au collège St-Claude ; à St-Agnian, l'abbé Aubry, notable, et à St-Pierre, du faubourg St-Mansuy, l'abbé Henriot, ci-devant chanoine régulier.

1791

SOMMAIRE

—

Application de la Constitution civile du clergé dans le diocèse de Toul ; les prêtres constitutionnels et les prêtres réfractaires — Les élections au siége épiscopal constitutionnel de la Meurthe ; réception à Toul des deux évêques successivement élus. - Organisation de la garde-nationale. — Election des députés à l'ASSEMBLÉE NATIONALE LÉGISLATIVE. — Fuite du Roi : Arrivée à Toul d'un des courriers envoyés à sa poursuite par l'Assemblée Nationale ; De Valori et J.-B. Gouvion. — Manifestation patriotique du 26 juin et prestation de serment civique du 5 juillet — Célébration de la fête du 14 juillet. — Le 96ᵉ régiment d'infanterie est envoyé de Metz à Toul pour y tenir momentanément garnison. — Nouvelles circonscriptions du territoire de la commune et de ses paroisses ; changements apportés à la destination des diverses églises ; curés et vicaires élus de Saint-Etienne et de St-Gengoult. — Les blasons et armoiries des hôtels privés et des édifices publics sont détruits sur l'ordre des autorités. — Proclamation solennelle de la CONSTITUTION. — Renouvellement partiel du conseil général de la commune ; gestion politique et administrative de la municipalité sortante. — Les finances communales en 1790-91 ; leur gestion ; situation critique créée à la ville par la loi portant suppression des droits d'*octroi* et de *mouture*. — La municipalité de Toul prend des mesures pour entraver l'émigration ; dénonciation portée contre des citoyens suspects de la favoriser. — *Affaire Marc, Gauthier et de Malvoisin*: L'information est faite à Toul par le Corps municipal et envoyée à l'Assemblée Législative. — Discussion à ce sujet à l'Assemblée, qui décrète la mise en accusation et l'arrestation immédiate des inculpés. — Le jeune Marc est arrêté à Toul, et de Malvoisin à Joinville (Haute-Marne). — L'acte d'accusation. — Les accusés attendent en vain dans les prisons d'Orléans leur comparution devant la Haute-Cour. — L'Assemblée donne l'ordre de les transférer à Saumur ; mais ils sont dirigés sur Paris et massacrés à Versailles.

En présence du refus du Pape et des résistances déjà manifestées par des membres de l'Eglise française, surtout de hauts dignitaires, l'Assemblée Nationale n'avait qu'un parti à prendre : c'était de faire de la *Constitution civile du clergé* une application immédiate.

Elle le prit résolument et, le 4 janvier 1791, décréta spécialement : « que tous les ecclésiastiques jureraient « d'être fidèles à la Nation, à la Loi et au Roi, et de « maintenir de tout leur pouvoir la Constitution décrétée « par l'Assemblée et acceptée par le Roi. »

Que firent nos prêtres ?

Les curés élus des six paroisses de Toul prêtèrent tous le serment entre les mains du délégué du corps municipal, le 30 janvier, à l'issue de la messe : à Saint-Etienne, l'abbé Robert ; à St-Gengoult, l'abbé Roussel ; à St-Jean-du-Cloître, l'abbé Saulnier, officier municipal ; à Saint-Amand, l'abbé Guillaume, professeur au collège St-Claude ; à St-Agnian, l'abbé Aubry, notable, et à St-Pierre, du faubourg St-Mansuy, l'abbé Henriot, ci-devant chanoine régulier.

Près des cinq sixièmes des ecclésiastiques du diocèse furent aussi patriotes ; sur 650, 117 seulement refusèrent le serment, 533 le prêtèrent. Les *assermentés* composèrent le *clergé constitutionnel*.

Dans son *Histoire du diocèse de Toul* (Tome V, pages 112 et 127) l'abbé Guillaume déplore amèrement la détermination de ces prêtres. Mais un des frères Macchabées n'a-t-il pas dit, ainsi que le rappelait un écrit du temps : « Il faut plutôt mourir que de refuser respect « et obéissance aux lois de la Patrie, parce que Dieu « les confirme ? »

Ils ont mieux fait leur devoir de Français, ils se sont montrés meilleurs serviteurs de la religion, les membres du clergé Toulois, que leur évèque, M. de Champorcin, émigrant alors à Saarunion, où l'étranger préparait déjà la guerre contre son pays.

L'Assemblée Nationale n'avait pas, en effet, empiété sur le *spirituel*, en ordonnant que les évèques et curés seraient élus par leurs fidèles ; rien n'avait été changé dans la doctrine, les sacrements et les rites. Si les *bénéfices*, étaient supprimés, les curés devaient recevoir un traitement de 1200 livres au minimum et le clergé catholique *national*, loin d'être persécuté, allait jouir avec indépendance d'avantages matériels, suffisants pour ses besoins et sa dignité.

L'élection de l'évèque du département de la Meurthe eut lieu à la fin de février. L'abbé Chatelain (Pierre-François), ancien lazariste et professeur de philosophie au grand Séminaire de Toul, puis chanoine de Saint-Gengoult, devenu membre du Directoire de la Meurthe, fut élu par 320 voix sur 414 votants.

Le 15 mars, le Conseil général de la commune de Toul délégua à Nancy deux de ses membres, Lacapelle et l'abbé Aubry, avec mission de présenter au nouvel évêque la lettre de félicitations et les vœux du Conseil.

Le pape venait, par un bref du 10 mars, de faire défense aux ecclésiastiques de prêter le *serment constitutionnel.* Les prêtres qui lui obéirent, soit par rétractation, soit par refus, formèrent le clergé *réfractaire ;* celui-ci devait nécessairement engager la lutte contre le clergé assermenté.

Les consciences étaient troublées, et l'abbé Chatelain, vieillard septuagénaire, d'une santé débile, hésitait à accepter le siège épiscopal.

Il vint à Toul le 6 avril. Le Conseil général délégua vers lui une nouvelle députation, composée de MM. Bicquilley, maire ; l'abbé Saulnier, officier municipal ; Bellot, Martin et Lacapelle, notables, afin de « lui re- « nouveler ses félicitations au sujet de son avènement, « en employant près de lui tous les moyens que le pa- « triotisme peut suggérer pour le mettre en garde « contre les insinuations des ennemis du bien public, et « le prier de ne pas suspendre plus longtemps sa consé- « cration, de laquelle dépend essentiellement en ce « moment le bon ordre et la tranquillité dans le dio- « cèse (1) ».

L'abbé Chatelain remercia les représentants du Conseil général de leur démarche et se montra sensible aux motifs qui l'avaient inspirée ; mais il ne leur dissimula pas l'incertitude dans laquelle il se trouvait encore,

(1) Archives municipales.

« incertitude fondée sur son âge, la diminution déjà
« sensible de ses forces, et l'extrême difficulté des
« circonstances, — ajoutant — qu'il lui restait huit
« jours pour se décider et, qu'attendu le mauvais état
« de sa santé, on ne pouvait se plaindre avec jus-
« tice qu'il employât ce délai pour mûrir ses réflexions
« et prendre un parti qui ne l'exposât pas au re-
« pentir (1) ».

Quelques jours après cette visite il refusait définitivement l'Evêché (2).

Une élection nouvelle eut donc lieu en mai, et le siège
épiscopal de la Meurthe fut conféré au Père Lalande
(Luc-François) prêtre de la Congrégation de l'Oratoire,
qui n'éprouva pas les scrupules de l'abbé Chatelain.
Après avoir été recevoir l'ordination canonique des
mains de l'archevêque de Paris, l'évêque Lalande reprit
la route de Nancy.

Arrivé le 1ᵉʳ juin à Foug, bourg-frontière du département, il y trouva les membres du Directoire du district,
venus pour le saluer, qui, accompagnés d'un nombreux
détachement de la garde nationale et de la gendarmerie,
lui servirent d'escorte jusqu'à Toul.

---

(1) Archives municipales.

(1) « J'ai considéré, — écrivait M. Chatelain le 25 avril, dans la lettre de démission qu'il adressa au Directoire du département, — la grandeur des obligations, que m'impose la dignité à laquelle MM. les électeurs ont bien voulu m'é-
lever, et les moyens de les remplir. J'ai calculé les obstacles que mon âge avancé,
ma santé dépérissante et mon inexpérience dans la carrière immense qui s'ou-
vrait devant moi, me feraient rencontrer dans la pratique de ces devoirs, que la
division des esprits rendrait encore plus difficultueuse ; j'ai été saisi d'effroi,
etc.... » (*Moniteur universel* : avril 1791.)

Peu après sa démission, l'abbé Chatelain revint habiter Toul où il mourut le
22 février 1808. Il était né en 1724 à Noureuille (Pas-de-Calais).

Il reçut à la Porte-de-France les félicitations du corps municipal et des notables, en écharpes tricolores ; il procéda ensuite à la réception de la députation du Directoire du département et des prêtres, fonctionnaires publics et assermentés. Toute la garde nationale de la ville était sous les armes ; un détachement de cent cavaliers, venus de Nancy et de St-Nicolas, augmentait la troupe.

A midi, un magnifique banquet fut offert à l'évêque, dans la grande salle de la maison-commune, aux frais du Directoire du district et de la municipalité ; aux côtés de M. Lalande avaient pris place le maire, le procureur-syndic, le premier officier municipal, les trois premiers notables, le président et le procureur-syndic des Directoires du département et du district, l'abbé Mongin, prédicateur, le commandant et le major de la garde-nationale, les curés de Sainte-Geneviève et de St-Evre, le commandant des troupes d'infanterie et celui du régiment de Lauzun.

Les gardes-nationaux de Toul offrirent un repas, également splendide, à leurs frères d'armes de Nancy et de Saint-Nicolas, renouvelant, dans les épanchements de la plus franche cordialité, les protestations d'amitié des pactes civiques de 1790.

Par ces fêtes, par ces honneurs véritablement princiers rendus au premier évêque constitutionnnel du diocèse, les Toulois montraient combien ils étaient sympathiques au nouvel ordre de choses.

M. Lalande ne put reprendre sa route qu'assez tard dans l'après-midi et, sur son parcours, il fut l'objet

CLAUDE GÉRARD
(1752-1827)

D'après un portrait appartenant à sa petite-fille,
Madame François-Bataille, de Toul.

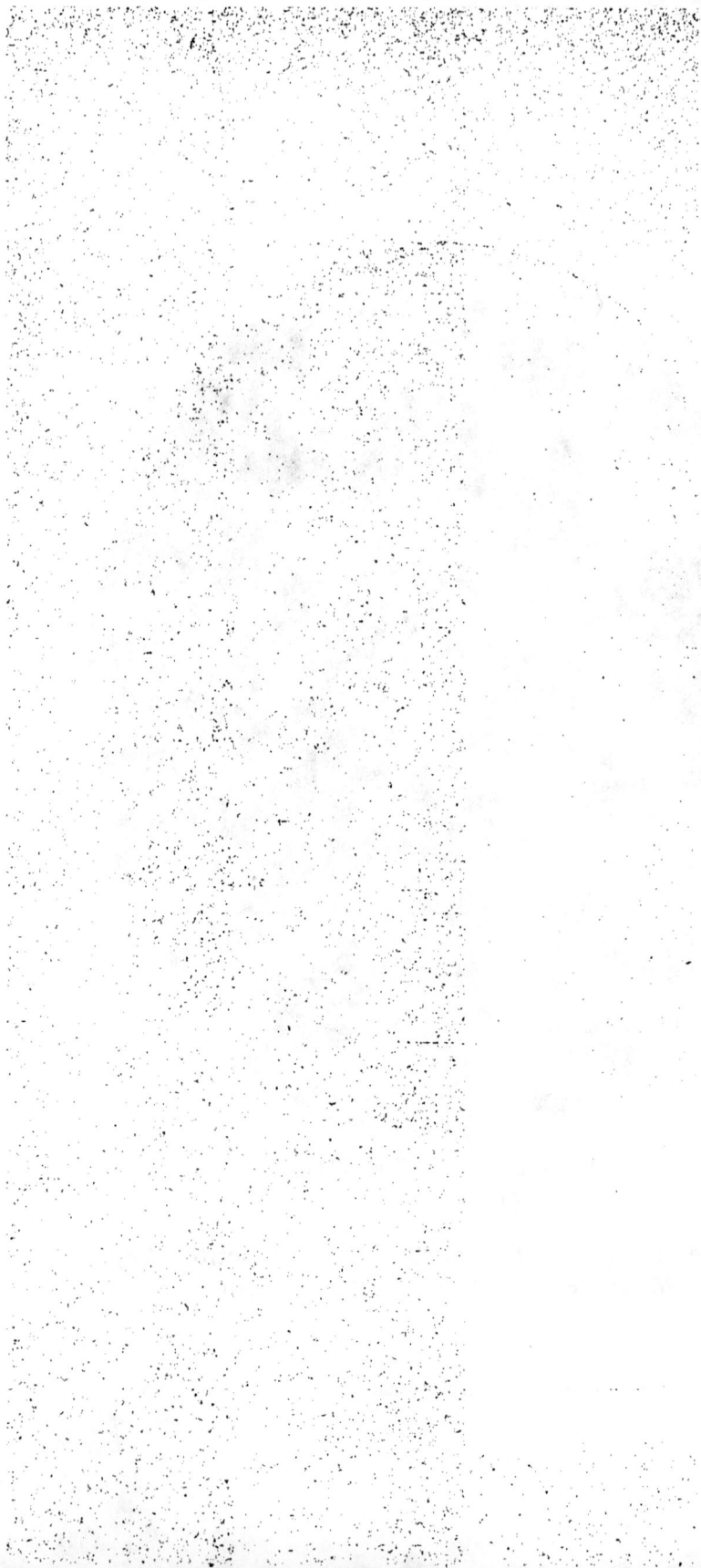

jusqu'à Nancy des ovations des populations, mues par les mêmes sentiments (1).

Un des principaux buts poursuivis par l'Assemblée Nationale Constituante était d'augmenter la puissance défensive de la France en juxtaposant à son armée active une autre armée, nombreuse et bien organisée, fournie par la nation entière. Elle en trouvait des éléments, déjà groupés et formés en troupes, dans beaucoup de régions du territoire, mais sur bien des points il n'existait pas de milice citoyenne.

Pour combler ces lacunes et tirer parti de toutes les forces vives, elle avait décrété, à la fin de 1789, l'organisation de gardes-nationales *dans toute l'étendue du royaume*, au moyen de l'inscription volontaire sur les contrôles des municipalités.

En conséquence le maire de Toul, Bicquilley, ayant convoqué en assemblée générale tous les citoyens actifs, ainsi que leurs fils âgés d'au moins 18 ans, cette assemblée eut lieu à 3 heures du soir, le 24 octobre 1790, dans l'église des Jacobins (2).

La séance ouverte, Bicquilley fit connaître que le but

---

(1) L'évêque n'arriva à Nancy qu'après 9 heures du soir. Le dimanche 5 juin, jour de son installation, la garde-nationale de cette ville offrit un banquet de 400 couverts, dans les salles de l'Académie, aux délégués des gardes-nationales des villes et villages du département. Celle de Toul y figurait en première ligne. (Voir la *Réception à Nancy de M. Lalande* par Febvé et l'*Histoire du Diocèse de Toul* par l'abbé Guillaume).

(2) Le Couvent des Jacobins occupait l'espace traversé aujourd'hui par la rue *Neuve*, c'est-à-dire la plus grande partie du terrain compris entre la rue Muids-des-Blés et la rue Saint-Jean. L'église du couvent s'étendait jusqu'à cette dernière rue, et Olry, dans son *Répertoire archéologique*, en signale encore quelques vestiges à l'angle du premier étage de la maison portant le N° 13.

de la réunion était la formation du *bataillon de la ville de Toul*, et il fut décidé que la garde-nationale, avec un effectif de 851 hommes, formerait 12 compagnies de 70 hommes chacune, y compris les officiers et sous-officiers.

Le procureur de la commune, Claude Gérard, proposa de maintenir, sans modification, la compagnie des grenadiers et celle des chasseurs, ce qui réduirait à dix le nombre des compagnies à former. Cette motion souleva de vives protestations dans l'assemblée ; la discussion devint même si tumultueuse que le maire ne parvint pas à ramener le calme et dût lever la séance.

Le conseil provisoire d'administration de la garde-nationale ayant été élu le 1er février 1791 par le conseil général de la commune, ce fut à lui que la municipalité, qui ne voulait plus recourir à une réunion plénière, confia le soin d'organiser le bataillon (1).

Le conseil d'administration décida l'organisation suivante: le bataillon comprendrait 14 compagnies : 12 urbaines (dont une de *chasseurs* et une de *grenadiers*), et une compagnie pour chacun des faubourgs. L'Etat-Major devait se composer d'un commandant en premier et d'un commandant en second, d'un major et d'un porte-drapeau. Chaque compagnie compterait un capitaine, un lieutenant, un sous-lieutenant, un sergent-major, quatre sergents, quatre caporaux et

(1) Le Conseil provisoire d'administration se composait de MM. : Carez, commandant ; Bellot et Petitjean, capitaines ; Déprey et Valleron, lieutenants ; Lacapelle, Maré et Augustin Gérard, sous-lieutenants; deux sergents, élus par leurs collègues, furent adjoints aux officiers. Le Conseil fut présidé par Carez et eut pour secrétaire Augustin Gérard.

un tambour. Tous les grades seraient conférés à l'é-
lection. Le bataillon ne recevrait d'ordres que de la
municipalité, seule chargée de lui transmettre les réquisitions des corps administratifs et judiciaires.

Le 18 mars 1791, un réglement sanctionnant ces diverses dispositions fut pris par le corps municipal, qui
l'accompagna de considérations pleines de civisme et
de sagesse :

« Propager l'esprit public et l'amour de la gloire, —
« y est-il dit, — éclairer la garde nationale sur ses
« vrais intérêts ; les concilier avec ceux de la commune ;
« ne dépouiller le citoyen d'aucun des droits qu'on
« puisse lui conserver sous le costume militaire ; le
« mettre en état de défendre ses foyers, s'ils étaient
« attaqués, sans nuire à ses occupations journalières
« et sans le faire sortir de cet état de paix habituelle
« qui fait son bonheur ; réunir les vertus paisibles du
« citoyen aux vertus de l'homme libre, qui doit toujours
« être armé pour la défense de ses droits et de sa pa-
« trie : tel a été le but de ce Règlement, dont le civisme
« doit faire un devoir aux citoyens, armés pour la dé-
« fense des lois et le maintien de la tranquillité pu-
« blique. »

Aucune rétribution n'était donnée aux gardes ; mais
trois mois après la mise en vigueur de ce règlement,
une allocation leur fut payée à titre de solde, en vertu
du décret de l'Assemblée Nationale du 22 juin 1791,
appelant à l'activité toutes les gardes-nationales du
royaume « pour la défense de l'Etat et le maintien de la
Constitution. »

Si la France, malgré les vides produits par l'émigration dans son armée régulière, a pu repousser l'invasion en 1792, et, pendant les années suivantes, porter même au-delà de ses frontières ses armes victorieuses, c'est grâce à cette organisation préventive des forces du pays, et l'honneur en revient, avant tout, à l'Assemblée Nationale.

Les membres de cette grande Assemblée s'étaient juré le 20 juin 1789, on ne l'a pas oublié, de ne se séparer qu'après avoir établi une Constitution ; mais leur œuvre touchait à son terme, et ils décrétèrent qu'il serait procédé à l'élection des députés nouveaux, chargés de voter les lois.

Cette élection eut lieu en juin dans le département de la Meurthe. Les députés à l'Assemblée Législative étaient nommés à deux degrés. Les électeurs se réunissaient d'abord par canton, en une assemblée primaire qui choisissait dans son sein, à raison d'un électeur du second degré pour cent électeurs primaires, le corps électoral chargé de nommer les députés.

La ville de Toul, avec ses faubourgs, constituait un canton : elle comptait 927 *citoyens actifs* et avait ainsi à nommer dix électeurs du second degré. L'élection primaire y eut lieu le 19 juin.

Les citoyens furent partagés en deux sections : la première, composée des paroisses St-Jean, St-Agnian et St-Mansuy ; la seconde, des paroisses St-Amand, Ste-Geneviève et Saint-Evre.

La première section vota dans l'ancien couvent des Cordeliers ; elle élit Joseph Carez, Dominique Jacob,

C.-F. Bicquilley, Etienne Huon et Claude Haudot. La seconde vota à l'église St-Gengoult ; elle élit Léopold Contault, Dominique Petitjean, Xavier Petitjean, Joseph Lacapelle et l'abbé Dominique Roussel.

Ces dix citoyens, convoqués à Nancy, y procédèrent le 30 juin, au scrutin de liste, à l'élection, pour le département, de huit députés et de leurs suppléants (1). Voici, dans l'ordre des suffrages obtenus, les noms des huit députés titulaires :

Foissey, président du tribunal du district, à Nancy.

Mallarmé, procureur-syndic du district, à Pont-à-Mousson.

Drouin, maire à Lunéville.

Carez, *imprimeur à Toul, administrateur du district* (2).

Levasseur, *procureur-syndic du district à Toul* (2).

Crousse, cultivateur à Lagarde, district de Château-Salins, administrateur du département.

Cunin, juge au tribunal du district à Dieuze, administrateur du département.

Bonneval, cultivateur à Orgévilliers, administrateur du département.

Les députés-suppléants furent MM. : Delorme, ancien gendarme, officier municipal à Lunéville ; La-

---

(1) Le corps électoral élit le même jour deux hauts-jurés près la Haute-Cour nationale, les nouveaux administrateurs du département et des districts, ainsi que les curés dont les cures étaient alors vacantes.

(2) Voir à l'appendice qui termine ce volume les notices biographiques consacrées à ces deux députés.

chasse, procureur-syndic du district, à Vézelise, et Sonnini, juge de paix à Varangéville (1).

Les électeurs avaient porté leur choix sur des amis, notoirement connus, de la Révolution ; l'impossibilité de renommer les Constituants les avait contraints, d'ailleurs, à prendre leurs députés dans la génération nouvelle, plus désireuse de précipiter le mouvement que de le ralentir.

Le 16 mai l'Assemblée Nationale avait décrété, en effet, qu'aucun de ses membres ne pourrait faire partie de l'Assemblée Législative.

Cet acte d'abdication, généreux et hardi, écartait de la scène politique les hommes d'expérience et de savoir, par lesquels avaient été proclamés les principes de 89 : de ce nombre était Maillot, député de l'ex-bailliage de Toul, qui, depuis deux ans, s'occupait avec tant de zèle à l'Assemblée des intérêts de ses concitoyens.

Le maire et les officiers municipaux de Toul tinrent à le remercier et à lui témoigner leur reconnaissance par la lettre suivante, datée du 22 septembre :

« Nous vous félicitons de la fin de la longue et mémo-
« rable carrière que vous venez de parcourir, et de la
« liberté, que vous allez goûter, de jouir parmi vos
« concitoyens des bienfaits de la Constitution à laquelle
« vous avez coopéré. Vous vous en glorifierez sans
« doute de plus en plus, lorsque vous serez témoin de
« l'enthousiasme avec lequel elle sera reçue par tous

---

(1) Sonnini, savant naturaliste, était alors le rédacteur en chef du *Journal du Département de la Meurthe*, feuille locale de 16 pages in-8°, qu'il avait fondée le 15 juillet 1790, et qui paraissait le jeudi de chaque semaine. En 1792, ce journal prit le nom de *Journal de Nancy et des frontières*.

« les cœurs français : nous ne doutons pas qu'après
« avoir partagé sincèrement ce sentiment, vous ne
« cherchiez à le propager parmi les incrédules de notre
« ville, dont le nombre est malheureusement trop
« grand. »

Maillot, revenu dans sa ville natale, devait y jouer
plus tard encore un rôle politique considérable (1).

L'heure était proche où la Constitution serait sou-
mise à la sanction du Roi. Louis XVI, à qui il répu-
gnait de la donner, céda aux conseils de sa Cour, et,
pour se soustraire à cette obligation, résolut de gagner
Montmédy, qu'occupaient les troupes du marquis de
Bouillé.

Son but était, une fois arrivé à la frontière, de dissoudre l'Assemblée en invoquant, s'il le fallait, le secours des émigrés, du roi de Prusse, et de l'empereur
d'Autriche, son beau-frère.

Il mit son dessein à exécution dans la nuit du 20 au
21 juin 1791.

Nous allons en quelques mots rappeler cet épisode de
l'histoire, en raison du passage que fit en notre ville un
des courriers envoyés à la poursuite du Roi, et du rôle
joué alors par deux enfants de Toul : de Valori, qui
accompagna Louis XVI, et J.-B. Gouvion, chargé de
la garde des Tuileries lors de cette fuite mémorable.

Sorti de Paris, à minuit, sous un déguisement, avec
sa femme, sa sœur, ses enfants et trois gardes-du-corps
en costume de postillon, le Roi passait à Châlons le 21
à 5 heures du soir, à Ste-Menehould à 7 heures et arrivait à Varennes cinq heures plus tard.

_____

(1) Voir *in fine* sa biographie.

Mais la nouvelle de son départ n'avait été connue dans la capitale qu'à 8 heures du matin ; l'Assemblée Nationale, s'étant réunie à 9 heures, avait rendu sur-le-champ un décret dont voici le texte :

« L'Assemblée Nationale ordonne que le ministre de l'Intérieur expédiera à l'instant des courriers dans tous les départements, avec ordre à tous les fonctionnaires publics et gardes-nationales ou troupes de ligne de l'Empire (*sic*) d'arrêter ou faire arrêter toutes personnes quelconques sortant du royaume, comme aussi d'empêcher toutes sorties d'effets, armes ou espèces d'or et d'argent, chevaux, voitures ou munitions, et dans le cas où lesdits courriers joindraient quelques individus de la famille royale et ceux qui auraient pu concourir à leur enlèvement, lesdits fonctionnaires publics ou gardes-nationales et troupes de lignes seront tenus de prendre toutes les mesures nécessaires pour arrêter ledit enlèvement, les empêcher de continuer leur route et rendre ensuite compte de tout au Corps législatif. »

« *Signé* : Alexandre BEAUHARNAIS, président ; MAURIET, RÉGNIER, LE CARLIER, FRICAUD, GRELOT, MERLE, secrétaires. »

Trois courriers prirent à la hâte la route de Paris à Strasbourg ; l'un d'eux dut s'arrêter à Meaux et y fut remplacé par un sieur Gibert, qui continua vers Nancy ; les deux autres quittèrent cette voie à Châlons pour prendre la route de Sainte-Menehould.

Gibert arrivait à Toul le 22, à 2 heures de l'après-midi, et, dans l'ignorance de l'arrestation de Louis XVI, repartait aussitôt pour Nancy ; il était porteur d'un ordre du ministre de l'Intérieur que nous reproduisons ici, suivi de ses visas de route (1) :

« Vu le décret de ce jour, le porteur est autorisé à requérir l'assistance de tous les corps administratifs, des municipalités, des gardes-

_____

(1) La copie de cette pièce figure sur les registres conservés aux archives de l'Hôtel-de-Ville de Toul.

nationales et de tous les bons citoyens pour l'exécution du présent décret.

A Paris, le 21 juin 1791.

Le Ministre de l'Intérieur : *Signé* : DELESSART.

— « Vu que le porteur était hors d'état de continuer sa route, avons chargé M. Berthe *Gibert*, citoyen actif de la ville de Meaux, de s'acquitter de la mission donnée par le décret et ordre d'autre part.

Donné à Meaux, en la maison commune, le 21 juin 1791,

Signé : BONNARD, BONGARD, BOCQUET, GUIGNET, ALBAN, SAURET et GOIN, procureur de la commune.

— Deux courriers, porteurs du même décret, ayant pris la route de Sainte-Menehould, M. Berthe Gibert, porteur du présent, arrivé en cette ville à 10 heures du soir, a été invité de suivre sa destination par la route de Vitry et de la continuer jusqu'à Nancy ou de se faire remplacer par un autre courrier.

Donné à Châlons, en la maison commune, le 21 juin 1791.

Signé : CHOLER, maire, JANNELLE et ROSE, procureur-syndic.

— « Vu : passé à St-Dizier le 22 juin 1791.

« *Signé* : BOUSSARD, maire.

— « Vu le décret d'autre part, représenté par un courrier qui a dit se nommer Berthe Gibert, arrivé à Bar cejourd'hui 22 juin 1791 à 8 heures du matin, lequel n'a pu partir avant 9 heures et demie, ledit décret lui a été remis par le Directoire du département de la Meuse, après enregistrement fait d'icelui sur les registres du département.

A Bar, les jour et an ci-dessus, *Signé* : LANTONNET-LONGEAU, VOISIN, ARNOULT, LENFANT, MOREAU, procureur-général, et AUBRY, secrétaire,

— « *Le Corps municipal a arrêté que le décret ci-dessus transcrit serait exécuté sur le champ en sa forme et teneur. A Toul, en la maison commune, à deux heures de relevée, le 22 juin* 1791. Signé : BICQUILLEY, maire, BOUARD, LACAPELLE et VINCENT l'aîné, officiers municipaux. »

Malgré toute la célérité mise par les courriers du ministère à l'accomplissement de leur mission, Louis XVI, qui avait quitté Paris avec dix heures d'avance, aurait atteint la frontière, si Drouet et les municipaux de Varennes ne l'avaient spontanément arrêté le 21 à minuit, à son passage en cette ville ; ce fut seulement, en effet, le 22 à 2 heures du matin, que les courriers ayant pris la route de Sainte-Menehould (1) arrivèrent à Varennes.

Le décret de l'Assemblée Nationale fut notifié au royal captif, qui, sous l'escorte de nombreux gardes-nationaux de la région, dut reprendre le chemin de la capitale avec sa famille et ses trois gardes-du-corps.

L'un de ces gardes était le comte de Valori (2). Louis XVI l'avait distingué pour le zèle qu'il déployait à son service et, dans l'intérêt de sa sûreté, il l'avait choisi pour protéger sa fuite. C'est lui qui avait précédé à cheval la berline royale, fait les relais et, sur tout le parcours de la route, renseigné le roi sur l'état d'esprit des populations.

Pendant le retour à Paris, il resta garotté sur le siège de la berline et, à son arrivée, faillit perdre la vie ; il fut défendu par les vingt députés envoyés par l'Assemblée Nationale pour rétablir l'ordre, lorsqu'elle apprit « que le peuple menaçait de pendre les trois personnes enchaînées qui se trouvaient sur le siège de

---

(1) MM. Romeuf, aide-de-camp du général Lafayett', et Baillon, officier de la garde-nationale de Paris.

(2) Valori (François-Florent, comte de) mourut à Toul le 17 juillet 1822 à l'âge de 66 ans. Son acte de décès donne l'énumération suivante de ses titres : maréchal de camp, commandeur de Saint-Louis, officier de la Légion d'honneur, chevalier des ordres de St-Lazare et du Mont-Carmel et de l'ordre du Mérite militaire de Prusse, pensionnaire du Gouvernement.

la voiture du roi. » Nous empruntons cette phrase au texte même du *Bulletin* de la séance de l'Assemblée du 25 juin (1).

La plus vive effervescence agitait Paris depuis le 21 au matin ; l'Assemblée Nationale n'avait pu se soustraire à l'émotion causée par le grave événement qu'elle avait cru pouvoir conjurer en faisant surveiller le château des Tuileries par le major-général de la garde-nationale, J.-B. Gouvion ; ce dernier fut mandé pour fournir des renseignements sur le départ du Roi, aussitôt qu'il fut connu.

Notre compatriote (2) fut présenté par Lafayette, commandant-général de cette garde : « Je prends sur moi, — « dit-il, — toute la responsabilité d'un officier dont le « zèle et le patriotisme me sont aussi connus que le « mien propre »

J.-B. Gouvion exposa alors, *parlant à la barre,* que depuis une dizaine de jours, il était instruit par une personne sûre du projet de départ de la famille royale, et que, pour cette raison, il avait redoublé de vigilance autour du château et fait faire de fréquentes rondes nocturnes par les officiers de la garde-nationale, qu'il avait dès lors retenus tous les soirs aux Tuileries pour en surveiller les issues.

---

(1) Voir *Le Moniteur* du 26 juin 1791. — On ne parvint à soustraire les gardes-du-corps à la fureur du peuple qu'en les conduisant à l'Abbaye. De Valori recouvra sa liberté au mois de septembre suivant, le roi ayant fait de cette mesure une des conditions de l'acceptation qu'il donna à la Constitution. En 1816, de Valori a publié à Paris une brochure in-8°, intitulée *Précis du voyage à Varennes,* dans laquelle il a fait le récit de l'évènement mémorable auquel il prit part.

(1) GOUVION (Jean-Baptiste), né à Toul en 1747. — Voir à la fin de ce volume la notice biographique qui lui est consacrée.

Le major-général termina ainsi son récit :

« J'envoyai hier au soir, 20 juin, un commandant de
« bataillon avertir M. le maire (Bailly) et M. le com-
« mandant-général (Lafayette) ; ils se rendirent aux
« Tuileries. J'ai ensuite donné des ordres pour que
« toutes les portes fussent fermées ; plusieurs officiers
« ont veillé toute la nuit. Ce n'est que ce matin que
« j'ai reçu la nouvelle de la disparition du roi par la
« même personne qui m'avait instruit du projet (1).
« Cette personne m'indiqua la porte par laquelle le Roi
« était sorti ; mais je crois qu'il est impossible qu'il y
« soit passé, puisque pendant toute la nuit, cinq officiers
« et moi n'en avons pas désemparé. » (*Bulletin* de la
séance du 21, inséré dans le *Moniteur* du 22).

Ainsi Louis XVI avait su se dérober à l'active surveillance de Gouvion.

Il avait été efficacement guidé par de Valori pendant
sa rapide traversée de la France.

Les courriers de la Nation ne pouvaient plus l'atteindre, s'il ne rencontrait pas un obstacle imprévu, puisqu'il ne lui restait que quelques lieues à franchir pour
arriver à l'armée de Bouillé.

Providence ou fatalité ! cet obstacle se présenta : le
maître de poste Drouet le reconnut pendant le relai de
Sainte-Menehould et le fit arrêter à Varennes.

Il avait quitté le palais des Tuileries en pleine possession de sa Majesté ; mais par le fait de sa fuite, quoiqu'il eût conservé tous ses droits, il n'y rentra qu'en

---

(1) Cette personne n'était autre que Mme de Rochereul, qui était gouvernante
au service du Dauphin et avec laquelle Gouvion était très lié.

suspect aux yeux du peuple comme à ceux de l'Assemblée.

Il était visible que les partisans de l'ancien régime se préparaient à empêcher, même par la force, l'établissement de la monarchie constitutionnelle.

Tandis que la garde-nationale s'organisait sur tout le territoire, par l'incorporation volontaire des citoyens en état de porter les armes, l'armée régulière semblait se désagréger sous l'influence de ses chefs, qui, presque tous, appartenaient à la noblesse.

Le nombre des officiers qui avaient franchi la frontière dépassait déjà quinze cents ; dans les principaux régiments, ces défections avaient entraîné l'insubordination et la révolte.

Les citoyens apprenaient chaque jour, avec une inquiétude croissante, que ces transfuges entraient dans les corps, dirigés alors par l'Autriche vers le Brabant, et les soldats de l'armée régulière, suspects aux patriotes, étaient regardés avec défiance par les gardes-nationaux.

Le 12ᵉ chasseurs à cheval (ci-devant régiment de Champagne), qui tenait garnison à Toul, ne voulut pas rester exposé à la méfiance publique ; les sous-officiers et soldats de ce régiment se rendirent en masse à la maison-commune pour y affirmer leur dévouement à la Nation.

Si beaucoup de ses chefs passaient à l'étranger, l'armée se rapprochait du peuple.

La manifestation eut lieu le 26 juin. Les chasseurs avaient à leur tête deux délégués choisis, l'un par-

mi les sous-officiers, l'adjudant Bonnaud, l'autre parmi
les soldats ; ce dernier qui, obscur alors, devait dix-sept
ans plus tard, grâce à sa bravoure et à son heureuse
fortune, ceindre son front d'une couronne royale, se
nommait *Joachim* MURAT (1).

L'adjudant Bonnaud, au nom des sous-officiers du
régiment, s'adressa en ces termes au Corps municipal :

« Messieurs,

« Dans l'intention où nous sommes de maintenir la réputation
qu'une conduite sans reproche nous a acquise, c'est avec regret que
nous apprenons que des défiances, semées peut-être à dessein par les
ennemis de l'ordre et de l'union, nous privent de cette franche communication de sentiments et de principes qui, jusqu'à présent, nous a
liés aux bons citoyens.

« Nous venons déposer en votre sein nos anxiétés, lever les doutes
qui pourraient s'être élevés contre nous et réclamer auprès de vous,
Messieurs, et de tous les citoyens de Toul, l'estime qui nous est due
et le juste retour de l'amitié que nous leur vouons : c'est le but de
nos vœux et de notre démarche !

« Notre dévouement entier à la Patrie, nos sentiments de reconnaissance pour nos augustes Représentants, notre inviolable attachement à la Constitution, ne nous permettent pas d'ailleurs de tarder
plus longtemps à vous ouvrir nos cœurs, en répétant le serment de
vivre, et de mourir s'il le faut, pour la Nation, la Loi et le Roi, qui
doivent ne faire qu'un.

« Puissions-nous les voir inséparablement unis, et être à portée de
donner les preuves les plus authentiques du patriotisme, de l'amour
du devoir, d'une soumission constante aux lois et à la discipline militaire qui, seule, fait la force des armées, et verser tout notre sang pour
le salut de l'Etat, le bien général et le bonheur de nos frères ! »

(1) MURAT (Joachim), roi de Naples de 1808 à 1814, mort en 1815, était originaire du département du Lot.

Il s'était engagé en 1787 au 12e régiment de chasseurs, qui vint remplacer
à Toul dans les premiers jours de 1791 celui de *Royal-Normandie*.

Il resta en garnison dans nos murs pendant un an, et c'est à Toul qu'il fut
nommé **brigadier**.

Le maire, C.-F. Bicquilley, répondit à ce discours :

« Messieurs,

« Loin qu'aucuns bruits désavantageux nous soient parvenus contre les braves sous-officiers et chasseurs du 12e régiment, nous attestons avec plaisir que leur bonne renommée les avait devancés dans cette ville et que leur conduite n'a fait que la confirmer.

« Le témoignage authentique de patriotisme, qu'il nous donne en ce moment, ajoute aux sentiments d'estime et d'affection qu'ils nous ont inspirés et au désir de les conserver longtemps encore parmi nous : recevez-en, Messieurs, le témoignage au nom des citoyens de Toul, et que ce jour unisse plus que jamais nos cœurs et nos efforts pour la cause de la Liberté ! »

Le chasseur MURAT, s'avançant à son tour, fit la déclaration suivante au nom de ses camarades :

« Nos sous-officiers, en vous témoignant le désir d'obtenir votre estime et votre amitié, ont exprimé le vœu de tous nos camarades.

« C'est en présence d'une compagnie respectable et chère à nos cœurs, c'est devant des magistrats patriotes et dont les noms sont inscrits avec gloire dans les fastes de cette heureuse Révolution, que le détachement se félicite de renouveler le serment cher à tout vrai Français, d'être toujours fidèle à la Nation, à la Loi et au Roi !

« Oui, Messieurs, les mêmes sentiments nous animent tous également. La Nation a les yeux fixés sur nous : elle seule a droit de compter sur ses troupes. Nous ne serons point sourds aux cris de la Nation ; nous ne fermerons jamais nos cœurs au plus doux des sentiments, à l'amour de la Patrie ; nous périrons s'il le faut, pour soutenir cette Constitution, le fruit de tant de travaux, le chef-d'œuvre du civisme et du génie de nos augustes Représentants !

« Soyez, Messieurs, nous vous en prions, soyez à votre tour nos interprètes et nos organes ; daignez rendre compte de notre démarche au corps législatif ; assurez la nation entière de notre dévouement à ses lois, et notre reconnaissance pour vous durera autant que nous-mêmes ! »

A ces chaudes paroles, le Maire de Toul répondit :

« Le patriotisme des défenseurs de l'Etat peut seul achever l'heureuse Révolution qu'il a commencée. Les témoignages de ce sublime sentiment, portés en foule à nos Législateurs, affirmeront sans doute en eux le courage, qui les a rendus si grands et que les crises de l'Etat rendent en ce moment plus nécessaire que jamais.

« Nous nous empresserons, Messieurs, de seconder vos vues, et nous vous invitons, à cet effet, à déposer sur le bureau les discours que vous venez de prononcer. »

On ne pouvait, de part et d'autre, exprimer mieux les sentiments sincères qui unissaient la nation et l'armée.

Les deux orateurs militaires remirent au maire les manuscrits de leurs discours, et, un officier municipal ayant demandé à ses collègues de décorer tous les chasseurs du ruban national, cette proposition fut adoptée.

Les sous-officiers et soldats n'acceptèrent que sous réserve de l'agrément de leur chef ; une députation se rendit près de ce dernier, le commandant Scheylinski, et rapporta une réponse favorable. Des rubans tricolores furent aussitôt distribués à tous. Sur la proposition d'un membre de la municipalité, la même décoration, envoyée au commandant, fut acceptée par M. Scheylinski avec « grâce et reconnaissance ».

Cette patriotique manifestation du 26 juin avait été spontanée, inspirée aux chasseurs de la garnison de Toul, à la fois par l'amour de la France et le sentiment instinctif d'un danger public ; en s'y associant, les citoyens allèrent au devant des volontés de l'Assemblée Nationale, car ils ne connaissaient pas encore le décret du 22 par lequel, après la fuite du roi, l'Assemblée avait ordonné à l'armée et aux troupes citoyennes la prestation d'un nouveau serment de dévouement à la Constitution et de sacrifice à la Patrie.

En exécution de ce décret, une cérémonie militaire imposante eut lieu à Toul, sur la place de la Fédération, le 5 juillet à 3 heures du soir ; les officiers et soldats de la garde-nationale et du 12e régiment de chasseurs y prêtèrent le serment prescrit, qu'ils devaient tenir si glorieusement un an plus tard :

« Je jure d'employer les armes remises en mes mains
« à la défense de la Patrie, et à maintenir contre tous
« ses ennemis du dehors et du dedans la Constitution
« décrétée par l'Assemblée Nationale ; de mourir plutôt
« que de souffrir l'invasion du territoire français par les
« troupes étrangères, et de n'obéir qu'aux ordres qui
« seront donnés en conséquence des décrets de l'Assem-
« blée Nationale. »

La fête nationale du 14 juillet 1791 n'eut pas à Toul le vif éclat qu'elle avait eu l'année précédente. La population avait été si atteinte dans ses intérêts, par de graves dommages causés aux propriétés de son terri- toire, qu'elle se sentait moins portée à célébrer avec enthousiasme le deuxième anniversaire de la prise de la Bastille.

Dans les nuits des 7, 8 et 9 mai, la gelée avait en effet détruit la récolte des deux tiers des vignes et jar- dins, et même enlevé l'espérance d'une bonne récolte pour 1792.

Le 28 mai, à quatre heures du soir, un nouveau fléau

14

avait achevé la dévastation : « Une grêle affreuse, lancée
« par un vent impétueux dont la direction variait con-
« tinuellement, était tombée pendant plus d'une heure
« sans interruption (1) ».

La fête nationale n'en fut pas moins *chômée comme
jour de fête civique et religieuse ;* mais, en raison de la
pauvreté générale, elle fut peu bruyante en divertisse-
ments et ne comporta qu'une cérémonie, qui eut lieu à
la Cathédrale.

Une messe solennelle fut célébrée dans ce temple, à
dix heures du matin, par des prêtres assermentés, en
présence des administrateurs du Directoire du district
et des membres du corps municipal.

La garde-nationale et le 12e régiment de chasseurs
formaient la haie à droite et à gauche de l'autel.

A l'issue de la messe et après les chants du *Veni
Creator* et du *Te Deum*, accompagnés par la musique,
les autorités et les troupes renouvelèrent le serment de
fidélité à la Constitution ; puis le maire, M. Bicquilley,
s'étant placé sur les marches les plus élevées de l'autel,
adressa à l'assistance une allocution patriotique (2).

Le lendemain de cette fête, à six heures du soir, tous
les régiments de la garnison, précédés de leurs musi-
ques et accompagnés de la plus grande partie de la population de la ville, se portèrent jusqu'à Dommartin à
la rencontre de la garde-nationale de Bar-le-Duc ; cette
garde revenait de Nancy où elle avait assisté la veille à
la *Fédération du 14 Juillet.*

(1) Exposé fait le jour même au Conseil général de la commune.
(2) L'original de ce discours manque aux archives municipales.

Le bataillon barisien fut reçu à Toul chez les habitants et il ne quitta nos murs que le 16, à huit heures du matin, après une visite de ses officiers à la maison-commune, pour remercier les autorités de leur sympathique accueil.

Suspendant M. de Bouillé de son commandement militaire comme étant un des principaux complices de la fuite du Roi, l'Assemblée Nationale avait, le 23 juin, rendu un décret ordonnant son arrestation immédiate.

Ce général, quittant aussitôt son armée, était passé à l'étranger, suivi bientôt de nombreux officiers, dont quelques-uns essayèrent d'entraîner les troupes à la rebellion contre l'Assemblée : de ce nombre fut le colonel Hamilton, du 96ᵉ d'infanterie (1) alors en garnison à Metz, au refus de plusieurs autres villes de recevoir ce régiment dans leurs murs.

Pour éviter dans ce corps des troubles que le voisinage de la frontière aurait rendus plus dangereux, le ministre de la guerre lui donna l'ordre de se rendre à Toul pour y tenir garnison ; une scission se produisit néanmoins dans ses rangs et le lieutenant-colonel, M. de Neuwinger, ne put amener avec lui qu'une partie du régiment ; 250 hommes avaient refusé de le suivre.

Il arriva devant les murs de Toul le 15 juillet à onze heures du matin, accompagné de MM. Gobert, officier

_____

(1) Le 96ᵉ avait été créé en 1745 sous le nom de *régiment de Nassau* (étranger). Il était commandé depuis le 1ᵉʳ janvier 1785 par Hugues, baron d'Hamilton, qui abandonna son régiment à Montmédy, la nuit qui suivit l'évènement de Varennes.

municipal et Delattre, substitut du procureur-syndic de
la commune de Metz, auxquels s'étaient joints M. Colombel, maire de Pont-à-Mousson et M. de Paignat,
maréchal-de-camp.

M. de Neuwinger fit ranger ses hommes dans la
prairie de St-Mansuy, où il fut reçu par le Corps municipal, la garde-nationale et les troupes de la garnison.

Un procès-verbal fut ensuite dressé par la municipalité de Toul, relatant: « l'arrivée du 96ᵉ régiment, ci-
« devant *Nassau*, dans sa nouvelle garnison ; les té-
« moignages de bonne conduite, d'exacte discipline, de
« patriotisme éprouvé reçus sur lui par les députés de la
« municipalité de Metz et par le maire de Pont-à-Mous-
« son, rendus à Toul ; l'accueil et le vif intérêt que les
« citoyens de cette ville ont témoigné à ce brave régi-
« ment, trompé par un général perfide, mais incapable
« de s'en être laissé séduire ; le serment civique, décrété
« le 22 juin, prêté avec un vif empressement par les
« officiers, sous-officiers et soldats, à l'instant de leur
« arrivée ; et enfin, l'accueil qu'ils ont fait à la propo-
« sition de rappeler à leurs drapeaux ceux de leurs
« camarades restés à Metz et de reserrer par un ser-
« ment les liens de la discipline et du patriotisme. »

Cette pièce fut transmise à l'Assemblée Nationale,
qui « témoigna sa satisfaction à un rapport ne laissant
« aucun doute sur la fidélité et le patriotisme du 96ᵉ
« régiment, assura la conservation de ce corps et dé-
« créta que les soldats qui le composaient seraient dé-
« sormais revêtus de l'uniforme français et placés, en ce

« qui concernait la solde, sur le même pied que les
« autres régiments français » (1).

L'appel fait aux officiers et soldats du 96e, qui étaient
restés à Metz malgré les ordres du Ministre, ne tarda
pas à être entendu d'eux, et ils vinrent à Toul le 27
juillet rejoindre leur drapeau.

Ils furent reçus avec une vive satisfaction par les
membres du corps municipal, ceints de leurs écharpes,
et par la garde-nationale, le 12e régiment de chasseurs
à cheval, la partie du 96e arrivée le 15 juillet et la gendarmerie, rangés en bataille dans la prairie de Saint-
Mansuy.

L'éminent maire de Toul, s'étant avancé sur le front
des troupes, adressa ces paroles aux nouveaux venus
du régiment de Metz :

« Messieurs,

« Depuis longtemps, les ennemis du Peuple Français ont désespéré
de le vaincre par la force. Ils ont eu recours à la ressource des lâches :
l'artifice et le mensonge ; leurs manœuvres n'ont que trop réussi. Ils
étaient parvenus à diviser et presque à dissoudre entièrement un des
plus beaux régiments de l'armée française, un corps de tout temps

---

(1) « Les soldats du 96e régiment, — dit le *Journal de Paris* (n° 203, du 22 juillet 1791), — persuadés que les affronts, que des soldats ne doivent pas souffrir,
leur sont faits pour le nom étranger qu'ils portent, ont mis en pièces tous les insignes de leur uniforme qui retraçaient la maison de Nassau : ils ont dit qu'ils
ne voulaient plus servir que comme Français.

« C'est pour répondre à des vœux consacrés par le patriotisme qui les a inspirés, que le Comité militaire a proposé et que l'Assemblée a rendu le décret suivant :

« L'Assemblée Nationale décrète que le 96e régiment, ci-devant *de Nassau*, et
tous les régiments connus sous le nom de régiments étrangers (Allemands,
Irlandais, Liégeois, Suisses) font partie de l'Infanterie française ; qu'ils prendront
les armes et l'uniforme français et qu'ils seront traités comme tous les régiments
français pour la solde. »

recommandable par son bon esprit, sa discipline, son inviolable attachement aux lois de l'honneur et du devoir ; aujourd'hui, l'erreur est
sincèrement reconnue, elle sera donc généreusement pardonnée :
nous venons, Messieurs, vous le promettre avec la plus douce satisfaction, au nom de vos chefs et de vos camarades. Vous allez nous offrir
le tableau touchant de l'enfant prodigue rentrant dans la maison d'un
tendre père, étroitement serré dans ses bras, mêlant les larmes du repentir à celles de la joie et de la bonté paternelles !

« Mais cet oubli généreux d'une grande faute vous impose de
grandes obligations ; un patriotisme égaré donna lieu à vos torts ; un
patriotisme éclairé doit les réparer. Vous devez donner désormais à vos
concitoyens, à toute l'armée, l'exemple d'une religieuse obéissance aux
lois, obéissance sans laquelle il ne peut exister de liberté, ni même de
société. Vous devez leur donner l'exemple de la plus exacte soumission aux lois de la discipline militaire, sans laquelle il n'existerait point
d'armée sur laquelle la Patrie puisse compter pour sa défense. Voyez
ces drapeaux que vous n'auriez pas dû quitter : que leur vue ne vous
affecte plus d'aucun sentiment pénible ! Ils vous rappelleront vos
engagements envers la Patrie ; ils vous conduiront sûrement dans la
voie de l'honneur ! C'est sous ces drapeaux, que nous vous invitons de
renouveler le serment du militaire et du citoyen français : vos camarades attendent cette sainte promesse pour vous réunir dans leur sein
et les citoyens de Toul l'attendent pour vous accueillir dans leurs
murs, avec les sentiments qu'ils ont voués à vos camarades, devenus
leurs frères. »

A la suite de son discours, M. Bicquilley prononça à
haute voix la formule du serment civique et militaire ;
le lieutenant-colonel du 96e la répéta en langue allemande (1).

Les soldats prêtèrent ce serment, les uns en français,
les autres en allemand, et poussèrent tous le cri de
Vive la Nation !

Puis le cortège municipal rentra à Toul, suivi de

(1) Le ci-devant régiment de Nassau était composé d'Alsaciens et d'Allemands, auxquels la langue française n'était pas familière.

toutes les troupes, musique en tête, et gagna la place Dauphine, où s'opéra la dislocation.

Un mois après, le 96ᵉ quittait Toul pour Besançon, d'où le général Custine le fit participer à l'occupation de Porrentruy, en avril 1792.

Le 27 janvier, le Corps municipal avait décidé que le territoire de la commune de Toul serait divisé en 6 sections, qui porteraient les dénominations suivantes :

A. — Section de Toul.
B. — Section de Saint-Evre.
C. — Section de Barine.
D. — Section de St-Jean.
E. — Section de la Vierge-de-Refuge.
F. — Section de St-Mansuy.

Le 28 juillet, une délibération du Directoire du département proposa de réduire à deux le nombre des paroisses, en établissant leurs circonscriptions dans les limites qu'elles ont encore aujourd'hui : ces propositions furent sanctionnées le 23 août par un Décret de l'Assemblée Nationale, approuvé par le Roi le 11 septembre. Le décret disposait:

« Il y aura pour la ville et les faubourgs de Toul *deux* « paroisses, savoir : celle de *St-Etienne*, qui sera des- « servie dans l'église ci-devant Cathédrale, et celle de « *St-Gengoult*, qui sera desservie dans l'église ci-de- « vant Collégiale de ce nom. L'église ci-devant parois- « siale de St-Mansuy et celle du ci-devant monastère de « St-Epvre sont conservées comme *oratoires*.

« Il sera envoyé, les dimanches et fêtes, dans les

« oratoires mentionnés au présent décret, par les curés
« respectifs, un de leurs vicaires pour y célébrer la
« messe et y faire les instructions spirituelles, sans pou-
« voir y exercer les fonctions curiales. »

Les anciennes églises paroissiales de la ville étaient
ainsi désaffectées, savoir : *St-Jean,* située dans le
cloître de la Cathédrale (chapelle dite de la Crèche actuelle) : *Ste-Geneviève,* située rue du Parge et contiguë
au palais épiscopal (aujourd'hui maison de M. de Tin-
seau, rue de Rigny) ; *St-Agnian,* située rue Notre-
Dame (rue Joly actuelle), qui avait en même temps servi
jusqu'alors d'église aux chanoines réguliers de Saint-
Léon ; *St-Amand,* sur l'emplacement de laquelle a été
bâtie en 1822 la halle-aux-blés, remplacée en 1887 par
une école municipale pour les filles.

Afin d'approprier la Cathédrale et St-Gengoult à leur
destination nouvelle, on dut effectuer d'importantes modifications à leur disposition intérieure; les travaux furent dirigés par M. Charpy, architecte, et exécutés par
les sieurs Trousset et Clément.

A la Cathédrale, on démolit le *jubé,* tribune de 14
toises, construite en grande partie en gypse ou pierre de
plâtre, qui séparait la nef du chœur et « gâtait toute
l'étendue et la beauté du vaisseau de cette église (1). »

On supprima le *Chœur des chanoines,* qui était situé
en avant de l'autel et s'étendait depuis les quatre derniers piliers jusque sous le jubé. Les stalles, adossées
aux murs collatéraux du chœur, furent démolies et
replacées en partie sur les côtés et le derrière du grand-
autel.

(1) Rapport de l'architecte.

Enfin un appui de communion en fer, scellé solide-
ment aux piliers et au sol, fut placé sur la marche supérieure de l'escalier bordant le chœur.

LA CATHÉDRALE DE TOUL

(Gravure sur cuivre de Tarbesse).

A St-Gengoult, on abattit les grilles (1) et les petits autels qui séparaient le chœur de la nef ; celle-ci fut agrandie de 6 toises, prises sur le chœur. Le grand-autel fut rapproché de la nef d'une distance de 8 pieds et un appui de communion fut posé, comme à la Cathédrale, entre la nef et le chœur.

Ces travaux rapidement conduits et terminés en deux mois, le clergé constitutionnel put prendre possession des nouvelles églises paroissiales, où la messe fut dite pour la première fois le dimanche 6 novembre par M. Aubry, élu curé de St-Etienne, et M. Dominique Roussel, élu curé de St-Gengoult.

L'élection avait désigné comme vicaires les abbés Nicolas Leclerc et Joseph Baudot, qui célébrèrent la messe, le premier à l'église *ci-devant paroissiale de St-Mansuy* et le second à celle du *ci-devant monastère de St-Epvre*.

Ces deux églises, que le Décret du 23 août avait conservées comme oratoires, gardèrent cette destination jusqu'à la suppression du culte : celle de St-Mansuy, au centre de la place de ce faubourg, existe encore aujourd'hui avec son aspect extérieur, malgré sa transformation en maison d'habitation ; celle de Saint-Epvre, qui était située à gauche et au fond de la cour de l'Abbaye, n'existe plus, mais on peut en voir les piliers dans l'intérieur des maisons qui la remplacent.

Comme le plus grand nombre des membres de la noblesse n'avaient pas tenu compte du décret du 19 juin

(1) La principale de ces grilles orne aujourd'hui la porte d'entrée de l'hôtel-de-Ville.

1790, abolissant leur ordre et supprimant leurs titres et blasons, l'Assemblée Nationale avait le 27 septembre 1791 rendu un nouveau décret, aux termes duquel :

« Etait frappé d'une amende égale à six fois la valeur
« de sa contribution mobilière, rayé du tableau civique
« et déclaré incapable d'occuper aucun emploi civil ou
« militaire, celui qui prendrait les titres et qualifica-
« tions supprimés, porterait les marques distinctives
« abolies, ferait porter des livrées à ses domestiques
« ou placerait des armoiries sur ses maisons ou ses
« voitures. »

De nombreux blasons et signes héraldiques existant à Toul sur des hôtels particuliers et sur les édifices publics, le Corps municipal fut amené à délibérer à l'occasion de ces décrets ; à la demande du Procureur de la commune, il prit le 4 octobre l'arrêté qui suit (1) :

« Cejourd'hui 4 octobre 1791, le Corps MUNICIPAL étant assemblé en la salle ordinaire de ses séances, il a été représenté par le Procureur de la commune :

« Que depuis la publication qui a été faite dans cette ville et ses faubourgs, de la loi qui ordonne la suppression des armoiries de tous édifices publics et particuliers, il y avait lieu de penser que, sans qu'il fut besoin d'employer privativement la voie d'injonction à l'égard d'aucuns citoyens, le respect des lois et l'opinion publique suffiraient pour les engager à obéir à cette sage disposition et qu'ils s'empresseraient de soustraire aux regards d'un peuple libre ces insignes fantastiques, monuments désormais odieux de l'orgueil et de la servitude féodale ;

« Que toutefois, soit oubli, soit affectation, des armoiries subsistaient encore sur une partie des édifices de cette ville et de son territoire, au grand scandale des amis de la Loi, citoyens ou étrangers, ce qui ne pourrait qu'accoutumer le peuple à l'inobservation des

_____

(1) Archives municipales.

lois, perpétuer dans la société les principes de haine et de division, flatter les désirs et les folles espérances des partisans de l'ancien Régime, faire suspecter le Corps municipal lui-même de ménagements coupables ou de négligence dans ses fonctions : à tout quoi il a requis de pourvoir.

« La matière mise en délibération, et sur les conclusions du Procureur de la commune,

Le Corps municipal a arrêté :

« Que dans la huitaine au plus tard à compter d'aujourd'hui, tous particuliers, propriétaires, tenanciers ou principaux locataires de maisons de cette ville ou de ses faubourgs, sur les murs extérieurs desquelles se trouveraient des signes héraldiques, blasons ou armoiries, seront tenus de les faire enlever, sous les peines portées par les décrets et d'y être pourvu à leurs frais.

« *A arrêté en outre* que Messieurs les administrateurs du Directoire de ce district seront invités, au nom de la Loi, à faire exécuter cette disposition sur les édifices nationaux et autres bâtiments publics compris dans leur administration.

« *Ordonne* aux Inspecteurs de police de tenir la main à l'exécution du présent, qui sera imprimé, lu, publié et affiché aux lieux accoutumés (1).

« Fait en la maison commune de Toul, par le Corps municipal assemblé, les ans, mois et jour avant dits.

« *Signé* : Bicquilley, maire; Jacob, Vincent l'aîné ; Bourcier, Berthemot, Bouard, Lacapelle, Contault et Saunier, officiers municipaux ; C. Gérard, procureur de la commune, et E. Gérard, secrétaire-greffier. »

Les autorités, en conséquence, firent détruire par le ciseau et le marteau, tout ce qui, sur les bâtiments publics, rappelait la féodalité ou la noblesse. Les propriétaires, qui ne firent pas eux-mêmes disparaître des fa-

(1) Madame François-Bataille possède un exemplaire des affiches de cet arrêté, de l'imprimerie de J. Carez.

çades de leurs hôtels les blasons et armoiries, les virent mutiler par les ouvriers municipaux.

Plusieurs maisons de notre ville, comme nos édifices, portent encore la trace de cette exécution rigoureuse.

Le 21 juin, en apprenant le départ du Roi, l'Assemblée Nationale avait suspendu ses pouvoirs ; le 15 juillet, elle avait déclaré que cette suspension serait maintenue jusqu'à ce qu'il eût accepté la Constitution qu'elle préparait ; aussi l'Assemblée continuait-elle à faire garder aux Tuileries, moins en monarque qu'en prisonnier d'Etat, Louis XVI dont elle redoutait une nouvelle tentative de fuite.

Cette CONSTITUTION fut enfin décrétée le 3 septembre 1791 et présentée à l'approbation du Roi. Celui-ci l'accepta solennellement le 14 ; il reprit dès lors l'exercice de sa souveraineté, fondée non plus comme avant 1789 sur le droit divin, mais sur celui de la volonté nationale, réglé et défini par l'acte constitutionnel.

Louis XVI vint devant l'Assemblée prêter le serment de fidélité *à la Nation et à la Loi*, et des fêtes brillantes furent célébrées dans Paris, où l'adhésion du Roi à l'œuvre de ses représentants, véritable pacte du pouvoir et de la liberté, avait rempli le peuple d'allégresse et d'espérances.

Le 15 septembre, l'Assemblée Nationale décréta que, dans toutes les communes de France, la Constitution serait solennellement proclamée par les soins des officiers municipaux et qu'on s'y livrerait le même jour à des réjouissances publiques pour célébrer son heureux achèvement.

La cérémonie (1) de la proclamation de la Constitution eut lieu à Toul le 9 octobre, jour fixé par un arrêté
du Directoire du département.

A deux heures et demie de l'après-midi, les membres
du Corps municipal s'assemblèrent dans la grande salle
de la maison-commune, où successivement vinrent
se joindre à eux les diverses autorités constituées, ainsi
qu'un nombre considérable de citoyens « connus par
leur patriotisme et leur attachement à la Constitution. »

Devant la maison-commune, couvrant la place d'Armes (place du Marché actuelle), la gendarmerie à cheval, la garde-nationale de Toul et le 58ᵉ régiment d'Infanterie (2) étaient rangés en bataille, entourés d'une
foule compacte.

A trois heures précises, le cortège officiel sortit de
l'hôtel-de-ville : il se composait du Corps municipal,
des membres du Directoire et du Tribunal du district,
du juge de paix accompagné de ses assesseurs, et enfin
des membres du conseil général de la commune.

Les officiers municipaux marchaient en tête, portant
sur leurs épaules « *un brancard couvert d'un tapis de
velours cramoisi, bordé d'une crépine d'or.* » Ce brancard supportait un coussin de même étoffe, sur lequel
on voyait « *un faisceau d'armes, une main de justice
posée en sautoir et l'Acte de la Constitution Française,
surmonté du chapeau de la Liberté.* »

(1) Un procès-verbal, relatant les intéressants détails de cette fête, est conservé aux archives de la ville.

(2) Le 58ᵉ d'infanterie, ci-devant *régiment de Bourgogne*, était commandé par
le colonel *de Toulongeon.*

Les cloches des églises sonnèrent en volée, la musique des régiments se fit entendre, et le Corps municipal fit la première proclamation de la Constitution au centre de la place.

Puis le cortège se mit en marche, suivi de toutes les troupes, au bruit des tambours et de la musique. Après avoir traversé la *Place-aux-Poissons*, il suivit les **rues** du Change, du Jeu-de-Paume et Dauphine (ces deux dernières aujourd'hui rue de la République), et arriva sur la place Dauphine, où la garde-nationale et le 58ᵉ se rangèrent « *en bataillon carré, enseignes déployées.* »

La seconde proclamation ayant été faite au centre de la place, le cortège s'engagea dans les rues Dauphine, St-Jean, Michâtel et Sainte-Geneviève (actuellement de Rigny), et il atteignit le parvis de l'église St-Etienne, où se fit la troisième et dernière proclamation.

Après quoi, tous les assistants étant entrés dans l'église, l'*Acte constitutionnel* fut placé sur un autel élevé dans la nef et le *Te Deum* fut chanté par les curés des paroisses, « en actions de grâces de l'heureux achève- « ment de cette Constitution, qui assure la liberté et le « bonheur du Peuple Français. »

Cette cérémonie religieuse terminée, le cortège reprit les rues Ste-Geneviève, du Pont-des-Cordeliers, Grande-Rue (rue Louis actuelle), du Pont-de-Bois, Croix-de-Fust et du Murot, puis rentra dans le même ordre à la maison-commune, où la Constitution fut déposée aux archives.

A six heures du soir, le Corps municipal se transporta de nouveau sur la place Dauphine, précédé de la musique et escorté d'un nombreux détachement de troupes et d'une foule de citoyens ; un feu de joie y fut allumé « au bruit du canon, des cloches, des tambours, de la musique, et des nombreuses acclamations de *Vive la Nation, la Loi, le Roi et la Constitution !* »

Les autorités municipales firent ensuite distribuer aux pauvres 2,000 livres de pain et toute la soirée, les édifices publics et les maisons des citoyens furent illuminés.

La Constitution de 1791, cette œuvre immortelle célébrée avec tant de pompe, devait rester à travers les temps, l'essence de toutes les Constitutions Françaises, et le peuple heureux acclamait en elle, avec le règne de la Loi, le triomphe définitif de la Souveraineté Nationale.

Les 13 et 14 novembre, les citoyens *actifs* de la ville de Toul, divisés en deux sections de vote (l'une au couvent des Cordeliers et l'autre à celui des Jacobins), procédèrent, conformément à la loi du 14 décembre 1789, au renouvellement annuel de la moitié du Conseil général de la Commune, lequel était, on se le rappelle, composé du maire, du procureur-syndic, des officiers municipaux et des notables.

La série sortante de cette assemblée comprenait : le maire (Bicquilley), le procureur de la commune (Claude Gérard), quatre officiers municipaux (Jacob, Vincent, Bourcier et Berthemot) et neuf notables (Chénot, Didier, Thomas, Richardin, Grégeois, Gérard, Le Jard, Lacapelle fils et Valentin).

DOMINIQUE JACOB
(1735-1809)

D'après un portrait appartenant à la Ville de Toul.
(Cabinet du Maire).

On procéda le 13 à l'élection du maire et à celle du procureur de la commune :

M. Jacob, avocat, fut élu maire par 271 voix contre 99 données à M. Petitjean, receveur du district, et 14 à M. Contault, ancien maire, sur 397 votants.

M. Jacquet, homme de loi, fut élu procureur-syndic par 218 voix sur 242 votants, sans concurrent.

Le 14, MM. Martin, Pillement, Poincloux et l'abbé Henriot furent élus officiers municipaux. Le même jour, MM. Dillet, Bataille aîné, Jacquot, Vincent aîné, Bourcier, Berthemot, Génot, Curin (de St-Evre), Claude, l'abbé Roussel, Laurent (de St-Mansuy) et Barotte furent élus notables.

Les chefs sortants de la municipalité, MM. Bicquilley et Gérard, quittèrent notre ville quelques jours après ces élections, pour aller habiter Nancy : le premier en qualité de membre du Directoire de la Meurthe, et le second comme greffier du tribunal criminel du département (1).

Si nous examinons l'œuvre accomplie en 1790-91, au point de vue administratif et politique, par ces hommes distingués et leurs collaborateurs, nous reconnaîtrons qu'elle a été considérable.

Ne comptant dans son sein que des partisans des idées nouvelles, le Conseil général de la commune s'était toujours montré l'auxiliaire dévoué de l'Assemblée Nationale et le fidèle exécuteur de ses décrets.

Il avait su conjurer la disette et organiser la garde-nationale.

_____

(1) Voir leurs biographies à la fin du volume.

Soucieux des intérêts de la ville, nous l'avons toujours vu lutter avec ardeur contre les mesures funestes à sa prospérité, particulièrement lorsque la question de la suppression de l'Evêché fut agitée à l'Assemblée Nationale.

Mandataire consciencieux de ses administrés, jaloux de leur estime et de leur confiance, le Conseil avait, dès le 30 avril, placé ses délibérations sous leur contrôle en édictant la publicité de ses séances. L'arrêté pris à cet égard nous reste comme un exemple ; en voici le dispositif :

« La publicité des séances, établie depuis quelque temps dans la majeure partie des villes du royaume, a produit des effets si favorables à l'accroissement du civisme, que le Conseil général de la commune, guidé par le désir de propager l'amour de la Constitution et de recueillir les avantages qui doivent en résulter, a cru devoir se déterminer à rendre ses séances publiques en appelant ses concitoyens aux délibérations les plus importantes, en leur communiquant les projets qui intéressent essentiellement le bon ordre et le bien public, en discutant devant eux les moyens qui doivent en assurer l'exécution. Il a lieu d'attendre que secondé de leur zèle, il parviendra, en leur inspirant un nouvel attachement et un respect constant pour la Constitution, à déjouer les complots et rendre impuissantes les continuelles déclamations de ceux qui s'opposent à son achèvement.

« C'est en exposant sa conduite au plus grand jour qu'il pourra défier l'injuste censure des ennemis, qui calomnient une administration, dont tous les citoyens ont toujours pu prendre connaissance. Ce sera enfin par la publicité et d'après une discussion éclairée par le choc des opinions, que les objets à traiter ayant été soumis à un examen réfléchi, la décision atteindra le point de vérité qu'on doit chercher. »

Le Conseil général de la commune avait, en conséquence de cette délibération, décidé : que ses séances auraient lieu les 1er et 15 de chaque mois dans la grande salle de la maison-commune ; que les questions à y discuter seraient à l'avance portées à la connaissance du public *pour la séance tenante et celle prochaine ;* qu'enfin tous les citoyens pourraient faire des propositions au Conseil par l'intermédiaire d'un de ses membres.

C'était à la fois instituer le contrôle public des actes des élus du peuple, nécessaire dans toute démocratie, et créer l'école pratique du citoyen (1).

Au point de vue financier, les premiers édiles Toulois rencontrèrent dans leur gestion, en 1790-91, des difficultés insurmontables.

Il est intéressant d'entrer à cet égard dans quelques détails précis :

Depuis 1695, époque à laquelle Toul avait obtenu l'établissement d'un octroi jusqu'en 1789, les revenus de la ville avaient été assurés par la perception des droits d'*octroi* (Receveur : M. Vaultrin) et des droits de *mouture* (Fermier : M. Raguet), qui produisaient ensemble chaque année de 35 à 40 mille livres (octroi : 25,000 mouture : 10 à 15,000).

L'Assemblée Nationale ayant alors supprimé ces impôts, MM. Vaultrin et Raguet cessèrent leurs fonctions dès que la nouvelle municipalité fut constituée (4 février 1790). Leurs comptes de gestion furent

---

(1) Ce contrôle toutefois ne s'exerça pas assez longtemps pour porter ses fruits ; la publicité des séances des conseils des communes fut supprimée quelques années plus tard pour ne renaître que près d'un siècle après, avec la loi du 5 avril 1884 (articles 54 et suivants).

Les auteurs de cette loi bienfaisante ont mérité la gratitude du pays ; le témoignage leur en est dû, mais c'est à leurs devanciers et initiateurs, c'est à nos grands ancêtres de 1791, que revient tout d'abord notre hommage, respectueux et reconnaissant.

apurés et ils remirent au conseil général : le premier
la somme de 7573 livres, 7 sols, 2 deniers, et le second
celle de 4771 livres, 10 sols, 6 deniers, dont ils étaient
reliquataires.

La fonction gratuite de *receveur des deniers de la
commune* fut alors confiée par ses collègues a M. Jacob,
officier municipal.

Au 4 novembre 1790, les recettes de la ville s'élevaient à 25,404 liv. 5 s. 4 d., les dépenses à 18,213 liv.
10 s. 3 d. ce qui laissait un encaisse de 7,190 l. 15 s. 1 d.

Au 9 juillet 1791, la situation financière était la suivante :

Recettes : 27.814 liv. 15 s. 7 d.

Dépenses : 19.141 liv. 14 s. 6 d.

donnant un reliquat de 8,663 l. 1 s. 1 d. Mais, comme
les droits d'octroi et de mouture avaient cessé d'être
perçus à dater du 1er mai, il ne resta plus en caisse que
1718 livres le 13 octobre.

Jacob donna, à cette époque, sa démission de receveur ; le conseil général élit à sa place un autre officier
municipal, l'abbé Saunier, qui promit de remplir sa
fonction « en son âme et conscience et gratuitement,
« ainsi que l'avait fait son prédécesseur, désirant
« comme lui se rendre utile à la commune. »

Toul avait peu d'immeubles communaux et devait
faire face à un chapitre de dépenses, qu'on ne portait
en prévision, au projet de budget de l'année suivante,
qu'à 10 ou 11 mille livres. La suppression des droits
d'octroi et de mouture ne laissait plus à la ville que ses
revenus immobiliers s'élevant à 4,500 livres ; la seule

ressource pour combler le déficit allait être le *seizième du prix de vente des biens nationaux*, que l'article 3 de la loi du 17 juin 1791 attribuait aux municipalités ; c'était, comme on va le voir, une ressource très-restreinte et d'une durée limitée.

La commune avait *soumissionné*, le 14 décembre 1790, l'acquisition des biens nationaux situés sur son territoire pour la somme de 1,535,484 livres : en effet, il avait été décidé par l'Assemblée Nationale que ces biens seraient cédés aux municipalités, qui les achèteraient en bloc pour les revendre en détail, de manière à rendre plus avantageuse la réalisation de leur prix.

Le 24 mars 1791, elle avait obtenu de l'Assemblée un décret d'aliénation des biens relatés en sa soumission, et elle avait procédé pour les revendre à des adjudications successives qui produisirent à peu près trois millions.

Le bénéfice réalisé atteignait ainsi environ un million trois cent mille livres, ce qui donnait à la ville 80 mille livres pour son seizième ; ce seizième étant payable, d'après la loi, en douze annuités, ne fournissait au budget municipal que 6,600 livres par an.

Le montant des dépenses prévues atteignant 10 à 11 mille livres, et les crédits s'élevant :

1° Pour revenus fonciers à. . . . 3,500 liv.
2° Pour annuités sur la vente des
   biens nationaux. . . . . . . 6,600 liv.
           Au total. . . 11,100 liv.

on pouvait espérer le maintien de l'équilibre du budget ordinaire ; mais il fallait pourvoir à l'autre, à celui des dépenses extraordinaires, que menaçait tant d'imprévu !

La situation financière de la commune était donc devenue critique à la fin de 1791 ; le nouveau receveur allait se trouver dans l'impossibilité de faire face, pour 1792, aux lourdes charges imposées par les préparatifs de la défense nationale et autres causes connexes, comme la cherté des subsistances et l'avilissement de la valeur des *assignats*, papier monnaie gagé sur le prix des biens nationaux.

Ainsi, déjà, les dépenses communales devaient atteindre le 9 avril de cette année le chiffre de 12,602 livres 10 sols, tandis que les recettes ne s'élevaient ce même jour qu'à 4,455 livres 16 sols, laissant une insuffisance de 8,146 livres 14 sols.

C'est qu'il est impossible de supprimer, sans remplacement, dans un budget municipal, des recettes annuelles pour 35 ou 40 mille francs ; en abolissant les octrois, en faisant disparaître les droits de moûture, l'Assemblée, il est vrai, avait répondu au vœu national, mais elle avait omis de créer, pour les compenser au profit des communes, d'autres impôts moins impopulaires.

Le *déficit* allait grandir. Nous dirons plus tard avec quel zèle, quelle énergie et par quels moyens nos édiles luttèrent pour leur commune contre la famine et la banqueroute ; s'il y eut des citoyens qui, pour s'enrichir, profitèrent des malheurs publics, ce ne furent pas les administrateurs toulois.

Depuis les premiers mois de 1791, comme nous avons eu à le dire à l'occasion des insubordinations militaires du mois de juin, les ennemis de la Révolution se rendaient en foule à Trèves, Mayence, Coblentz et Cologne. Ils s'y armaient avec activité et y fomentaient la guerre contre leur patrie.

Ces rassemblements des émigrés hors de la frontière, et leurs menaces, avaient soulevé en France des sentiments de colère et sérieusement préoccupé les pouvoirs publics.

Le premier devoir des autorités était de s'opposer aux dangereuses menées des contre-révolutionnaires restés à l'intérieur et à la continuation de l'émigration. Il est licite, en effet, aux citoyens d'abandonner leur pays pour vivre dans un autre, mais ils sont des coupables si la passion politique éteint assez en eux le patriotisme pour qu'ils s'organisent à l'étranger en corps d'invasion.

Le Corps municipal de la commune de Toul l'avait ainsi compris, et, dès le 30 mai 1791, il avait pris l'arrêté suivant relatif aux passeports pour l'Allemagne :

« LE CORPS MUNICIPAL,

« Considérant que s'il est de son devoir de donner des passeports aux citoyens qui, pour leurs affaires, sont obligés de voyager en France, il ne peut ni ne doit en être expédié à ceux qui, sans donner aucuns motifs de leurs voyages et sans justifier d'une mission particulière, en demandent pour aller en pays étranger, et notamment à *Trèves*, cette ville étant présumée un lieu où il se fait un rassemblement d'émigrants français, auxquels on ne peut supposer que des intentions contraires au bien de l'Etat et à la tranquillité publique ;

« Que conséquemment, les Corps administratifs doivent se garder de faciliter ces rassemblements ;

« *A arrêté :*

« Qu'à l'avenir il ne sera plus expédié aucun passeport pour sortir du royaume, à moins que ceux qui les demanderont ne fassent apparoir de quelques pièces, qui justifient qu'ils ont des affaires ou qu'ils sont chargés de missions particulières dans les lieux où ils désireront aller, et notamment si c'est à Trèves ou en Allemagne. »

Cette mesure ne fut pas sans efficacité : elle ne put, toutefois, entraver absolument l'émigration et quelques jeunes gens de Toul gagnèrent la frontière. « Enfants « égarés d'une cause dès lors perdue, — dit à ce sujet « A.-D. Thiéry (1), — la plupart d'entre eux se hâtè- « rent de rentrer dans leur patrie et donnèrent depuis « au nouvel ordre de choses des gages non équivoques « de dévouement. »

L'Assemblée *Constituante* avait prononcé la destitution des fonctionnaires publics et officiers qui étaient hors du royaume et frappé leurs biens d'une triple contribution.

L'Assemblée *Législative* prit des mesures plus rigoureuses : le 9 novembre 1791, elle « *déclara suspects* de « conjuration contre la Patrie les Français rassemblés « au-delà des frontières » et décréta « que si, au 1er jan- « vier 1792, ils étaient encore en état de rassemble- » ments, ils seraient *déclarés coupables* de conjuration, « poursuivis comme tels et punis de *mort*, et qu'enfin, « les revenus des condamnés par contumace seraient, « pendant leur vie, perçus au profit de la Nation, sans « préjudice du droit des femmes, enfants et créanciers « légitimes. »

_____

(1) *Histoire de Toul* (tome II, page 299).

Louis XVI ayant usé du droit de *veto* que lui conférait la Constitution, pour suspendre l'exécution de ce décret, ce fut pour les émigrés un encouragement à continuer leurs préparatifs d'attaque, et pour les contre-révolutionnaires restés en France une invitation à favoriser
une émigration nouvelle ; ceux-ci se livrèrent donc à
une active propagande afin d'augmenter le nombre des
transfuges.

Le bruit s'était répandu que des notables de Toul en-
gageaient les jeunes gens à passer à l'étranger et leur
procuraient le moyen d'y rejoindre l'armée des émigrés.

Une dénonciation à cet égard parvint le 25 novembre
à la municipalité ; elle précisait des faits, qui auraient
eu lieu les jours précédents.

Les citoyens près desquels des démarches contre-révolutionnaires auraient été tentées furent appelés, et
leurs dépositions recueillies : ces témoignages constituant aux yeux du Maire des charges suffisantes pour
justifier une information, il convoqua sans retard le
Corps municipal, qui se réunit le même jour, à dix
heures et demie du soir, à la maison-commune.

Aussitôt fut mandé le citoyen inculpé comme auteur
principal : c'était un jeune homme de dix-huit ans, du
nom de *Mare*, qui ne tarda pas, après avoir nié tout
d'abord, à confesser son intention d'émigrer et les démarches qu'il avait faites dans ce but chez les sieurs
Gauthier, ancien garde-du-corps du roi, et *de Malvoisin*, lieutenant-colonel commandant le 13ᵉ dragons,
ci-devant *Régiment de Monsieur* (1).

---

(1) MALVOISIN (Charles-François, Baron de) était né à Aboncourt le 10 mai 1734.
Il avait embrassé la carrière des armes et était entré en 1717 comme officier **au**

L'information fut continuée, sans désemparer, contre ces trois citoyens.

Oublié, sinon ignoré, ce procès est un des plus intéressants et à la fois des plus douloureux épisodes de notre histoire révolutionnaire. Nous allons le faire connaître au lecteur, en lui en présentant les documents authentiques, tirés des archives de Toul et de Versailles et des délibérations de l'Assemblée Législative.

Voici le procès-verbal qui constitue la première pièce de l'information (1) :

« Cejourd'hui 25 novembre 1791, dix heures et demie du soir, le Corps municipal de Toul extraordinairement assemblé, un des membres a représenté qu'il avait appris dans la journée que plusieurs jeunes gens de la ville se disposaient à émigrer et qu'ils avaient été décidés à cette démarche par des citoyens de la ville ; que dans le nombre de ceux qui devaient partir était le sieur Charles-François *Marc*, fils mineur du sieur Clément Marc (2), ci-devant chantre à la Collégiale de Toul (St-Gengoult), et qu'on accusait ledit Marc de faire

---

régiment de Coigny. Il passa ensuite au régiment de Monsieur (Dragons) et y devint lieutenant-colonel. En 1789, le régiment était en garnison à Lyon et, le 5 septembre de cette année, la Municipalité conférait, par un arrêté, au Lieutenant-Colonel de Malvoisin le titre de citoyen de la ville « comme un témoignage « de la sensibilité et de l'attachement de la cité et son vœu de pouvoir contracter « avec lui une association permanente pour le bonheur, la sûreté et la tranquillité publics ». — (*Journal de Paris*, du 1er novembre 1789 : n° 305).

De Lyon, le régiment de Monsieur vint tenir garnison à Toul, où se produisit l'évènement qui devait être fatal à M. de Malvoisin.

M. des Robert, son petit-neveu, possède une miniature en camaïeu qui représente le colonel du 13e Dragons. Un portrait pastel de M. de Malvoisin est également possédé par Mme Le Duchat d'Aubigny, sa petite-nièce. Nous en avons donné une reproduction dans notre étude historique intitulée : *L'Affaire Marc, Gauthier et Malvoisin* (2e édition).

(1) Extrait du registre des délibérations de la commune de Toul pour l'année 1791.

(2) Ce Clément Marc fut en 1794 régent d'une école primaire et devint en 1803 instituteur communal pour la paroisse St-Gengoult. Il exerça cette fonction jusqu'à sa mort, survenue en 1814.

le métier d'embaucheur ; qu'il était intéressant de connaître la vérité
des faits à cet égard. Il a été arrêté que ledit sieur Marc serait à l'instant mandé pour répondre sur les inculpations qui lui étaient faites, ce
qui ayant été exécuté sur-le-champ, ledit sieur Marc s'est présenté. »

En raison des dénégations du jeune homme, lecture lui
fut donnée des dépositions recueillies : elles émanaient
des sieurs François et Jean-Baptiste *Simon* dits *Saint-
Joire*, et de Philippe *Marc*.

Ces dépositions étant, quant au fond, absolument
identiques, nous ne transcrirons que la première, celle
de François *Simon :*

« Interrogé s'il n'avait pas été engagé à aller chez le sieur *Gauthier*
le 23 du courant, pour se concerter avec ledit sieur sur la manière de
pouvoir rejoindre les émigrés et fugitifs de France à Coblentz,

« A répondu que le 23 du présent mois, s'étant trouvé *à la Corne-
de-Cerf*, chez le sieur Benoit, aubergiste (1), avec le sieur Marc et
plusieurs autres jeunes gens de cette ville, instruit que le sieur Marc
était dans les dispositions de sortir du royaume et avait les relations
nécessaires pour favoriser cette évasion, il feignit d'avoir le même
dessein, afin de s'assurer des sentiments du sieur Marc et lui dit de le
conduire chez les personnes chargées de faire passer les mécontents à
Coblentz ; qu'en conséquence le dit sieur Marc, applaudissant aux sentiments qu'il affectait, le mena chez le sieur Gauthier, ancien garde-du-
roi, où étant parvenu et annoncé par le sieur Marc comme émigrant,
ledit sieur Gauthier, en l'accueillant beaucoup et faisant l'éloge de ses
sentiments, lui dit qu'il ne lui conseillait pas d'émigrer dans le moment ; qu'il fallait rester à Toul pour y défendre la cause des honnêtes
gens qui étaient dans la même opinion que lui, que son service lui serait compté en restant dans le royaume comme en le quittant ; que,
sur ce qu'il insistait pour partir, ledit sieur Gauthier lui répliqua que,
puisqu'il ne voulait pas l'en croire, il n'avait qu'à s'adresser à M.
Malvoisin, commandant du régiment de dragons ; qu'en conséquence,
il s'est transporté, toujours conduit par le sieur Marc, chez mondit

(1) La rue Corne-de-Cerf actuelle doit son nom à cette hôtellerie, qui était située à l'angle de la rue St-Jean (n° 14).

sieur Malvoisin, où le sieur Marc est entré seul, et, en étant sorti un quart d'heure après, il raconta au répondant qui l'attendait à la porte, qu'il était très satisfait de la réception qui lui avait été faite ; que, sur ce qu'il avait annoncé audit sieur Malvoisin qu'il avait au moins une douzaine de jeunes gens, dont il était le moins grand, animés des mêmes sentiments, M. Malvoisin lui témoigna de la satisfaction et lui dit qu'une armée, composée d'hommes de ce genre, ferait une bonne armée ; qu'il parlerait le lendemain à M. Gauthier de cette affaire et qu'il n'avait qu'à revenir à neuf henres du matin. »

Confronté alors avec les trois témoins, le jeune Marc reconnut l'exactitude de leurs déclarations.

Le procès-verbal fut clos, signé par les témoins, l'inculpé et tous les membres du Corps municipal, et la séance fut levée à trois heures et demie du matin le 26 novembre.

Le même jour, à dix heures du matin, le Corps municipal se réunit une seconde fois et décida, après en avoir délibéré, que le sieur Gauthier serait mandé par devers lui et interrogé sur les faits révélés la veille au soir.

Celui-ci se rendit aussitôt à la maison-commune et s'expliqua ainsi :

« Le mercredi 22 novembre, présent mois, deux jeunes gens sont venus me demander vers les huit heures et demie du soir : j'étais alors à souper dans la chambre de mon frère (ci-devant chanoine de la Cathédrale). Je fus les recevoir sur l'escalier attenant à la grande salle de la maison. Là, ne les connaissant pas, je m'informai de leurs noms et de ce qu'ils désiraient de moi. L'un d'eux se nomma : *Marc, garçon apothicaire chez M. Bourcier*, me dit qu'il avait projet d'émigrer ainsi que son camarade et qu'il venait me demander avis et protection. Je leur répondis sur-le-champ que je n'étais point un homme à protéger, et, tranchant sur des compliments qu'ils croyaient me faire à ce sujet, je leur ajoutai que je mettrais mon bonheur à pouvoir être utile à un citoyen de Toul, si jamais l'occasion s'en présentait ; mais, que pour l'objet dont ils me parlaient, je ne pouvais leur être d'aucune utilité et que, s'ils voulaient avoir confiance en moi, le parti le plus sage que j'avais à leur proposer était de rester chez eux, où ils étaient sans doute plus utiles à leurs parents et dans l'intérieur de la France que chez l'étranger. Ces jeunes gens insistèrent. Je leur répétai la même chose en leur disant toujours : « Je désirerais vous inspirer assez de confiance pour vous empêcher de faire cette sortie-là, et si c'est intention de servir, nous avons ici de braves commandants, entre autres M. Malvoisin. Allez-le trouver : il pourra vous être plus utile et vous donner du service. Si vous êtes bons sujets, il vous avancera. » Les jeunes gens me dirent qu'ils ne le connaissaient pas. « Il n'est pas besoin de le connaître ; vous pouvez lui dire, si vous voulez, que c'est moi qui vous envoie. »

Et là-dessus, je les congédiai, sans même m'enquérir du nom du second jeune homme, le sieur Marc ayant seul parlé. »

Le colonel de Malvoisin se présenta spontanément le même jour, pendant l'après-midi, à l'Hôtel-de-Ville et déclara aux officiers municipaux « qu'ayant appris « indirectement qu'on l'accusait d'avoir voulu favoriser « les projets d'émigration de plusieurs jeunes gens de « cette ville, il se présentait à l'effet de s'instruire de ce « qui se passait à ce sujet. »

Le Corps municipal ayant fait donner lecture à M. de Malvoisin des dépositions par lui recueillies, celui-ci protesta contre leur contenu, disant qu'elles n'étaient pas conformes à la vérité et qu'il allait exposer comment s'étaient passés les faits dont on l'incriminait.

Le colonel déclara :

« Que le 23 du courant, entre 8 et 9 heures du soir, il était entré chez lui un jeune homme à lui inconnu, qui a dit que son dessein était d'émigrer et qu'il venait prendre les renseignements nécessaires à l'exécution de son projet et lui demander des lettres de recommandation ;

« Qu'à ces propositions, le comparant a répondu qu'il lui conseillait de rester dans sa ville et que, si son intention était de servir, il le placerait dans son régiment et lui procurerait les avantages que son talent dans la pharmacie pouvait lui mériter ; que le surplus de la déclaration du sieur Marc est de la plus grande fausseté et très-injurieuse aux sentiments de dévouement à la Constitution, dont il a donné des preuves en plusieurs circonstances ; que le 24, le même jeune homme s'étant représenté chez lui vers les 9 heures du matin, il lui a répété les mêmes discours, et même avec plus de sévérité, et sur ce, ledit Marc lors de cette conférence le prévint que deux autres jeunes gens, nommés St-Jouard, viendraient le trouver incessamment pour obtenir des lettres de recommandation relatives à leur projet d'émigrer, mais que c'était un piège et qu'il fallait se donner bien de garde de leur en donner, parce que leurs intentions étaient de les remettre à la municipalité. Le comparant répliqua qu'il ne donnait des lettres à personne pour de pareils projets. »

Le soir même, la municipalité reçut une dernière déposition relative à cette affaire, celle d'un nouveau témoin à elle indiqué, le sieur *Martin,* natif de Mont-le-Vignoble, qui affirma :

« Que le sieur Marc lui avait proposé d'émigrer ; que, sur les raisons qu'il lui avait données de son refus d'accéder à un parti qui était si opposé à sa façon de penser et à son attachement à sa patrie, le sieur Marc, ayant toujours persisté dans son projet, fit de nouveaux efforts près de lui : que, pour le décider, il lui avait proposé de transporter une partie de ses effets dans une armoire appartenant audit Marc et qu'il déposerait le reste de ses effets, en commun avec ledit Marc, dans des malles ; qu'il lui avait offert en outre de l'argent en suffisance pour les frais de sa route, car il devait en recevoir d'une personne de sa connaissance. »

Leur enquête ainsi terminée, les officiers municipaux convoquèrent pour le lendemain soir, 27 novembre, le Conseil général de la commune, qui devait statuer sur la suite à donner à cette affaire ; le conseil prit la délibération suivante :

« Cejourd'hui 27 novembre 1791, cinq heures de relevée, le Conseil général de la commune de Toul, après avoir entendu la lecture des déclarations recueillies et délibéré sur le parti à prendre dans la circonstance,

A arrêté à l'unanimité :

« Que toutes les déclarations, recueillies les 25 et 26, seraient envoyées en expédition, le plus promptement possible, à M. *Carez*, député de cette ville au Corps législatif, avec invitation d'en rendre compte à l'Assemblée Nationale et d'informer le Conseil général des mesures qui seront prises par elle. »

En exécution de cette décision, tous les documents qui précèdent furent envoyés aussitôt à M. Carez, qui les déposa sur le bureau de l'Assemblée.

M. Dumas, député de la Charente, fut chargé de faire rapport sur l'affaire, qui vint en discussion le dimanche 4 décembre.

Les débats furent très mouvementés comme le montre le compte-rendu suivant de la séance, extrait du Bulletin Officiel de l'Assemblée Nationale (1) :

« M DUMAS fait lecture d'une lettre de la Municipalité de Toul, qui adresse à l'Assemblée un procès-verbal qu'elle a fait dresser et qui contient des déclarations contre MM. *Gauthier*, ci-devant garde-du-corps du roi ; *Malvoisin*, lieutenant-colonel de dragons, et *Marc* fils, accusés : d'embauchement pour l'armée des contre-révolutionnaires ; de faire passer à Coblentz un grand nombre de jeunes gens, et d'en avoir séduit d'autres en leur promettant de faire courir leur service à compter du jour de leur présentation, même en restant dans le royaume, pour y semer le trouble et la dissension.

« Il lit aussi le procès-verbal de la Municipalité.

« M. MAZUYER (Député de Saône-et-Loire) : « Si j'ai bien entendu la lecture de ces pièces, il me semble que l'Assemblée a plus de lumières qu'il n'en faut pour rendre, sur des procès-verbaux légalement dressés, le décret d'accusation contre les trois particuliers accusés. Je conclus donc au décret d'accusation. (*On applaudit*.)

---

(1) *Moniteur universel* (n° 339, du lundi 5 déc. 1791).

Un député (1) demande préalablement le renvoi de ces pièces à un comité, au comité de surveillance, par exemple, pour qu'il en fasse son rapport.

M. Bréard (Député de la Charente-Inférieure) : « Je ne crois pas qu'il soit nécessaire de renvoyer à un comité, qui ne pourrait vous donner plus de lumière que les procès-verbaux. Si sur une simple lettre signée par M. Varnier, vous vous êtes crus assez instruits pour rendre un décret d'accusation contre lui (2), vous devez l'être assez pour le rendre contre MM. Malvoisin, Gauthier et Marc fils ; au surplus, je demanderais une seconde lecture du procès-verbal. »

M. Gouvion (Député de Paris) : « En appuyant la motion des préopinants, j'ajoute qu'il est bien temps que vous preniez des précautions contre les rassemblements qui se font sur toutes les frontières et contre l'aristocratie qui infecte la ville de Toul. Cette aristocratie y est d'autant plus dangereuse qu'elle y avait établi, il y a quinze ans, un chapitre de chanoines nobles qui, se trouvant supprimés par la Révolution, en sont les plus ardents ennemis et prennent les armes pour la détruire. Je suis de Toul : ma famille est exposée continuellement à la rage de l'aristocratie. Si l'Assemblée ne nous protége pas, que deviendrons-nous ? Grâce à Dieu, il n'y a ni aristocrates, ni nobles dans ma famille. J'appuie donc le décret d'accusation contre MM. Malvoisin, Gauthier et Marc fils (3).

---

(1) Le nom de l'auteur de cette proposition a échappé au rédacteur du Bulletin.

(2) Allusion à une affaire qui occupa l'Assemblée dans une précédente séance.

(3) Le *Mercure de France* du 17 décembre 1791 (n° 51), donne le compte-rendu suivant de l'intervention de M. Gouvion dans le débat de l'Assemblée : il diffère quelque peu de celui donné par le *Moniteur :*

« M. Gouvion atteste que la ville de Toul est infectée d'aristocratie ; mais que le peuple (*qui sans doute ne compose pas la ville?*) est bon patriote : « Ma famille, a-t-il dit, y est souvent insultée, à cause de mon patriotisme reconnu. Si on ne nous protège pas, nous deviendrons évidemment les victimes des malveillants. Grâces à Dieu ! il n'y a ni nobles, ni aristocrates dans la municipalité. Vous pouvez y avoir toute confiance. S'il y avait le moindre mouvement parmi les dragons, la garde-nationale est très bonne et pourra leur en imposer. »

Les maire et officiers municipaux de Toul adressèrent à Gouvion à l'occasion de cette déclaration, la lettre suivante, datée du 8 décembre :

« Monsieur, votre motion, au sujet des procès-verbaux des 25, 26 et 27 du courant, est un nouveau témoignage de votre patriotisme et de l'amour que vous portez à vos concitoyens. Veuillez en recevoir nos remerciements. Nous ne cesserons de poursuivre les ennemis du bien public, quelque grand et redoutable qu'en puisse être le nombre ; l'espoir d'être secondés dans cette tâche pénible par des législateurs sages et par vous, monsieur, en particulier, dont le suffrage nous flatte infiniment, ne peut qu'augmenter nos forces et notre courage. »

JEAN-BAPTISTE GOUVION
(1747-1792)

D'après un portrait appartenant à sa petite-nièce,
Madame de Lépineau, de Toul.

ALBERT DENIS. — (Toul pendant la Révolution). (16)

« L'Assemblée ferme la discussion.

M. Lacroix (Député d'Eure-et-Loire) : « Je demande que pour empêcher que les dragons, dont M. de Malvoisin est chef, ne favorisent son évasion, ce lieutenant-colonel soit mis sur le champ en état d'arrestation et conduit dans les prisons d'Orléans (*Les tribunes applaudissent*).

M. Jaucourt (Député de Seine-et-Marne) : » Je ne m'oppose point à l'amendement de M. Lacroix, mais ce serait un peu témérairement.... (*On murmure*).

M. le Président (Lacépède) : « Je réclame pour Monsieur la liberté des opinions.

M. Jaucourt : « Je ne m'oppose point à l'amendement de M. Lacroix ; plus on mettra de précipitation dans l'envoi du décret, plus on empêchera facilement l'évasion des accusés. Mais je dis que c'est très témérairement juger le patriotisme d'un régiment qui, dans aucune occasion n'a jamais pu inspirer de doute sur ses sentiments. Je l'avouerai franchement : je ne mets pas une très grande importance à ce qui a été dit par M. Lacroix, mais il est intéressant de ne jamais inculper de bons patriotes. Il faut qu'on sache que dans tous les régiments, s'il existe des officiers aristocrates, il existe aussi des officiers patriotes toujours prêts à surveiller leur conduite. J'affirme que dans tous les régiments, dans tous les régiments de dragons surtout, parmi lesquels il en est un que j'ai l'honneur de commander (1), s'il fallait arrêter des citoyens ennemis de la Patrie, il ne se trouverait pas un seul soldat qui ne remplisse avec joie ce devoir ! (*On applaudit à plusieurs reprises.*)

M. Lacroix : « Aussi n'est-ce pas le patriotisme des dragons que j'ai voulu inculper, mais bien celui des officiers ; et ce n'est pas la première fois que les commandants de régiments ont abusé de leur autorité pour soustraire à la Loi des officiers arrêtés en vertu de décrets de prise de corps.

L'Assemblée porte le décret d'accusation contre MM. Malvoisin, Gauthier et Marc fils, *sauf rédaction et désignation*, et ordonne que ce décret sera porté dans le jour au roi pour le faire mettre à exécution.

___

(1) M. de Jaucourt était colonel du régiment de Dragons, ci-devant dit *régiment de Condé.*

L'Assemblée décide que les accusés seront traduits dans les prisons d'Orléans, séparément, et que les scellés seront apposés, sans délai, sur leurs papiers.

M. Saint-Michel (Député du Tarn) : « Je demande qu'il soit fait mention honorable au procès-verbal de la conduite sage et patriotique de la Municipalité de Toul.

L'Assemblée décrète cette proposition. »

Le lecteur fera sans doute avec nous, à la suite de ce débat, une réflexion qui paraît s'imposer ; c'est que, si les charges relevées dans l'information de la municipalité de Toul étaient suffisantes contre Marc fils, elles ne l'étaient pas pour justifier la mise en accusation de Gauthier et de Malvoisin par l'Assemblée Nationale.

Ces deux citoyens n'avaient-ils point opposé les réponses les plus plausibles à des dépositions basées uniquement sur les dires du jeune Marc ? Leurs paroles ne semblaient-elles pas sincères, et leurs sentiments honorables et loyaux ? Leurs dénonciateurs eux-mêmes, entendus comme témoins, n'avaient-ils pas déclaré n'avoir eu avec eux aucune relation personnelle ?

Les soupçons ne sont point des preuves, et le doute, d'ailleurs, doit s'interpréter en faveur des inculpés (1).

_____

(1) Dans un article intitulé : *La Législature considérée dans ses fonctions judiciaires*, le journal le *Mercure de France* (n° 8, du 18 février 1792) appréciait en ces termes le décret d'accusation rendu contre M. de Malvoisin :

« M. de Malvoisin, officier aussi estimable qu'estimé, servant avec distinction depuis trente ans, est dénoncé, sans la moindre preuve ; le rapport pur et simple d'une municipalité suffit à faire décréter, arrêter et poursuivre cet officier sans que l'Assemblée ait daigné le faire comparaître pour l'interroger, sans qu'aucune de ses défenses péremptoires ait été entendue, sans qu'un seul des législateurs ait daigné rappeler qu'on ne disposait pas avec cette violente précipitation de la liberté d'un citoyen, même coupable. »

Mais ces adages de l'équité et du droit ne comptent plus, hélas ! aux époques ardentes de luttes politiques, lorsque le patriotisme enflamme les esprits et que la passion les égare ; la décision, si précipitamment prise par l'Assemblée Nationale, se ressent de ces conditions troublées.

Il faut toutefois, pour juger les actions des hommes et plus encore celles des corps politiques, se reporter au temps et au milieu où elles ont été accomplies ; le décret d'*accusation* et d'*arrestation* contre ces trois citoyens toulois n'est pas justifié, mais il s'explique.

Chaque jour l'Assemblée recevait de toutes parts de nouvelles dénonciations. Il lui arrivait des procès-verbaux des municipalités et des départements voisins de la frontière, des rapports de commerçants venant de l'autre côté du Rhin et indiquant les préparatifs et les menaces des émigrés (1). La proposition faite au général Wimpfen de livrer Neuf-Brisach, le veto opposé par le roi à la loi répressive du 9 novembre, enfin les menées toujours plus sérieuses des partisans de l'ancien Régime, révélées par la voix publique, avaient poussé

---

(1) Une lettre, envoyée de Nancy, le 8 novembre, était conçue en ces termes :
« Un grand nombre d'émigrants, venant de l'intérieur de la France, a passé ces jours derniers par notre ville. Les auberges étaient si pleines qu'elles n'ont pu les contenir tous. On prétend que ce qui a occasionné ce redoublement d'émigration en si peu de temps, c'est la crainte que l'Assemblée Nationale ne rendit un décret pour empêcher la sortie du royaume ». (*Moniteur* du 20, nº 324).

Une autre dépêche, datée de Montmédy le 24 novembre, s'exprimait ainsi :
« Quarante émigrants ont passé à Montmédy-Bas où sont les deux compagnies de grenadiers. Sept ont été arrêtés. Ils ont été reconnus pour gardes-du-corps. Ils avaient chacun deux paires de pistolets, une épée et leurs voitures étaient remplies de sabres. On leur a trouvé 7,700 livres en or, dans leurs bonnets et leurs bottes. L'émigration continue toujours avec la même activité. » (*Moniteur* du 28, nº 332).

l'Assemblée au dernier degré de l'irritation et l'avaient résolue à faire des exemples.

Le décret rendu le 4 décembre fut exécuté avec la célérité la plus grande. Quarante-huit heures après, M. de Malvoisin et le jeune Marc étaient arrêtés.

Quant au troisième inculpé, M. Gauthier, il sut se dérober aux recherches.

M. Jacob s'empressa de faire connaître au député Carez les mesures par lui prises, de concert avec ses collègues du Corps municipal, pour l'exécution du décret de l'Assemblée.

Voici la lettre du maire de Toul :

« Toul le 8 décembre 1791.

« Je n'ai jamais vu, Monsieur et cher Représentant, un décret arriver aussi promptement que celui rendu le 4 du courant contre les sieurs Malvoisin, Gauthier et Marc fils : une ordonnance me l'a remis à minuit le 5, et sur-le-champ, j'ai profité du zèle de la garde-nationale, dont le détachement de la Place d'Armes était considérable, pour éveiller mes collègues, qui se sont rendus à l'instant même à la maison-commune.

« Toutes les dépêches ont été faites pour deux heures après minuit, et c'est à cette heure même que j'ai fait partir un gendarme national pour se rendre à Joinville (1) pour l'arrestation de M. Malvoisin, que la municipalité de Joinville a mis sous bonne et sûre garde pour le transférer à Orléans. Je vous observerai que bien m'a pris d'accélérer le départ du gendarme national, puisqu'un quart d'heure de plus, il aurait été devancé par un maréchal-des-logis de son régiment, qu'on lui avait envoyé pour le soustraire à son arrestation.

« Dans la même nuit, le nommé Marc a été conduit ès prisons de cette ville, après avoir mis le scellé sur ses papiers et ceux de M. Malvoisin, où l'on n'a rien trouvé. Je vous avouerai que je suis bien fâché

_____

(1) Joinville, chef-lieu de canton du département de la Haute-Marne (arrondissement de Vassy).

que le plus insolent, et celui que je crois le plus criminel des trois, ait échappé à toutes mes recherches : je n'ai cependant rien négligé, car dans le même instant qu'on faisait dans la maison de son frère (l'ex-chanoine) les perquisitions de sa personne, on envoyait dans le même temps à Burey-en-Vaux, où l'on croyait qu'il s'était réfugié, et le lendemain à Traveron, où de violents indices faisaient soupçonner qu'il était.

« Ces opérations faites, nous n'avons rien eu de plus pressé que d'en rendre compte, par des extraits des procédures, au Directoire du département, que nous devions consulter sur la conduite ultérieure que nous devions tenir, et surtout à l'égard du nommé Marcq détenu dans nos prisons. Nous savions bien que nous aurions pu, en exécution du décret du 4 de ce mois, le faire partir pour Orléans ; mais nous étions trop flattés d'agir de concert et de mériter l'estime d'un Directoire , patriote, pour ne pas lui faire part de nos opérations. Aussi en avons-nous reçu la réponse la plus flatteuse, et nous ne pouvons que nous savoir bon gré d'avoir consulté le Directoire du département, qui nous a répondu que nous devions apporter la plus grande diligence au départ du nommé Marcq pour Orléans, et qui nous a voté des remerciements..... »

Signé : Jacob, maire ; Bouard, Lacapelle, Saulnier,

Pillement, Martin, Poincloux et Henriot,

officiers municipaux.

Notification de l'arrestation fut faite le 8 décembre (1) par le Ministre de l'Intérieur, M. Cahier de Gerville, au Président de l'Assemblée et les pièces d'exécution furent transmises le 10 à ce dernier, comme on le voit par l'extrait suivant du *Bulletin de la Séance* :

(1) « On fait lecture d'une lettre du ministre de l'Intérieur qui annonce que le procureur-syndic du département de la Meurthe lui a donné avis que M. Marc fils a été arrêté à Toul, et qu'à l'égard de MM. Malvoisin et Gauthier, l'un est à Joinville, où il commande son corps ; et l'autre, M. Gauthier, sur des soupçons qu'il avait conçus, s'est retiré de Toul deux jours avant le décret d'accusation. » (Extrait du bulletin de la séance du 9 décembre de l'Assemblée Nationale. — *Moniteur* du 12 ; nº 344).

« Un de MM. les Secrétaires fait lecture d'une lettre du Ministre de l'Intérieur ainsi conçue :

Paris, 10 décembre 1791.

« Monsieur le Président,

« J'ai eu l'honneur de vous faire part, avant-hier, de la lettre que j'avais reçue du Procureur-général-syndic du département de la Meurthe, par laquelle il m'annonçait l'arrestation de MM. Malvoisin et Marc fils. Je vous adresse une autre lettre du procureur-général avec les procès-verbaux d'arrestation. L'Assemblée y verra que M. Malvoisin a été arrêté à Joinville (*les tribunes applaudissent*) et que M. Marc fils a été arrêté à Toul. M. Gauthier n'est pas encore arrêté : il était parti de Toul et on ignore où il s'est rendu (1). »

Conduits à Orléans, siége de la Haute-Cour Nationale (2), M. de Malvoisin et le jeune Marc y furent écroués dans l'ancien couvent des Minimes, servant alors de prison.

Les recherches furent continuées, mais sans résultat, contre Gauthier qui était parvenu à gagner la frontière (3).

De nombreux accusés emplissaient déjà la prison, et, cependant, la juridiction chargée de les juger ne fonctionnait pas encore : il n'y avait à Orléans ni magistrats, ni jurés. M. de Malvoisin écrivit alors, pour s'en plaindre à l'Assemblée Nationale, une lettre (4) qui resta sans réponse.

(1) *Moniteur* du 12 ; n° 346.

(2) Juridiction spéciale instituée par la Constitution pour juger les crimes d'État.

(3) Son nom figure, en effet, sur la *liste des émigrés*, dressée l'année suivante en conformité de l'article 7 de la loi du 8 avril 1792.

(4) On lit dans le bulletin de la séance du 17 décembre 1791 (*Moniteur* du 19 ; n° 353) :

« Un de MM. les secrétaires fait lecture d'une lettre de M. Malvoisin, qui, arrivé à Orléans, où il devait être interrogé dans les vingt-quatre heures, se plaint de ce que la Haute-Cour Nationale n'est point encore formée.

Ce n'est que deux mois plus tard que la Haute-Cour fut enfin constituée et que l'acte d'accusation, rédigé par M. Mouysset, député de Lot-et-Garonne, fut approuvé par l'Assemblée Nationale dans sa séance du 4 février 1792 : nous le reproduisons d'après le *Moniteur Universel* du lendemain (n° 36) :

« ACTE D'ACCUSATION *contre les sieurs Charles-François* MALVOISIN, *lieutenant-colonel, commandant le 13ᵉ régiment de Dragons ; Nicolas-François-Xavier* GAUTHIER, *ci-devant garde-du-corps du roi, et Charles-François* MARC, *ci-devant chantre de l'église collégiale de Toul* :

« Les procès-verbaux dressés par la Municipalité de Toul, département de la Meurthe, les 25, 26 et 27 novembre dernier ; l'arrêté du Conseil général de la même commune, en date aussi du 27 novembre ; et les témoins ouïs en conséquence, au moment que les sieurs Charles-François *Malvoisin*, lieutenant-colonel, commandant le 13ᵉ régiment de Dragons ; Nicolas-François-Xavier *Gauthier*, ci-devant garde-du-corps du roi, et Charles-François *Marc*, ci-devant chantre de l'église collégiale de Toul, tramaient des projets hostiles contre l'Etat, soit en enrôlant des citoyens pour les envoyer au-delà du Rhin grossir l'armée des émigrés, soit en louant les intentions de ceux qui se présentaient pour s'enrôler, en les exhortant à rester dans le royaume pour seconder les entreprises des contre-révolutionnaires, et de plus, en leur promettant de les payer comme s'ils franchissaient tous déjà la frontière.

En conséquence l'Assemblée Nationale, après avoir pris connaissance de ces procès-verbaux et de cet arrêté dans la séance du 4 décembre dernier, a déclaré qu'il y avait lieu à accusation contre les ci-devant nommés, et elle les accuse par le présent acte devant la Haute-Cour nationale, comme étant prévenus de complots contre la sûreté de l'Etat. »

Les malheureux Toulois, après une détention déjà trop longue, pouvaient espérer qu'ils seraient bientôt traduits devant la Cour pour y présenter leur défense.

Mais l'heure du jugement ne venait pas, et sept mois plus tard, au commencement de septembre 1792, leur captivité durait encore.

La Haute Cour voyait sans cesse de nouveaux accusés traduits à sa barre, et le tour de rôle de l'affaire était retardé chaque jour par le jugement de procès plus graves.

La rédaction de l'acte d'accusation avait eu néanmoins pour résultat de tirer Marc et Malvoisin de la cellule où ils étaient reclus depuis leur arrivée à Orléans ; car la procédure suivie devant la Cour Nationale n'exigeait la mise au secret que jusqu'au moment où l'acte d'accusation parvenait au greffe avec les pièces à conviction.

Les évènements politiques s'aggravaient de plus en plus : la trop fameuse déclaration du duc de Brunswick, la proclamation décrétée par l'Assemblée et portant que la Patrie était en danger, enfin l'arrivée des Marseillais à Paris avaient surexcité au plus haut point les passions de la capitale, et amené, le 10 août 1792, la prise des Tuileries, la suspension du pouvoir exécutif, l'arrestation du roi.

Et les deux accusés attendaient toujours la réunion des *grands-jurés*, qui devaient statuer sur leur sort !

Une évasion ayant eu lieu et quatre acquittements consécutifs ayant été prononcés par la Haute-Cour, les sections et les clubs parisiens adressèrent à l'Assemblée Nationale et à la commune de Paris des demandes passionnées pour obtenir le transfert dans les prisons de la capitale des accusés d'Orléans.

Sans attendre la décision à intervenir, deux cents fédérés marseillais, conduits par Lajowski, prirent les
devants et se dirigèrent sur cette ville.

Le pouvoir exécutif, sommé par l'Assemblée de les
faire revenir sur leurs pas, envoya *Fournier l'Améri-
cain*, avec 1,800 hommes de garde-nationale et plusieurs pièces de canon, pour assurer la sûreté des prisonniers. Cette troupe rejoignit les Marseillais à Long-
jumeau et, n'osant les arrêter, les accompagna jusqu'à
Orléans, où ils arrivèrent le 30 août.

Aussitôt les fédérés envahirent les prisons et pillèrent
les effets des détenus, qu'ils auraient égorgés sans la
protection de la garde-nationale.

Visités dans leurs cachots par *Léonard Bourdon*,
commissaire du pouvoir exécutif, les accusés réclamè-
rent tous l'accélération de leur mise en jugement, à
quoi ce fanatique répondit avec une ironie cruelle « que
« le but de sa démarche était en effet d'abréger des
« formes beaucoup trop longues. » Marc et de Malvoisin n'avaient plus à se faire illusion : ils ne seraient pas
jugés ! (1).

Pendant ce temps, l'Assemblée Législative prévenue
avait rendu un décret, ordonnant que les prisonniers
fussent dirigés sur le château de Saumur. Ceux-ci
furent donc mis en route, mais malgré le décret et les
efforts des *Grands-Procurateurs* près la Haute-Cour,

---

(1) M. de Malvoisin avait, le 10 août, fait son testament dans son cachot. Ce
document débutait ainsi :

« Considérant la position alarmante dans laquelle je **me** trouve et prévoyant
« qu'un instant malheureux peut me priver de la vie... »

Ce testament a été déposé le 20 octobre 1792, en l'étude de Mᵉ Tournay, notaire à Nancy.

Garran de Coulon et *Pélicot*, chargés de l'exécuter,
Bourdon et Fournier changèrent en route leur destination et les acheminèrent sur Paris, dans un but, hélas !
trop visible.

Les malheureux détenus étaient au nombre de cin-
quante-trois. Ils furent disposés sur des chariots,
fournis par le train d'artillerie, et servant alors au
transport des boulets de canon. Trois voitures plus
commodes y furent adjointes pour les malades ! !

Parti d'Orléans le 3 septembre au milieu des cris : *A
bas les traitres ! A bas les conspirateurs !* le convoi
arriva le 6 à Etampes, où l'escorte s'arrêta un jour ; il
était le 9 au matin dans les campagnes environnant la
ville de Versailles, où l'inquiétude s'était répandue, car
la bande des égorgeurs, qui venaient de massacrer les
détenus des prisons de Paris, s'y était rendue au devant
de ceux d'Orléans.

Le Conseil général de Versailles, redoutant de nombreux crimes, avait en vain averti le Ministre de l'Intérieur en l'engageant à changer l'itinéraire des prisonniers. « Depuis plusieurs jours, — écrivait-il, --
« des hommes pervers cherchent, par des inspirations
« perfides, à égarer le civisme de cinq à six mille volon-
« taires arrivés ici, et à les porter à des exécutions
« sanglantes (1). »

Le 9 vers deux heures de l'après-midi, les prisonniers
et leur escorte entraient à Versailles et traversaient la
ville au milieu des huées d'une foule menaçante.

---

(1) « Procès-verbal des évènements des 8, 9, 10 et 11 septembre, à l'occasion
« des massacres des prisonniers d'Orléans et des prisonniers détenus dans les
« prisons de cette ville. » (Registre des assemblées du conseil général de la commune de Versailles pour l'année 1792).

A leur arrivée près de l'Orangerie, les imprécations du peuple redoublèrent et prirent un caractère sinistre. Le maire, Hippolyte Richaud, fit les plus courageux efforts pour désarmer la rage des assassins ; bravant les piques de la multitude, il se précipita entre elle et les prisonniers, suppliant ses concitoyens de ne pas se déshonorer par un lâche attentat, commis contre des hommes, d'autant plus sacrés à ses yeux qu'ils appartenaient à la loi et à la justice.

La foule ne répondit à ces objurgations que par des cris de mort : elle se précipita sur les voitures, parvint à les entourer et à les séparer du reste de l'escorte en fermant la grille de l'Orangerie, et enleva le maire, qui, s'étant placé entre les deux battants de la porte, cherchait encore au péril de sa vie à contenir la fureur populaire.

Puis les assassins, se ruant sur les infortunés prisonniers, en massacrèrent *quarante-quatre* à coups de sabre, de pique, de hache, de baïonnette. On entendait confusément des hurlements affreux, les cris de la mort, de la rage et du désespoir.

« Jamais on ne vit tant de fureur et de cruauté, — « dit le procès-verbal dressé le 10 au matin par la mu- « nicipalité de Versailles, — tous les prisonniers sont « frappés presqu'au même instant ; quelques-uns par- « viennent à se sauver dans la foule, les autres sont « mis en pièces. A la maison-commune, une scène « horriblement dégoûtante succéda bientôt à celle qui « vient d'avoir lieu : les homicides, teints de sang, l'œil « égaré, viennent déposer les bijoux, les assignats, les

« effets de ceux qu'ils ont égorgés. Ils portent comme
« en triomphe des membres encore palpitants ; ils en
« laissent sur les bureaux. O erreurs, ô contradictions
« humaines ! on aperçoit dans la joie barbare de ces
« hommes qu'ils croient avoir fait une action utile ; ils
« ont pu tremper leurs mains dans le sang de leurs sem-
« blables, ils se croiraient déshonorés s'ils s'appro-
« priaient quelques effets ! Plusieurs officiers munici-
« paux et notables ne peuvent tenir à ce spectacle : ils
« sont forcés de se retirer..... (1) ».

Dans cette funèbre journée du 9 septembre périrent,
ainsi que les martyrs Toulois *de Malvoisin* et *Marc*,
les anciens ministres *Delessart* et *d'Abancourt,* le duc
de Brissac et le juge de paix *Larivière.*

Le pavé de la ville était, quelques heures après le
massacre, couvert de sang et de membres épars ; les
têtes des victimes, plantées sur les grilles du palais,
étaient exposées aux regards de la multitude. Lorsque
les officiers municipaux arrivèrent sur la place, racon-
tent-ils dans leur procès-verbal du 11, « ils la trouvè-
« rent jonchée de cadavres mutilés ; ils les firent met-
« tre sur un chariot et leur firent donner la sépulture
« dans le cimetière de la paroisse St-Louis en présence
« du public ; tous leurs vêtements furent transportés
« dans le même chariot sur la place de la Loi et brûlés
« publiquement (1). »

Les chefs de ce mouvement sanguinaire avaient été
Marat, *l'ami du Peuple,* et les membres de la commune
de Paris qui adressèrent le 3 septembre à toutes les

_____

(1) Procès-verbal cité plus haut.

municipalités des départements la proclamation suivante :

« La commune de Paris se hâte d'informer ses frères
« de tous les départements qu'une partie des conspira-
« teurs féroces détenus dans les prisons a été mise à
« mort par le peuple; actes de justice qui lui ont paru in-
« dispensables pour retenir par la terreur ces légions de
« traitres cachés dans ses murs, au moment où il allait
« marcher à l'ennemi ; et sans doute la nation entière,
« après la longue suite de trahisons qui l'ont conduite
« sur les bords de l'abîme, s'empressera d'adopter ce
« moyen si nécessaire au salut public, et tous les
« Français s'écrieront, comme les Parisiens : Nous
« marchons à l'ennemi, mais nous ne laisserons pas
« derrière nous des brigands pour égorger nos enfants
« et nos femmes ! »

On vient de voir que ce déplorable appel, fait par
quelques hommes aux passions furieuses du peuple, fut
malheureusement entendu.

L'impartiale histoire ne peut, sans douleur et sans
honte, rapporter de semblables crimes, que ne sauraient excuser, même à la veille d'une invasion, les
folies du patriotisme. Mais *Roland*, *Pétion* et les
hommes qui étaient les véritables représentants de la
Révolution, n'ont pas attendu pour les flétrir, et, presqu'à l'instant où les massacres venaient de s'accomplir,
ils les ont dénoncés avec indignation à la tribune de
l'Assemblée.

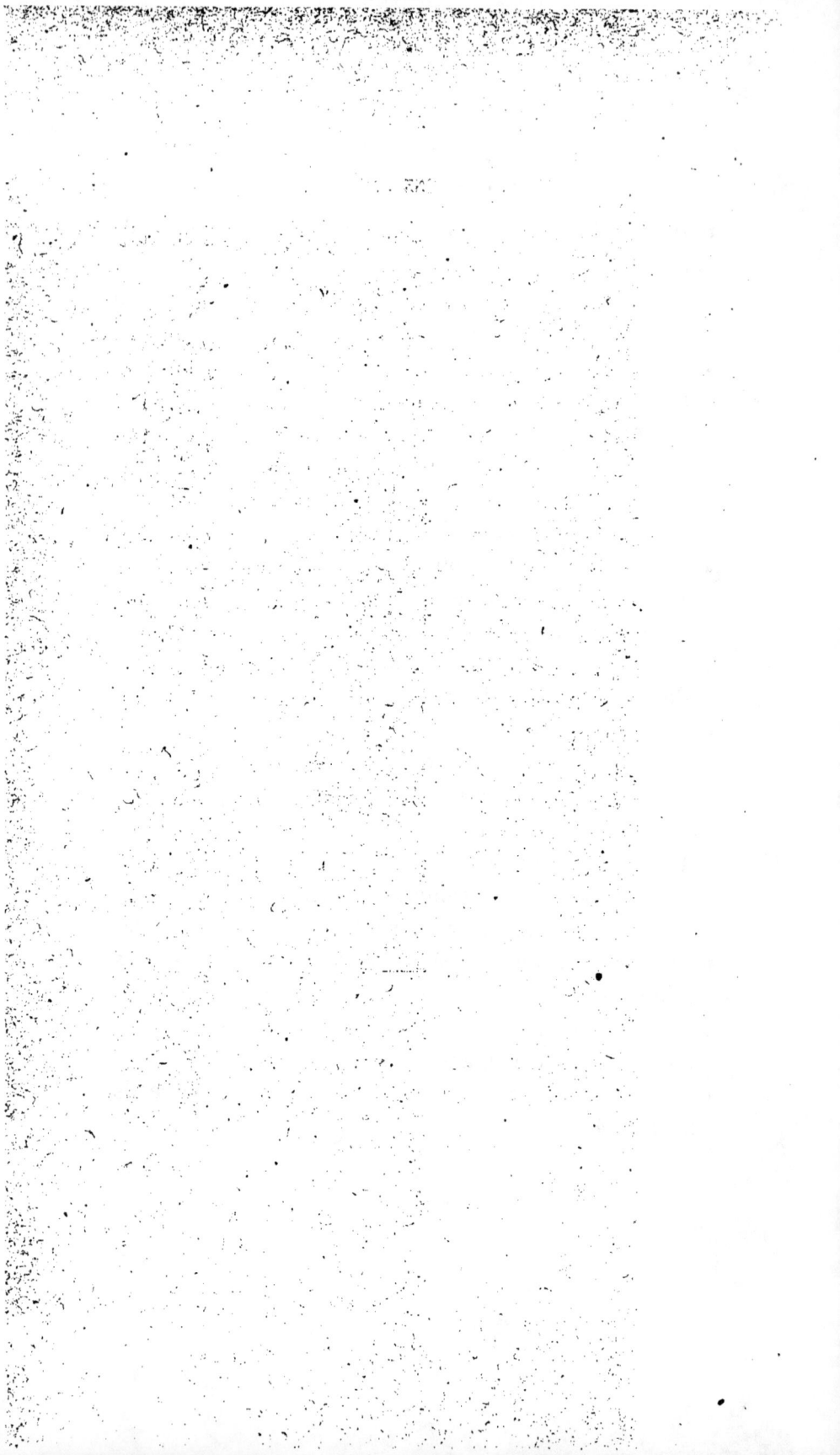

1792

~oↄ∞ↄo~

SOMMAIRE

—

Le clergé réfractaire et les religieux supprimés entrent en rebellion
contre la *Constitution civile*. — Décrets rendus par l'Assemblée
Nationale concernant les prêtres et religieux non assermentés. —
— Les *Cordeliers* de Toul se livrent à une propagande des plus
actives contre les prêtres assermentés. — Leur communauté se
trouve réduite à treize membres. — Le Conseil général de la commune réclame sa suppression, qui est prononcée par le Directoire
du département. — Résistance des religieux et de leurs partisans.
— Ils cèdent aux conseils du Maire. — Suppression des sœurs *Vathelottes* et remplacement des régents des écoles ci-devant épiscopa-
pales. — Fermeture des Chapelles des couvents et maisons de charité. — Mesures prises par le Directoire contre les prêtres non
assermentés. — L'Assemblée Nationale les frappe de la déportation.
— Le député de Toul s'élève contre le mode d'exécution de cette
loi, à laquelle le Roi oppose son *veto*. — Difficultés financières. —
Les *assignats*. — Disparition du numéraire. — Les citoyens de
Toul s'assemblent à l'hôtel-commun, sur la convocation du corps
municipal. — Discours du maire. — Création d'une *Caisse patriotique*. — La municipalité adresse, à l'occasion de son ouverture
au public, une proclamation aux habitants de la ville et des communes environnantes. — Cette banque cesse de fonctionner et les
billets émis par elle sont retirés et brûlés publiquement. — Rôle

de J. Carez au comité des assignats de l'Assemblée Nationale. —
La garnison de Toul de 1789 à 1792. — Troupes de ligne. —
Garde-nationale. — Arrivée du 4e bataillon des volontaires de la
Meurthe. — Discours prononcé par le maire de Toul lors de
l'entrée en ville de ce bataillon. — Le 32e régiment d'infanterie
quitte la ville. — Proclamation de la déclaration de guerre à l'Autriche. — Les hostilités commencent dans le Nord. — Premiers
revers. — Motion de Carez à l'Assemblée Nationale. — Le général
J.-B. Gouvion est tué sur le champ de bataille. — Douleur que
cette mort répand dans la ville. — Des services funèbres y sont célébrés par les soins des autorités. — Récit des hommages rendus par
les Toulois à la mémoire de leur compatriote. — Joie des aristocrates. — Situation des esprits. — Evènements graves à Paris et
sur la frontière. — Adresse du Conseil général de la commune de
Toul à l'Assemblée Nationale. — Lettre des officiers municipaux à
J. Carez. — Etat des partis : Feuillants et Jacobins. — Correspondance de la municipalité avec Carez. — Décret de l'Assemblée Nationale déclarant la Patrie en danger. — Sa proclamation à Toul.
— Mesures prises par la Municipalité. — Enrôlements volontaires
dans la salle du Manège. — L'Assemblée Nationale décrète *mention
honorable* du zèle et du patriotisme des officiers municipaux et citoyens de Toul. — Les Volontaires de 1792 : Liste des enrôlés de
Toul. — Les vétérans de cette ville sont armés de piques et les
jeunes gens demandent des armes à la municipalité. — Maniteste du
duc de Brunswick. — Il est adressé à la municipalité de Toul par
un ex-chanoine de la Cathédrale, aumônier des princes émigrés. —
Réponse de la municipalité. — Impression générale produite par le
Manifeste. — Fête religieuse et populaire pour la translation solennelle des reliques de St-Mansuy (6 août). — JOURNÉE DU 10 AOUT.
— L'Assemblée Nationale suspend le Roi de ses fonctions de chef
du Pouvoir exécutif et décrète la convocation d'une Convention Nationale. — Lettre de la municipalité de Toul à J. Carez (16 août).
— Adresse du Conseil général à l'Assemblée Nationale (20 août). —
Election des députés à la CONVENTION NATIONALE. — Les élus du département de la Meurthe. — Jacob, maire de Toul, est élu député-
suppléant. — L'invasion : Emoi que cause à Toul la prise de Longwy. — Lettres de la municipalité à Carez sur les mesures à prendre
pour la sécurité et la défense de la place. — Les portes de la ville

sont fermées à la nouvelle de la capitulation de Verdun. — Passage à Toul des troupes de Kellermann et des Commissaires de l'Assemblée. — Travaux de défense et perquisitions domiciliaires. — Lettre du Conseil général au Ministre de la guerre au sujet de la mauvaise situation défensive de la ville. — Mouvements des armées. — Dumouriez et le Toulois Thouvenot. — Bataille de Valmy. — Réunion de la Convention et ABOLITION DE LA ROYAUTÉ.

Nous avons dit qu'un décret de l'Assemblée Nationale avait, le 13 février 1790, supprimé les ordres religieux et aboli les vœux monastiques (art. 1er).

« Tous les individus de l'un et de l'autre sexe, — disait l'article 2, — existant dans les monastères et maisons religieuses, pourront en sortir en faisant leur déclaration devant la municipalité du lieu et il sera pourvu incessamment à leur sort par une pension convenable. Il sera pareillement indiqué des maisons, où seront tenus de se retirer les religieux qui ne voudront pas profiter du présent décret. »

Le lecteur se souvient qu'en outre, le 12 juillet suivant, la *Constitution civile du clergé* fut décrétée, puis, le 26 décembre, acceptée par le Roi, mais que le Pape Pie VI refusa de la ratifier, n'hésitant pas à plonger ainsi une nation entière dans les dissensions redoutables d'une lutte religieuse.

17

Cette réorganisation de l'Eglise gallicane d'après les principes de l'Eglise primitive. cette réforme d'abus séculaires faisait du prêtre un fonctionnaire public, soumis comme les autres fonctionnaires à l'élection et à l'obéissance aux lois ; la colère de la première heure fut suivie de la part du clergé réfractaire d'une résistance, qui se transforma en rebellion véritable après le décret du 27 novembre prescrivant le serment civique.

Les appels à la révolte se succédèrent dans des instructions, mandements, protestations, pamphlets ou écrits anonymes, qui furent répandus partout, malgré la vigilance déployée par les autorités municipales et par les membres de la Société des Amis de la Constitution.

Un certain nombre de prêtres, il faut le reconnaître, ne s'étaient abstenus que par discipline et pour ne pas désobéir au pape ; mais ceux-ci, ne voulant participer à aucune menée séditieuse, quittèrent la France et vécurent à l'étranger dans l'indigence et la solitude, soutenus par l'espérance de pouvoir plus tard réintégrer leurs foyers.

La loi du 13 février 1790 accordait sans distinction à tous les prêtres et religieux une pension viagère, variable suivant leur âge : elle était de 900 livres pour tous ceux qui n'avaient pas 50 ans ; de mille livres pour ceux qui étaient âgés de 50 à 70 ans, et de 1,200 pour ceux qui avaient dépassé ce dernier âge ; ces allocations remplaçaient pour eux les revenus des biens ecclésiastiques que, le 2 novembre 1789, l'Assemblée avait déclarés biens nationaux ; de ce chef, l'Etat avait à payer pour les 226 prêtres, fonctionnaires publics, et les religieux ou religieuses supprimés, domiciliés dans l'étendue du district de Toul, une somme annuelle de 243,913 livres.

La loi permettait indistinctement à tous les membres du clergé, à ceux qui avaient juré fidélité à la Constitution comme à ceux qui n'avaient pas voulu s'y soumettre, de célébrer le culte dans les mêmes temples ; de cette tolérance devaient naître les plus sérieux conflits.

Tandis qu'en effet des prêtres généreux s'efforçaient de concilier leurs devoirs envers l'Eglise et envers la Patrie, d'autres inquiétaient les consciences et ne songeaient qu'à soulever le peuple, en représentant les *assermentés* comme des impies, qui n'avaient plus le caractère sacré et n'exerçaient qu'un ministère dangereux. Ce fut dans la religion un véritable schisme.

Les réfractaires ne dirent plus la messe que dans des maisons particulières ou dans les chapelles des couvents et monastères, prêchant l'obéissance à l'ancienne discipline ecclésiastique et déclarant les mariages et les baptêmes, consacrés par les assermentés, nuls et sans effet.

Les renseignements, recueillis à ce sujet par l'Assemblée Législative, lui démontraient l'imminence de la guerre civile ; elle résolut donc de prendre contre ces ennemis de la Constitution des mesures semblables à celles qu'elle avait prises contre les émigrés rassemblés au-delà du Rhin.

Le 29 novembre 1791, elle décréta: « que tous les ecclésiastiques seraient tenus de prêter un nouveau serment dans le délai de huit jours, et que ceux qui le refuseraient seraient privés de tout traitement.

« Que ceux qui abuseraient de leur liberté, en excitant la guerre civile, seraient placés sous la surveillance des autorités, lesquelles pourraient, si elles le jugeaient nécessaire, les éloigner de leur domicile et les condamner à une détention s'ils refusaient d'obéir.

« Qu'il leur était interdit d'exercer leur culte particulier et que les corps administratifs auraient à lui faire parvenir des notes sur le compte de chacun d'eux. »

Mais, le 19 décembre, Louis XVI opposa son *veto* à ce décret, comme il l'avait fait pour celui rendu le 9 novembre contre les émigrés. Les prêtres, dès lors, ne tinrent plus aucun compte des volontés de l'Assemblée.

A Toul, c'étaient les membres des anciens ordres monastiques qui combattaient le nouvel état de choses avec le plus d'acharnement. Les religieux les plus influents étaient les *Cordeliers* : bien connus dans les campagnes environnant la ville, ils allaient de paroisse en paroisse répandre leurs instructions, pour détourner les paysans d'assister aux offices des prêtres assermentés.

Dans ces circonstances commença, de la part des pouvoirs locaux, une énergique répression contre tous les prêtres qui résistaient à la volonté de l'Assemblée Nationale, soutenus qu'ils étaient par le pape et par le roi.

Les Cordeliers, ou religieux de l'ordre de St-François, étaient établis à Toul depuis plus de cinq cents ans. Soumis à un régime très sévère, ils n'avaient pour revenus que le produit des quêtes qu'ils allaient, la besace sur l'épaule, faire dans la ville et les campagnes.

Très populaires en raison du dévouement de leur ordre pendant les grandes épidémies du dix-septième siècle, les Cordeliers n'avaient plus qu'une communauté de 27 membres, lors de la mise à exécution du décret du 13 février 1790 ; quatorze d'entre eux, pour profiter des dispositions de ce décret, firent à la maison-commune la déclaration prescrite, annonçant leur intention de renoncer à la vie commune et de rentrer dans la vie civile.

Les autres continuèrent à habiter leur couvent, à y célébrer leurs offices et à parcourir les campagnes ; ainsi réduits à treize, les Cordeliers formèrent une petite armée d'ardente protestation contre le décret du 29 novembre 1791 et contre les prêtres qui s'y étaient soumis.

Le Conseil général de la commune, espérant conjurer les suites de cette lutte religieuse, prit le 9 décembre la délibération suivante :

« Considérant qu'un des objets qui doit exciter la principale surveillance des corps administratifs est d'arrêter les effets du zèle criminel à la faveur duquel les prêtres mal intentionnés alimentent la haine de leurs sectateurs contre la Révolution ;

« Que les progrès d'un mal, dont le poison était préparé par ceux qui exerçaient un empire absolu sur des âmes trop crédules, étaient d'autant plus dangereux qu'ils faisaient servir à leur ressentiment les armes qui ne leur avaient été données que pour propager la paix et l'union ;

« Que bien loin de là, ils portaient au contraire le trouble et la division dans toutes les familles : que, par des persuasions dangereuses, ils déguisaient sous le voile de la Religion les fureurs de l'esprit de parti qu'ils inspiraient de toutes parts ;

« Que les suites affreuses d'un mal si funeste étendaient toujours de plus en plus ses influences ; qu'après avoir gangréné la ville, il se répandait dans les campagnes, où le défaut de lumières présentait des moyens plus efficaces ;

« Que c'est du sein de ces retraites communes, que les lois avaient protégées, que partent des factieux qui secondent de tous leurs efforts l'aversion des prêtres réfractaires contre les pasteurs reconnus par la loi ; aussi, des scènes d'horreur dont le récit inspirerait l'effroi, se passent de toutes parts dans nos environs : la plupart des prêtres constitutionnels voient avec douleur leurs églises abandonnées et en proie à l'audace des réfractaires ; leur constance est prête à les quitter, si la loi ne leur accorde pas l'assistance et la protection qu'ils ont lieu d'attendre ;

» Que pour y parvenir, il est important en particulier, pour l'intérêt de la commune de Toul, de faire prononcer la réunion des ci-devant religieux Cordeliers de cette ville, dans le cas qu'ils ne seraient pas au nombre requis par la loi, à toute autre maison qu'il plaira au Directoire du département d'indiquer aux termes de la loi ;

« Le Conseil général arrête que la municipalité se transportera à la maison des Cordeliers, pour y constater le nombre de ceux qui y mènent encore la vie commune. »

Les officiers municipaux ayant, en conséquence, pénétré dans le couvent et reconnu que le nombre des religieux n'atteignait pas le chiffre de 20, requis par la loi pour l'existence d'une communauté, le conseil général décida le 12 décembre :

« Que MM. les administrateurs du Directoire du département seraient priés de la façon la plus instante : de supprimer la maison des ci-devant Cordeliers de cette ville *comme incomplète, dangereuse et tendant à troubler le bon ordre et la tranquillité publique* ; de réunir à une autre maison les membres qui la composent au nombre de 13 ; et, au cas où il plairait au Directoire d'en décider autrement, de leur ordonner de ne célébrer aucun office que portes fermées et sans l'assistance ni présence d'autres, et de leur défendre de sonner les messes et offices. »

Deux mois après l'envoi de cette délibération au Directoire, aucune suite n'y avait été donnée, lorsque le Corps municipal, qui faisait attentivement surveiller les agissements des religieux, surprit des lettres et des brochures *incendiaires et contre-révolutionnaires*, envoyées par le sieur Joseph Poirson, *ci-devant gardien* (supérieur) du couvent, à son frère alors curé de St-Pol (Vosges). Il adressa le tout à Nancy, le 10 février 1792, à l'Accusateur public du tribunal criminel, et le Directoire n'hésita plus (1) : un arrêté fut pris, le 27 février, aux termes duquel « les ci-devant Cordeliers devaient se rendre, sous quinzaine, dans les maisons de Vic et de Nancy, pour y mener la vie commune. »

Les religieux refusèrent d'obéir, demeurèrent à Toul et firent signer par tous leurs partisans une pétition, pour protester contre l'arrêté du 27 février (2).

Cette pétition fut adressée le 7 mars au Directoire, qui se borna à la transmettre à la Municipalité de Toul ; celle-ci la rejeta *comme nulle et inconstitutionnelle.*

---

(1) Le Directoire du département de la Meurthe était composé ainsi qu'il suit : Demangeot, président ; Henry, vice-président ;

Grandjean, Pagnot, Haillecourt, Perrin, Salles et Bicquilley, membres ; Le Lorrain, procureur-général-syndic, et Breton, secrétaire-général.

(2) A cette occasion, une chanson satirique en six couplets fut composée, avec ce titre : *Les Dames de Toul réclament la conservation des Cordeliers* (Voir le manuscrit inédit à la Bibliothèque de Nancy, liasse n° 363-381, folio 223). En voici le premier couplet, suffisant pour en faire ressortir l'esprit :

> « Toul écrira dans son histoire
> « Que deux femmes, ces jours derniers,
> « Ont dit, parlant au Directoire:
> « Conservez-nous les Cordeliers !
> « Leur départ au chagrin nous livre :
> « Déjà nous sommes aux abois !
> « Hélas ! nous ne pouvons plus vivre
> « Sans le cordon de Saint-François ! »

Un grand nombre des signataires étaient venus déjà
à la maison-commune affirmer que leur bonne foi avait
été surprise, et avaient écrit sur les registres une rétractation, déclarant « que, mieux informés, ils n'auraient pas fait de protestation. »

Neuf des Cordeliers n'opposèrent pas une plus longue
résistance à l'arrêté du Directoire et sortirent du couvent ; le supérieur Poirson, ainsi que les nommés
Collin (Jean), Ferry (Pierre) et Mathebs (Antoine), per-
sistèrent dans leur refus de s'éloigner.

Cette obstination exaspérait la garde-nationale,
tandis que les partisans des religieux qui les encoura-
geaient à la résistance, se rassemblaient chaque jour
devant le couvent pour empêcher leur expulsion.

Une émeute étant imminente, le maire de Toul, Jacob, se décida à tenter une démarche personnelle près
des Cordeliers.

Il leur rendit compte des dispositions hostiles à leur
égard, leur déclarant qu'il serait obligé, en vertu des
ordres transmis le 24 avril par le Ministre de l'Intérieur (1), d'employer contre eux la force armée, s'ils ne
s'éloignaient.

Les Cordeliers cédèrent et quittèrent la ville le 7 mai
1792.

---

(1) « Les dernières convulsions du fanatisme tendent à perpétuer les troubles,
— disait le ministre dans sa circulaire à tous les départements. — Le plus grand
malheur pour les hommes chargés de l'exécution des lois, c'est d'être obligés de
faire une application rigoureuse de la force publique contre des citoyens qui ne
sont qu'égarés.

« Vous avez toute la force publique de votre département : vous pouvez la
porter où il est nécessaire et vous devez la diriger suivant les circonstances. Voilà
vos moyens, Messieurs, et je le répète, vous restez responsables devant la Nation
et ses représentants, devant le Roi et vos commettants, de tous les évènements
que vous n'auriez pas prévus ou empêchés par eux.... »

Dans une lettre par lui adressée à son ami Claude
Gérard, greffier du tribunal criminel du département, à
Nancy, le maire Jacob, se félicitant d'avoir pu éviter
l'emploi de la force à propos de ces évènements, s'exprimait ainsi : « Sur les demandes pressantes de la
« garde-nationale, j'ai invité les Cordeliers à se retirer ;
« je leur ai conseillé de le faire, ne pouvant veiller à
« leur sûreté, et ils ont déféré à mon invitation avec une
« sorte de reconnaissance.

« Depuis leur départ de cette ville, on commence à
« jouir d'une tranquillité plus constante... (1) »

Les Cordeliers expulsés ne se rendirent ni à Nancy,
ni à Vic, comme l'ordonnait l'arrêté du Directoire (2).

Le Corps municipal toulois n'eut pas seulement à
agir contre les communautés religieuses rebelles aux
lois ; il fut amené à sévir de même contre le personnel
enseignant, composé des sœurs dites *Vathelottes* et des
régents des écoles, ci-devant épiscopales.

L'établissement de religieuses, qu'avait fondé en 1757
le chanoine Vathelot, de Bruley, était situé dans les
maisons portant alors les numéros 760 et 761, rue du
Murot ; jouissant d'un revenu de 800 livres, il comprenait : 1° un *noviciat*, où l'on formait pendant un an les

(1) Papiers de famille de Mme François-Bataille.

(2) Le couvent des Cordeliers, laissé vide par le départ des religieux qui l'occupaient, fut vendu peu après comme bien national au profit du Trésor public :
il en fut de même des autres monastères de notre ville, à l'exception de trois qui
furent affectés à des services publics : l'abbaye de Saint-Léon, où l'on plaça le
collège communal ; le couvent des Dames du St-Sacrement, dont on fit la caserne
de gendarmerie, et le palais épiscopal, que la ville échangea avec l'État contre
la maison-commune alors située sur la place du Marché.

jeunes personnes destinées à l'instruction ; 2°, une école de filles proprement dite, et 3°, une sorte d'hospice pour les sœurs Vathelottes âgées ou infirmes.

Ces trois œuvres fonctionnaient régulièrement dans l'établissement, lorsque, le 19 décembre 1791, les quatre maîtresses de l'école des filles, mesdames Marguerite Colin, Françoise Clément, Lucie Mazelin et Marie-Anne Pierson, dites en religion *sœurs Jeanne, Antoinette, Marie-Jeanne et Joséphine*, signifièrent « leur « refus de prêter le serment civique, d'assister aux « offices de la paroisse et de conduire leurs enfants au « catéchisme fait par le curé constitutionnel » ; elles appelèrent ainsi sur elles les rigueurs de l'autorité.

Un arrêté, pris le 20 janvier 1792 par le Directoire du département, ayant attribué aux corps municipaux les nominations aux places d'instituteurs et d'institutrices, la municipalité de Toul prononça quelques jours après (26 janvier) la suppression de l'Institution des sœurs Vathelottes, et décida leur remplacement « par des citoyennes choisies par la voie du concours. »

« C'est par un concours, — est-il dit dans cette délibération, — que les places doivent être accordées à celles qui s'en seront rendues les plus dignes par leurs talents, leur civisme et leur expérience.

« Le Corps municipal n'a à craindre les murmures et le mécontentement des pères et mères qu'autant qu'il aurait négligé d'employer les moyens qui doivent faire prononcer l'exclusion de maîtresses, qui montrent un éloignement si décidé pour la Révolution...

« On ne peut conserver les maîtresses qui, refusant de se soumettre à la loi, ne voudront pas mener les enfants, dont l'éducation leur est confiée, à la messe ni au catéchisme des curés constitutionnels, pour les conduire au contraire, partiellement avec elles, aux offices des prêtres non assermentés. »

Le 28 février, le Corps municipal procéda à la désignation des citoyens destinés à former le jury du concours ; il choisit MM. Robert, ancien curé de Sainte-Geneviève ; Maillot, ci-devant député à l'Assemblée Constituante, et Vaudeville, régent d'école.

Les membres du jury procédèrent publiquement le 7 mars, à 10 heures du matin, à la maison-commune, à l'examen des postulantes et firent choix des deux citoyennes Cécile Pitoy et Marguerite Thomas, qui furent nommées maîtresses d'*écoles gratuites*, avec un traitement de 200 livres, au lieu et place des sœurs Vathelottes.

Les écoles de garçons, ci-devant épiscopales, avaient pour régents le sieur Mettavent et son sous-maître, tous deux non assermentés ; elles étaient établies rue de l'Instruction, n° 61, dans la maison qui forme l'angle des rues Navarin et Firmin-Gouvion actuelles.

Le 13 avril 1792, la municipalité remplaça les deux maîtres de ces écoles par MM. J. Vaudeville et J.-B. Robinet, qui furent chargés de l'instruction des garçons, avec 600 livres d'appointements.

Ces mesures n'étaient que la conséquence logique de la situation ; elles étaient commandées par la nécessité de mettre un terme à la lutte du clergé réfractaire contre les prêtres assermentés.

Si les anciennes églises paroissiales avaient été désaffectées, si celles des Cordeliers, des Jacobins, des Bénédictins étaient fermées, il en restait d'autres encore où se réunissaient les fidèles, ennemis de la Révolution, et où les prêtres non assermentés célébraient les offices et enseignaient le catéchisme. D'autre part, les curés constitutionnels des paroisses St-Etienne et St-Gengoult ne voyaient leurs offices suivis que par un petit nombre d'assistants, et souvent la force armée était nécessaire pour empêcher des désordres : par exemple, pendant la messe de minuit, le 24 décembre 1791, la garde-nationale avait dû faire en ville de nombreuses patrouilles et la municipalité forcer les citoyens à « mettre une lumière « allumée en dedans des croisées de chaque maison, « depuis dix heures et demie jusqu'à une heure du ma- « tin. »

Aussi le Corps municipal prit-il, le 14 avril, l'arrêté suivant :

« **Considérant** que les églises des ci-devant religieuses du Saint-Sacrement, du Grand-Ordre et du Tiers-Ordre, des Pères de la Mission, de l'hôpital St-Charles et de la Maison-Dieu, ne doivent être ouvertes pour célébrer l'office qu'à ceux qui font partie de ces maisons ;

« Que le concours nombreux de ceux qui s'y rendent journellement pourrait établir un schisme et une division dans les opinions, dont la manifestion tendrait nécessairement à troubler la tranquillité publique ;

« Que ces rassemblements rendent les églises paroissiales moins fréquentées qu'elles devraient l'être ; que dans les moments de crise dans lesquels l'Etat se trouve, des réunions aussi considérables ne peuvent être que très-dangereuses.

« *Arrête à l'unanimité :*

« 1°, Que conformément à la loi du 15 mai 1791, les églises paroissiales seront seules ouvertes à ceux des prêtres non assermentés qui voudront y dire la messe ;

« 2°, que les églises conservées aux religieuses, aux prêtres de la Mission et aux hospices de charité serviront à leur usage exclusif, sans qu'aucun citoyen puisse y être admis ;

« 3°, que les religieuses qui vivent dans lesdits monastères et ceux compris en l'article 2 ne pourront annoncer, par le son des cloches ou tout autre signe public, les heures de leurs prières, soit de jour, soit de nuit ;

« 4°, qu'expédition de la présente délibération sera adressée dans le jour au Directoire du département par l'intermédiaire de celui du District de cette ville, pour le prier de faire envoyer à la Monnaie les cloches desdits monastères et hospices.

« Enjoint aux Commissaires de police de tenir la main à la pleine et entière exécution des présentes, même d'employer la force publique pour y parvenir, s'il est nécessaire. »

Signé : Jacob, maire ; Lacapelle, Bouard, Pillement, Poincloux, Saunier, Henriot, Martin et Contault, officiers municipaux ; Jacquet, procureur de la commune.

Il faut le remarquer : en fermant les chapelles des couvents et maisons de charité, la Municipalité n'avait pas pour objet d'abolir le culte ; elle n'interdisait que l'exercice *clandestin* de leur ministère aux prêtres non assermentés ; ceux-ci en effet conservaient le droit de dire la messe dans les églises Saint-Etienne et Saint-Gengoult aussi bien que les curés et vicaires constitutionnels des deux nouvelles paroisses ; ils continuaient à y accomplir les rites de la religion et toutes les fêtes religieuses étaient célébrées en grande pompe, avec le concours de la garde-nationale et des autorités constituées.

Mais, le 22 avril, le Directoire du département prit un arrêté, prescrivant « que les assemblées pour l'exercice « des cultes religieux ne pourraient plus se tenir sans « son autorisation, et que, seuls, ceux qui avaient prêté « le serment civique pourraient les tenir (1). »

_____

(1) « Le Directoire, — disait le dispositif de cet arrêté, — instruit qu'il existe dans quelques parties de son ressort une fermentation qu'il importe d'apaiser ; que déjà plusieurs municipalités, entraînées par leur zèle, ont pris des mesures ;

« Considérant qu'il est de son devoir de déclarer les principes et d'opposer aux ennemis de la chose publique toute la force de son autorité...

« Que ces principes s'appliquent surtout aux rassemblements, qui ont pour motif des cultes religieux, puisqu'il est prouvé que la haine des lois est alors d'autant plus dangereuse, qu'elle est commandée au nom du Ciel.... »

Les administrateurs du Directoire justifiaient ainsi cette décision, en la notifiant à l'Assemblée Nationale :

« Jusqu'ici nous nous étions contentés de prendre des « mesures partielles pour réprimer les séditieux ; nous « nous étions flattés qu'une conduite aussi modérée for- « cerait même nos ennemis à estimer le régime des « administrations nouvelles ; mais nous nous sommes « convaincus qu'il est impossible de compter sur aucune « espèce de retour de la part de ces insensés, qui sont « parvenus à un tel point de démence, qu'ils se font une « vertu chrétienne de leur haine contre la Constitu- « tion !.... »

Des doléances analogues s'élevaient de toutes parts contre les membres du clergé non assermenté ; on y dé-nonçait leur résistance de plus en plus opiniâtre, leurs menées factieuses contre la Constitution, et la nécessité de recourir, pour la défendre, aux moyens les plus éner-giques. L'Assemblée Nationale n'avait supporté qu'im-patiemment le *veto* opposé par le Roi à son décret du 29 novembre 1791 ; elle n'hésita plus et, le 25 mai 1792, rendit un nouveau décret par lequel, frappant de la *dé-portation* les prêtres non assermentés, elle s'en remettait à la notoriété publique pour la désignation des coupables.

« Lorsque vingt citoyens actifs d'un canton, — disait « le décret, — demanderaient qu'un ecclésiastique *non* « *sermenté* quittât le royaume, le Directoire du dé- « partement *serait tenu* de l'ordonner, si l'avis du Di- « rectoire du district était conforme. »

Joseph Carez avait en vain combattu à la tribune cette disposition d'exception : « Peut-on, — avait-il dit dans

« la discussion préalable, — retirer la police des mains
« des corps administratifs pour la donner à vingt dé-
« nonciateurs ? Non, ce n'est pas vingt personnes prises
« au hasard que l'on peut charger du soin de la sûreté
« publique ! Il serait absurde de convertir en jugement
« la dénonciation de vingt individus ! (1). »

L'argument était juste, mais il ne pouvait triompher ;
la protestation du député de Toul ne fut pas écoutée.
L'Assemblée était dominée par le sentiment du salut
public et désormais résolue à opposer les mesures les
plus rigoureuses aux résistances de ceux, quels qu'ils
fussent, qui braveraient sa volonté.

Louis XVI, toutefois, refusa de sanctionner le décret
du 25 mai ; le 19 juin il opposa son *vèto*.

C'était la troisième fois qu'il usait du droit que lui
conférait la Constitution et, légalement, l'Assemblée
nationale n'avait qu'à s'incliner.

Le peuple, lui, ne s'inclina pas.

L'irritation fut à son comble, et, à Paris, elle se ma-
nifesta aussitôt par un mouvement insurrectionnel (20
juin), organisé aux cris de : « A bas le *veto* ! »

Les nuages s'amoncelaient. La Cour et le Roi ne
s'apercevaient pas de l'imminence du danger, et cependant quelques semaines plus tard l'ouragan devait
abattre le Trône.

L'Assemblée Nationale avait sauvé la France d'une
ignominieuse banqueroute, en décrétant le 2 novembre

---

(1) *Le Moniteur* (n° 147 du 26 mai 1792). — Extrait du Bulletin de la séance
du 25.

1789 que tous les biens ecclésiastiques étaient à la disposition de la Nation, et, le 19 décembre, elle avait ordonné la vente de ces domaines pour la valeur de 400 millions, en créant, pour pareille somme, des *assignats* ou papier-monnaie portant intérêt à cinq pour cent.

Reposant ainsi sur la vente des *biens nationaux*, les assignats auraient eu une garantie certaine ; ils étaient reçus en paiement du prix de ces biens et devaient être brûlés au fur et à mesure de leur rentrée au Trésor ; mais l'émission exagérée de ce papier-monnaie, et la spéculation éhontée qui s'en empara dès le principe, amenèrent bientôt de graves difficultés financières.

Pour faire face aux besoins sans cesse croissants de l'Etat, l'Assemblée Nationale avait émis, le 29 septembre 1790, pour 800 millions de nouveaux assignats, ayant cours forcé et ne produisant pas d'intérêts ; ce ne fut qu'un palliatif insuffisant, en raison de l'agiotage, qui ne se ralentit pas et entraîna une dépréciation importante des fonds publics.

Les spéculateurs n'étaient pas guidés tous par l'unique appât du gain : une grande partie d'entre eux étaient des contre-révolutionnaires, qui plaçaient leur espoir dans l'excès même des maux de leur Patrie.

Les agioteurs politiques déconsidéraient les valeurs nationales dans le but d'ébranler le nouvel ordre de choses. Des causes multiples : l'imminence de la guerre, les dissensions intérieures, des craintes et des convoitises plus ou moins inconscientes, favorisèrent ces mauvais citoyens ; le papier-monnaie dédaigné, l'or et l'argent cachés ou exportés, l'industrie et le commerce furent entravés ; partout alors la misère et la famine se firent sentir cruellement, augmentant d'autant l'agitation populaire.

Dans de telles circonstances, il était du devoir de l'administration touloise d'apporter un remède aux maux qui menaçaient les habitants : déjà plusieurs officiers municipaux et des notables avaient offert de mettre leur fortune personnelle à la disposition de la commune, pour servir de gages à l'émission de *billets de confiance*. Le Corps municipal résolut donc de convoquer à l'une de ses prochaines séances tous les citoyens de la ville, afin de rechercher, de concert avec eux, les moyens de parer à la situation, que les rigueurs de l'hiver rendaient encore plus critique.

La convocation ayant été faite pour le 29 janvier 1792 à l'hôtel-de-ville, la réunion y eut lieu sous la présidence du maire. M. Jacob, en ouvrant la séance, adressa ce discours à l'assistance nombreuse :

« **Messieurs,**

« Le Corps municipal a cru devoir vous convoquer, pour recevoir de vous les instructions que les circonstances le mettent dans le cas de prendre, dans des moments où la tranquillité publique pourrait être troublée.

« Depuis la Révolution, nous avons tâché de maintenir l'ordre ; nos efforts ont été suivis d'un succès qui a attiré chez nous ceux qui craignaient d'être inquiétés ailleurs. Nous avons toujours vu de loin l'orage qui menaçait les villes voisines et, assez heureux, il a épargné jusqu'à présent nos murs. Mais, avec la prévoyance la mieux combinée, il est souvent, dans l'ordre des choses, des évènements qu'on ne peut pas graduer, parce qu'ils tiennent à des besoins de première nécessité, dont l'explosion prompte et rapide entraîne au-delà des mesures.

18

« Il est cependant de la sagesse des administrateurs de chercher à en calculer l'époque, d'en prévoir les causes, d'en arrêter les progrès, par le développement de faits qui puissent porter la conviction en indiquant le remède.

« Aux maux inséparables de notre Révolution, Messieurs, s'est jointe la rareté du numéraire, que des accapareurs criminels ont fait passer chez l'étranger, et que des projets encore plus sinistres ont fait enfouir au milieu de nous. Pour le remplacer, et pour donner à la vente des biens nationaux l'activité dont ils avaient besoin et au commerce le ressort que la pénurie pouvait paralyser, on a créé des *assignats*, qui portaient une désignation spéciale et un gage certain. La confiance les a soutenus pendant quelque temps avec une faible perte de *deux à trois pour cent*. Cette confiance, qui a sauvé l'empire (*sic*), est devenue l'objet du ressentiment des ennemis du bien public : c'est d'après les trames les plus odieuses, les complots les plus détestables, les impressions les plus alarmantes, qu'ils sont parvenus à répandre des inquiétudes et à tenter de les discréditer.

« La perte s'est depuis graduellement accrue : le désir d'un gain illicite, jusque sur la subsistance des malheureux, est prêt de porter ses ravages dans tout le royaume, si on n'oppose pas à un torrent, qui menace d'une subversion totale, des barrières puissantes.

« C'est à l'esprit mercantile, c'est à la fureur de l'agiotage bien plus qu'aux émigrations, que nous devons les maux qui sont au moment de nous affliger. C'est d'après une soif immodérée et insatiable de gain, que nous éprouvons à présent une perte de *trente pour cent*, qui se répétant de toutes les manières, s'étend sur les comestibles comme sur les autres objets.

« Les villes n'ont vu qu'avec le plus grand effroi ce fléau destructeur ; elles ont pris les précautions que la situation affligeante dans laquelle elles étaient les engageait à prendre : les unes ont établi des caisses patriotiques ; celles qui pouvaient se procurer du billon en assez grande quantité l'ont échangé contre les assignats de cinq livres. Mais le croirait-on ? ces opérations si salutaires n'ont pas échappé au calcul avide des agioteurs ! Ils ont accaparé le billon, ils en ont rétréci la circulation. Leurs efforts ont échoué contre les billets, dont la confiance assurait la valeur ; ces billets ont rompu les entraves qu'ils leur avaient opposées ; ils ont reçu une circulation prompte ; ils ont enfin épargné les scènes d'horreur qui se seraient fait sentir.

« Ne nous lassons pas de veiller aux besoins de tous nos concitoyens ;
épargnons à la classe malheureuse, qui a plus de droit que toute autre,
des pertes qui sont prises sur son existence ; c'est en sa faveur, particulièrement, que nous devons faire le sacrifice de nos peines et de notre
temps. Ce sont nos frères, nos amis, que nous devons aider : quel titre
plus puissant pour encourager un bon citoyen !

« J'attendrai donc, Messieurs, que vous veuilliez bien nous communiquer les réflexions que votre amour pour le bien vous engageront à
proposer ; comme c'est d'après une discussion calme et tranquille que
sort la lumière, nous vous prions de donner votre opinion avec liberté
et sans être interrompus. Vous devez enfin vous expliquer avec franchise
sur l'admission ou le rejet d'une *Caisse patriotique*, comme sur tous
les moyens qui peuvent parer à la nécessité dans laquelle nous nous
trouvons. »

La discussion s'ouvrit après ces paroles.

Avant tout, il s'agissait de faciliter les petits achats
journaliers des habitants par la création de billets de
minime valeur, destinés à remplacer le numéraire disparu ; les assignats nationaux, émis par l'Assemblée,
ne pouvaient, en effet, servir qu'aux transactions com-
merciales d'une certaine importance, puisqu'aucun d'entre eux n'avait une valeur de moins de cinq livres.

Il fut résolu, après débats, qu'incessamment on établirait à la maison-commune une *Caisse patriotique*,
qui émettrait des billets de 5, 10 et 20 sols pour un capital de vingt mille livres, et, pour servir de garantie
aux billets émis, vingt citoyens, la plupart membres du
Conseil général de la commune, s'engagèrent à déposer
chacun mille livres dans l'étude d'un notaire de la ville :
on pourrait, de la sorte, attendre avec sécurité l'émission des assignats inférieurs à cinq livres, que l'Assemblée Nationale s'était décidée à décréter.

Cette résolution fut ratifiée le lendemain par un vote du Conseil général de la commune et, quatre jours après, la Caisse patriotique, constituée, était ouverte au public.

La municipalité de Toul se hâtait d'annoncer aux habitants de la ville et des communes environnantes, dès le 3 février, la création de cette banque, par une proclamation dont voici le texte :

« Citoyens !

« Sur ce qui a été représenté, en exécution de la délibération du 29 du mois dernier sur l'ouverture d'une *Caisse patriotique* en cette ville, de l'émission de *billets de confiance* de 5, 10 et 20 sols, jusqu'à concurrence d'une somme de vingt mille livres, qui serait assurée par des soumissionnaires, qui déposeraient en l'étude d'un notaire de cette ville un cautionnement de cette somme, il était intéressant d'instruire le public des jours que cette caisse sera ouverte, pour faciliter l'échange des assignats de cinq livres, et de lui inspirer la confiance que l'amour du bien a dicté cette création pour détruire l'agiotage qui menace cette ville des maux les plus cruels.

« C'est pour y parvenir que le Corps municipal et une partie du Conseil général de la commune, au nombre de vingt propriétaires de fonds (1), vivement affectés d'une situation aussi alarmante, ont signé le jour d'hier, par acte reçu du sieur *Mombled*, notaire en cette ville, la garantie qu'ils promettent aux porteurs de leurs billets, vis-à-vis lesquels ils s'engagent expressément de la valeur et leur remettre en échange les assignats qu'ils auront donnés, toutes et quantes fois ils exigeront.

« D'après ces conditions, qu'ils auront toujours à cœur de remplir fidèlement, ils ont lieu d'espérer que, pénétrés des intentions droites qui les animent, vous ne vous laisserez plus surprendre par les dange-

(1) Les vingt citoyens qui, par acte public, hypothéquèrent leurs biens pour cautionner les billets de la caisse patriotique furent : MM. Jacob, Bouard, Lacapelle, Contault, Saunier, Pillement, Martin, Poincloux, Henriot, Jacquet, Gérard, Aubry, curé de St-Etienne ; Roussel, curé de St-Gengoult ; Bataille, Claude, Dilet, Bellot, Lefèvre, Vincent l'aîné et Génot père.

reuses impressions de ceux qui, ne voyant détruire qu'avec peine un commerce aussi ruineux pour vous, emploient les coalitions les plus artificieuses pour abuser de votre crédulité et discréditer les billets qui doivent renverser leurs projets.

« En vain les ennemis du bien public se tourneront-ils en tout sens, pour porter leur amère critique sur une opération qui a produit dans la majeure partie des villes de l'Empire les effets les plus salutaires, leurs clameurs, leurs oppositions et leurs inquiétudes sont des motifs qui doivent en accélérer l'exécution.

« Nous devons donc, Citoyens, nous hâter de prévoir le mal qui se fait sentir, et que l'avenir ne fera qu'accroître. Vous n'ignorez pas que les petits assignats, décrétés par l'Assemblée Nationale, ne seront mis en circulation que dans trois mois. Resterez-vous donc tranquillement exposés à la cupidité des agioteurs jusqu'à ce terme ? Pouvez-vous fournir à leur soif insatiable des ressources suffisantes ? — Non, si les assignats se changent toujours avec une perte, que le temps et d'odieuses spéculations ne rendront que plus désastreuse. Vous tomberez infailliblement sous leurs coups, et alors, vos fortunes écroulées ne présenteront plus que la misère la plus profonde ; une haine bien juste pourra soulever vos esprits, exciter un mécontentement universel ; la tranquillité publique sera menacée, le langage de la loi ne sera plus respecté !... Eloignons de nous un tableau qui glace d'effroi et cherchons promptement un remède aux scènes d'horreur qui pourraient se passer !

« Il est dans vos mains ce remède : le laisserez-vous échapper, pour suivre de perfides conseils ? Il est encore temps d'adoucir le poids des maux qui pèsent sur vous : plus tard, ils seront incurables. N'attendez donc pas que la maladie ait fait de plus longs progrès. Recourez à ceux en qui vous avez dû placer votre confiance : sans intérêt autre que le vôtre, ils vous consacreront leur temps, leurs peines et leurs soins. Accoutumés à des sacrifices, qui ne leur ont rien coûté, ils s'occuperont principalement de la classe malheureuse qui doit être protégée ; ils veulent la mettre à l'abri des vexations qu'elle souffre, d'un accaparement et d'une perte qui sont pris sur son existence. Seriez-vous assez insensibles pour ne pas écouter vos frères, vos amis ? Ceux qui ne se sont pas vainement glorifiés de ce titre l'ambitionneront toujours, parce qu'il est fait pour intéresser et émouvoir une âme honnête et sensible. Rendez-vous donc à la voix de la persuasion ; laissez-vous conduire par ceux qui veulent vous sauver du naufrage !

« C'est dans cette vue, Citoyens de cette ville et des campagnes
voisines, que le Corps municipal vous invite à venir, avec la sécurité
qui tient à l'honneur d'une compagnie et à la responsabilité qu'elle a
promise, faire l'échange des assignats de cinq livres contre les billets
de la Caisse patriotique. Vous n'essuyerez aucune perte : la recette et
l'échange se feront gratuitement ; la même valeur que vous aurez
fournie vous sera remise en billets : ils seront reçus et rendus en assignats quand vous l'exigerez.

« Le Bureau sera ouvert, en la maison-commune, les lundi, mercredi et vendredi de chaque semaine depuis 8 heures jusqu'à midi. Le
Corps municipal invite aussi les marchands forains, coquetiers et autres, qui se rendent habituellement au marché, à se présenter avec
confiance pour l'échange des billets qui leur seront donnés, lesquels
seront convertis sur-le-champ en assignats de cinq livres. La distribution commencera à se faire lundi prochain, 6 du présent mois. »

La Caisse patriotique fonctionna régulièrement sous
la surveillance du Directoire du district ; elle eût successivement pour caissiers MM. Poincloux et Saunier ;
les vingt citoyens-cautions remplirent à tour de rôle les
fonctions d'administrateurs de service.

Cette institution financière fit 46 émissions du 6 février au 3 novembre 1792 et répandit pour 50,130 livres
de billets de confiance.

Lorsque les petits assignats, dont la fabrication avait
été décrétée par l'Assemblée Nationale, furent mis en
circulation en quantité suffisante, les billets de confiance
n'eurent plus l'utilité qui avait motivé leur création ;
ils furent donc retirés de la circulation, remboursés à
leurs porteurs et, au fur et à mesure de leur rentrée,
brûlés sur la place d'Armes (place du Marché actuelle),
en face de la maison-commune, par les soins de l'autorité municipale. Il y eut ainsi, du 1er avril 1792 au 26
prairial an 2 (14 juin 1793), douze brûlements de billets,

représentant une somme de 47,124 livres 15 sols. Les comptes de la Caisse furent ensuite arrêtés le 27 prairial.

Après avoir payé toutes les dépenses (impression des billets, achats des registres, etc.) montant à 790 livres, il restait en caisse la somme de 2215 livres 5 sols, qui fut aussitôt versée entre les mains du receveur du district.

La Caisse patriotique avait réussi au delà des espérances de ses organisateurs et rendu par suite un grand service à la population.

La création des *assignats* a été l'objet d'appréciations contradictoires. Elle eût été un acte excellent si, comme le pensaient ses auteurs, la quantité des billets émis avait été limitée à la valeur réalisée par la vente des biens nationaux. On peut regretter l'abus qu'on en fit par la suite ; néanmoins, malgré cet abus et l'agiotage qui vint s'y joindre, on peut affirmer que les assignats rendirent à la Révolution les plus grands services, en lui fournissant les immenses ressources, grâce auxquelles elle put triompher de ses ennemis.

Nous ne pouvons omettre de dire ici quelques mots du rôle important que joua dans la fabrication du papier-monnaie l'imprimeur Carez, alors député de Toul à l'Assemblée Nationale. Inventeur du procédé de clichage connu sous le nom de *stéréotypie*, Carez, nommé membre du comité des assignats et monnaies, put mettre à profit en cette qualité son talent dans l'art typographique et il en fit bénéficier la Nation. Surveillant attentivement la fabrication du nouveau papier, on le vit à deux reprises monter à la tribune de l'Assemblée pour y formuler des dénonciations : l'une, le 10 janvier

1792, contre le fabricant du papier d'assignats, Mme Lagarde ; l'autre, le 2 août suivant, contre le commissaire du Roi chargé de la surveillance de cette fabrication, M. Desmarets (1).

Après avoir retracé tous les maux dont souffrait le pays : dissensions politique et religieuse, émigration, détresse financière, etc., si nous portons les regards vers nos frontières menacées, nous verrons, consolant spectacle, nos ancêtres arrêter l'invasion étrangère au seuil de la France et assurer ainsi, avec l'intégrité du territoire, le triomphe de la Liberté.

Il est nécessaire de rappeler d'abord quelles avaient été à Toul les forces militaires depuis la fin de l'ancien Régime, comment s'y étaient organisés les premiers

---

(1) Voici les extraits des *Bulletins* de l'Assemblée Nationale qui y sont relatifs :

Séance du 10 janvier 1792. — M. CAREZ fait la preuve que la préférence, accordée à Mme Lagarde pour la fabrication du papier d'assignats, coûte à la Nation 400 mille livres, et il s'étonne qu'on l'ait encore chargée de la fabrication des 300 millions d'assignats de cinq livres nouvellement décrétés. Il estime que lorsqu'il y a plusieurs papetiers qui font des offres avantageuses à la Nation, il y a une négligence coupable à ne pas s'en occuper, surtout dans un moment où l'ordre et l'économie sont plus que jamais nécessaires dans les finances de l'Etat. Il demande en conséquence que l'Assemblée nomme des commissaires pour assister aux marchés et que la préférence soit donnée aux entrepreneurs qui offriront les meilleures conditions.

L'Assemblée a décidé, après discussion, qu'il lui serait rendu compte de tous les marchés à cet égard et qu'elle se réservait de statuer sur eux. (*Moniteur* du 11 janvier).

Séance du 2 août 1792. — M. CAREZ dénonce M. Desmarets, commissaire du Roi auprès de la manufacture d'Essonnes, comme coupable de la défectuosité du papier des assignats de 50 sous, dont on a été obligé d'ordonner la refonte de deux mille rames. Il demande qu'il soit tenu de payer les rames défectueuses dont la perte est évaluée à 144 mille livres, et rappelle la dénonciation qu'il a déjà faite contre ce commissaire comme ayant favorisé un marché frauduleux avec Mme Lagarde.

L'Assemblée a décidé, après discussion, que M. Desmarets serait mandé à sa barre pour s'expliquer à ce sujet (*Moniteur* du 3 août).

bataillons de l'armée de la Révolution, et dans quelles circonstances la guerre avait été déclarée dans les derniers jours d'avril 1792.

En 1789, la garnison de notre ville se composait du régiment *suisse* d'infanterie dit *de Vigier*, commandé par le baron de Paronsieni, et du régiment de cavalerie dit *de Royal Normandie*, qui avait pour colonel le prince de Chalais et pour lieutenant-colonel M. de la Chaise. Le commandant de la place était alors le Lieutenant du Roi, M. de Taffin.

Le régiment de *Royal-Normandie* quitta Toul en février 1791 et fut remplacé par le 6e régiment de hussards, ci-devant *de Lauzun* (1), auquel succéda bientôt le 12e chasseurs-à-cheval (ci-devant *régiment de Champagne*), commandé par M. Scheylinski.

L'Assemblée Nationale avait en effet, par la loi du 1er janvier 1791, supprimé les anciennes dénominations des régiments pour leur donner des numéros, par lesquels on les désigne encore aujourd'hui (2).

Cette réforme n'était pas la seule et avait été précédée par de plus importantes : le 13 février 1790, l'Assemblée avait admis le mode de recrutement de l'armée par enrôlements volontaires, rendu les grades et l'avan-

---

(1) Le 6e hussards (ci-devant régiment de Lauzun) avait été créé en 1783. Il participa à la répression de l'émeute de Nancy en août 1790, et de Toul fut envoyé à Belfort, puis à l'armée du Nord. Il fit partie à Valmy, de même que le 13e dragons et le 12e chasseurs à cheval, de l'armée de Dumouriez.

(2) A propos de ces anciennes dénominations des régiments, disons qu'il existait en 1789 un *régiment de Toul* (artillerie) qui avait été formé le 30 janvier 1778 des bataillons de Vesoul et d'Ornans. En 1790, ce régiment était en garnison à Là Fère et reçut alors de la municipalité de cette ville un certificat contenant « l'éloge de l'activité, de la discipline et de l'esprit patriotique qui l'avaient animé dans les circonstances épineuses survenues depuis la Révolution. »

cement indépendants de la Cour et des titres de noblesse, en supprimant toute vénalité des emplois et
charges militaires.

Mais cette nouvelle organisation de l'armée, favorable
aux soldats, avait mécontenté la plupart des officiers,
attachés à l'ancien régime ; ceux-ci allèrent donc grossir les rangs de l'émigration, à l'exception de quelques-
uns seulement, qui prêtèrent le serment civique dans
l'espoir de gagner ainsi à la Cour les troupes sous leurs
ordres.

Le 12ᵉ chasseurs-à-cheval fut remplacé à Toul par le
13ᵉ dragons (ci-devant *régiment de Monsieur*) ; son
colonel, M. de Damas, ayant émigré à la suite de sa
participation dans la fuite du roi, le 13ᵉ dragons était
commandé par son lieutenant-colonel, M. de Malvoisin.
Le régiment d'infanterie de *Vigier* (suisse) fut remplacé
par le 32ᵉ (ci-devant *régiment de la Fère*).

Le 96ᵉ d'infanterie (ci-devant *régiment de Nassau*)
commandé par M. de Neuwinger, et le 58ᵉ (ci-devant
régiment de Rouergue), commandé par M. de Toulongeon, vinrent momentanément tenir garnison à Toul,
le premier en juillet et le second en octobre 1791 (1).

Les citoyens de notre ville, on s'en souvient, n'avaient
pas attendu le décret de l'Assemblée, qui ordonnait la
formation des gardes-nationales dans tout le royaume,
pour s'organiser (novembre 1789) en *garde-citoyenne*,
devenue *garde-nationale* en mars 1791. Cette troupe

_____

(1) Le 96ᵉ combattit à Valmy dans l'armée de Kellermann et le 58ᵉ fut le corps
principal qui défendit Thionville en 1792. Hoche y fut nommé lieutenant le 18
mai.

locale avait eu successivement pour chefs MM. Husson de Prailly, Louis Gouvion, Bigeard, Carez et Gérard (Etienne).

L'Assemblée Nationale, voulant pourvoir à la défense extérieure de l'Etat, rendit le 22 juillet 1791 un décret appelant à l'activité 97 mille hommes des gardes-nationales. Un tableau, annexé au décret, fixait à 2,400 le nombre des recrues à fournir par le département de la Meurthe. Ce contingent fut vite atteint et les bataillons rapidement organisés et exercés. Les soldats provenant des gardes-nationales du *district de Toul* formèrent le quatrième bataillon des *Volontaires de la Meurthe* et choisirent comme commandant un courageux septuagénaire, M. Poincaré (1).

Avant son départ pour l'armée du Centre, ce bataillon fut reçu avec enthousiasme par la municipalité et la population de Toul. Laissons la parole à un témoin oculaire, qui adressa au *Moniteur universel* la relation de cet accueil chaleureux (2) :

« — *De Toul, le* 20 *novembre* 1791.

« Nos bataillons nationaux sont enfin équipés et armés. Ils ont si bien mis à profit les trois mois qui se sont écoulés depuis leur rassemblement, qu'un militaire exercé pourrait à peine remarquer quelque différence entre la précision de leurs manœuvres et celle des troupes de ligne. La discipline y est d'autant plus exacte qu'ils ont su éloigner dès le principe les gens querelleurs et insubordonnés. Ils ont d'ailleurs sur la plupart des troupes de ligne un avantage précieux : celui d'une entière confiance dans les chefs qu'ils se sont choisis et sur le patriotisme desquels ils peuvent compter.

_____

(1) Ancien capitaine de chasseurs, M. Poincaré avait déjà été élu, le 4 juin 1790, commandant de la garde-nationale de Nancy.

(2) N° 331, du 27 novembre. Nous regrettons de ne pas donner le nom de ce correspondant, le journal ne le mentionnant pas.

« Le quatrième bataillon des volontaires du département de la Meurthe, composé en grande partie des citoyens soldats du district de Toul, a passé par cette ville le 15 de ce mois, pour se rendre à sa destination sur les frontières. La municipalité, en écharpe, l'a accueilli à son entrée, et les gardes-nationaux qui, avec leur compagnie d'artillerie, étaient allés à sa rencontre, se sont empressés de lui témoigner par une fête civique les sentiments d'amitié et de reconnaissance dont ils étaient pénétrés pour ces braves compatriotes, qui ont renoncé aux douceurs de la vie privée pour aller loin de leurs foyers veiller à la défense de la Patrie et combattre ses ennemis. C'était un spectacle attendrissant de voir les mères, les épouses, les sœurs, les amis, accourir de toutes les parties du district, chercher dans les rangs un époux, un frère, un fils, un parent, qu'ils ont peine à reconnaître sous le costume guerrier. Des larmes d'attendrissement coulent de toutes parts ; les armes sont déposées un moment, pour se livrer aux doux embrassements de l'amitié ; mais bientôt, à la voix du chef, chacun reprend son rang et l'amitié cède à l'empire du devoir. La joie, la fraternité, le patriotisme ont présidé à cette fête, dont les ennemis de la Révolution, qui abondent dans cette ville, ont gémi en silence. Un ancien militaire, d'un grade supérieur, a refusé le logement à M. *Poincaré*, brave officier, commandant de ce bataillon ; celui-ci n'a pas insisté et il s'est hâté d'emporter de cette maison le drapeau tricolore, pour lequel son hôte montrait une si forte répugnance.

« Les ennemis de la Révolution, qui, il y a quelques mois, regardaient en pitié ces rassemblements de volontaires, sont forcés d'avouer aujourd'hui que cette mesure sauvera la France et que, d'ailleurs, la Nation trouvera toujours une ressource inépuisable dans la formation successive de ces bataillons, que l'on peut licencier en temps de paix et dont les individus dispersés seront encore utiles à la chose publique, en portant dans leurs foyers l'expérience des exercices militaires, l'habitude de la discipline et de l'obéissance à l'autorité légitime, si nécessaire à une nation qui veut conserver sa liberté. »

Cette relation serait incomplète, si nous n'y pouvions joindre le texte de l'allocution que M. Jacob, maire de Toul, adressa au 4e bataillon de la Meurthe à son entrée dans la ville (1) :

(1) Archives municipales.

« Frères et amis !

« Nous ne pouvons pas jouir d'une satisfaction plus entière que celle que nous éprouvons aujourd'hui en renfermant dans nos murs une troupe qui y a pris naissance !

« Le séjour momentané que vous allez y faire serait bien capable de nous causer les regrets les plus sensibles, si nous ne trouvions pas à en tempérer l'amertume par les causes qui vous appellent sur nos frontières.

« Chargés de repousser les traîtres, les lâches ennemis qui nous menacent d'une invasion, la Patrie va vous devoir sa gloire et sa tranquillité, la Constitution sa durée et sa splendeur !

« Combien de pareils motifs ne sont pas faits pour enflammer le zèle de ceux qui, comme vous, brûlent du désir de se signaler ! Mais n'oubliez pas que la valeur, ainsi que les autres vertus, a ses bornes ; que sans une sage combinaison dans les projets et dans l'exécution, la valeur n'est plus qu'une intrépidité ridicule, une vaine forfanterie. Laissez régler vos mouvements, diriger votre conduite par les chefs que vous vous êtes choisis ; suivez les ordres qu'ils vous donneront, observez une discipline exacte, pratiquez une subordination sévère : tout rentrera alors dans l'ordre et le succès couronnera infailliblement toutes vos entreprises.

« Ne doutez pas des vœux que nous formerons toujours pour la prospérité de vos armes ; vous nous avez été toujours bien chers pendant que vous étiez au milieu de nous ; combien vous allez le devenir encore plus après les travaux auxquels vous vous êtes volontairement voués !

« Recevez donc, frères et amis, les sentiments de notre juste reconnaissance : c'est un tribut que nous aimons de payer au civisme qui vous anime, c'est l'expression de la sincère et constante amitié, qui nous unira toujours étroitement à vous ! »

Le commandant Poincaré répondit :

« Messieurs les Officiers municipaux,

« Sensibles à la démarche que vous faites envers des citoyens sortis de vos murs pour se dévouer à la défense de la Patrie, croyez qu'ils partagent les sentiments qui l'ont dictée. C'est une jouissance bien pure pour eux que de revoir les foyers qui les ont vu naître et de pouvoir passer encore quelques instants dans le sein de leurs familles.

Ils désireraient, comme moi, les prolonger : mais obligés de nous rendre où la Patrie nous appelle, croyez que vous nous serez toujours présents et que les ennemis du bien public, quelques soient leurs entreprises, ne pourront parvenir jusqu'à vous qu'après qu'il n'existera plus aucun de nous ! »

Peu après le départ du 4e bataillon de la Meurthe (1), la troupe de ligne reçut l'ordre de quitter la ville et, le 12 décembre 1791, le 32e d'infanterie, en garnison à Toul depuis quinze mois, courut, lui aussi, à la défense de la Patrie. Les sous-officiers et soldats de ce régiment, avant de quitter nos murs, adressèrent à la Municipalité la lettre d'adieux suivante (2) :

« Messieurs,

« Les sous-officiers et soldats du 32e régiment d'infanterie (ci-devant *La Fère*) ne sauraient trop vous remercier d'avoir bien voulu les conserver jusqu'à ce jour dans vos foyers en les regardant comme vos enfants, fidèles à la Patrie et toujours prêts à la défendre et à se noyer dans le sang des malheureux qui voudraient, dans leur témérité, attaquer cette majestueuse Constitution que nos pères et mères ont juré de maintenir, devant Dieu et en face de nos autels.

« C'est en vertu de ces vœux sacrés, MM., que nous vous prions de vouloir bien témoigner à tous nos bons frères et citoyens de la ville de Toul les regrets dans lesquels nous plonge cette triste séparation et le bonheur dont nous jouirons si nous avons l'honneur de les conserver dans leur esprit. »

Sensible à l'expression si cordiale et pleine de patriotisme de ces regrets des sous-officiers et soldats, le

---

(1) Entre autres faits d'armes accomplis dans la suite par ce bataillon, il en est un trop marquant pour ne pas être signalé : le 12 décembre 1792, à l'attaque de Pellingen, les 300 hommes du 4e bataillon de la Meurthe arrêtèrent la marche de 1,600 Autrichiens et donnèrent au général Pully le temps d'arriver avec du renfort. Le 4e Bataillon de la Meurthe fut versé à la 185e demi-brigade le 28 janvier 1794.

(2) Archives municipales.

Corps municipal décida qu'il leur serait délivré un certificat attestant leur bonne conduite et leur civisme pendant la durée de leur séjour à Toul.

Le 32e fut remplacé dans la garnison par le 53e (ci-
devant *Bourgogne*) commandé par le lieutenant-colonel
Seebach (1).

Au-delà du Rhin, les rassemblements des émigrés
poussant à l'intervention étrangère devenaient chaque
jour plus hostiles et les rapports de la France avec les
autres puissances se tendaient de plus en plus.

La *Déclaration de Pilnitz* (27 août 1791), par laquelle l'empereur d'Autriche s'engageait avec le roi de
Prusse à rétablir en France l'ancien ordre de choses,
avait forcé le pouvoir exécutif à prendre de promptes
mesures pour assurer la défense du royaume. C'est
ainsi que le Ministre de la guerre, M. de Narbonne,
ayant organisé et dirigé sur la frontière trois armées
sous le commandement des généraux Rochambeau,
Luckner et Lafayette, s'y était rendu lui-même pour
inspecter les régiments, les arsenaux et les places fortes.

Le 14 décembre 1791, Louis XVI avait dû notifier aux
Électeurs de Trèves, de Mayence et de Cologne qu'il
les considérerait comme des ennemis de la France
si ces princes germaniques continuaient à favoriser
sur leur territoire les rassemblements armés de
l'émigration. La même note comminatoire fut envoyée
en son nom le 15 mars 1792 à l'Empereur d'Autriche.
Ce monarque y opposa quelques jours après un

_____

(1) Le 53e venait de Blois. De notre ville, il fut peu après dirigé sur **Nancy**,
qu'il quitta en mars 1792 pour aller tenir garnison à St-Avold et Sarreguemines.

ultimatum exigeant, pour la continuation de la paix, la restitution des biens du clergé aux titulaires, celle du Comtat d'Avignon au Pape et le paiement d'une indemnité aux princes allemands, dont les domaines d'Alsace et de Lorraine avaient été vendus comme biens nationaux.

La réponse de la France à ces injonctions ne se fit pas attendre : le 20 avril, Louis XVI, accompagné de ses ministres, vint à l'Assemblée et proposa de déclarer la guerre au roi de Hongrie et de Bohême. Cette proposition fut votée par acclamation.

On arrivait ainsi au dénouement prévu de la crise où, depuis un an, était engagée la politique extérieure.

Le 27 avril 1792, lecture fut faite à Toul aux troupes de la garnison, réunies sur la place Dauphine, du décret de l'Assemblée Nationale, portant la déclaration de guerre : c'était le cri d'alarme de la France et le signal de la lutte qu'allait engager la Révolution, pour maintenir son œuvre contre les monarchies de l'Europe résolues à la détruire.

Notre armée nationale, malgré les vides que l'émigration avait laissés dans ses cadres, comptait alors un effectif de 130 mille hommes d'infanterie et de cavalerie, tant de troupes de lignes que de bataillons de volontaires. Quant à l'artillerie, d'après le rapport présenté à l'Assemblée par son Comité militaire, elle comprenait 36 mille hommes et 11 mille bouches à feu.

Le général Dumouriez, qui avait dressé le plan de campagne, résolut de prendre l'offensive et d'envahir la Belgique, placée sous la suprématie de l'Autriche. La-

JOSEPH CAREZ
(1752-1801)
D'après un portrait dessiné au pastel par PARADIS
et appartenant à la Ville de Toul.
(Musée municipal).

ALBERT DENIS. — (Toul pendant la Révolution). (19)

fayette reçut l'ordre de s'avancer sur Namur par Givet. Biron devait en même temps se porter sur Mons par Valenciennes, et Théobald Dillon se diriger de Lille sur Tournay.

L'expédition débuta par un double échec : tandis qu'en effet le général Gouvion, glorieux enfant de Toul, qui commandait l'avant-garde de l'armée de Lafayette prenait poste à Bouvines, les soldats de Biron, frappés de terreur panique à la vue de l'ennemi, se dispersèrent en abandonnant leur camp et leurs bagages ; ceux de Dillon s'enfuirent également et se replièrent sur Lille, où ils massacrèrent leur général qu'ils accusaient de les trahir (28 avril).

Ces premiers revers causèrent en France une grande agitation : la punition des coupables fut décidée par l'Assemblée Nationale et celle-ci adopta, dans sa séance du 11 mai, la motion suivante présentée par J. Carez, député de Toul :

« Le Ministre de la justice rendra compte, de huitaine en huitaine, des poursuites qui ont dû être faites par les accusateurs publics, en vertu de l'article 3 du titre III du Code pénal, contre ceux qui, par leurs discours, imprimés ou affiches, auraient pu porter les soldats de l'armée du Nord aux désordres et à l'insubordination dont ils se sont rendus coupables (1). »

La douleur éprouvée par les citoyens toulois à la suite du double échec de l'armée française dans le Nord, ne devait pas tarder à s'accroître, un mois après, à la nouvelle de la mort du général J.-B. Gouvion, tué 11 juin par un boulet de canon devant Maubeuge.

(1) *Le Moniteur* du 13 mai ; n° 134, page 366.

19

Le 14 juin 1792, le *Journal de Paris* (nº 166) publiait
une lettre, à lui adressée le 11 par un officier de l'avant-
garde de l'armée de Lafayette, qui relatait en ces termes la mort de notre compatriote :

« ... Le brave Gouvion, — disait cet officier, — vient de mourir
pour la Patrie, comme il avait vécu pour elle. Si quelque chose peut
ajouter à notre douleur, c'est de penser qu'il a été tué dans une
escarmouche. Nous n'avons pas perdu trente hommes. Ce matin,
notre avant-garde a été attaquée à Griselle, en avant de Maubeuge,
par un corps nombreux de l'armée autrichienne. Ils comptaient nous
surprendre et ne l'ont pas fait ..... M. Gouvion, inquiet d'un caisson
qui ne revenait pas, s'est porté avec un hussard vers une maison que
l'ennemi ne découvrait point, et là, par l'accident le plus fatal, il a
été atteint d'un boulet à ricochet qui l'a tué raide... »

L'avis de la mort fut donné par une lettre du général
Lafayette lui-même et, le 18 juin, le Conseil général de
la commune de Toul, réuni par la Municipalité, prit la
délibération suivante :

« La mort de M. Gouvion, annoncée dans les papiers publics, étant
malheureusement confirmée et ayant répandu la douleur dans toute
cette commune qui l'a vu naître ;
« *Le Conseil Général* : Considérant qu'il doit des honneurs funèbres à ce jeune héros qui, à la fleur de son âge, a déjà rendu tant et de
si grands services à la Patrie, pour le soutien de laquelle il vient de
périr dans le cours de la plus brillante carrière,
« Donne à la perte de M. Gouvion les regrets qui lui sont dûs et
qu'il a si bien mérités par ses vertus morales, ses talents militaires et
son zèle pour la Patrie, et arrête qu'il se joindra à la garde-nationale
pour faire faire un service à la paroisse St-Etienne le 25 du courant ;
qu'à cet effet, il sera dressé dans la nef par l'architecte de la ville un
autel décoré d'attributs militaires et lugubres. M. Henriot, prêtre,
officier municipal, ayant été invité par le Conseil à faire l'oraison funèbre, mondit sieur s'en est chargé. »

Le service funèbre eut lieu au jour dit dans la Cathédrale : ce fut une imposante cérémonie dont, le lende-

main, les officiers municipaux envoyèrent à Paris le récit détaillé au député de Toul. La lettre ainsi adressée à Carez par la Municipalité, porte la date du 25 juin 1792 et les signatures de MM. Jacob, maire, Bouard, Saunier, Pillement, Martin et Poincloux, officiers municipaux. En voici la teneur :

« Nous venons, Monsieur et cher Représentant, de rendre à la mémoire du concitoyen, dont nous pleurons encore la perte, les sentiments d'affection et de justice que nous devions.

« Un des membres de la *Société des Amis de la Constitution* (M. Jacob, maire), dans sa séance publique du 25 de ce mois, où il y avait un concours très-nombreux de citoyens, a prononcé un discours analogue à ce sujet; dès qu'il sera imprimé, ce à quoi on travaille, nous nous empresserons de vous en adresser plusieurs exemplaires.

« La Commune et la garde-nationale ont fait célébrer hier, en la paroisse St-Etienne, un service où les corps administratif et judiciaire et la presque totalité de la garde-nationale en armes ont assisté. M. Charpy, notre architecte, pénétré de l'intérêt que nous devions mettre à cette triste cérémonie, a déployé les ressorts de son art pour donner au mausolée l'élégance et la beauté, s'il est possible de le dire, qu'il devait avoir, à l'aide des ornements, du baldaquin et des tentures en noir qu'on a fait venir de Nancy. Il a surpassé nos espérances et a fait tout ce qui n'avait pas encore été exécuté depuis la Révolution et avant.

« M. Henriot a prononcé une oraison funèbre qui a été vivement applaudie par ceux qui l'ont entendue, par la force et la richesse de ses expressions. Nous avons bien regretté que sa voix n'eût pas prêté pour une église aussi vaste, qui était remplie, mais j'espère qu'il nous en dédommagera en nous la communiquant (1).

(1) « L'orateur chargé de l'oraison funèbre, — disaient à ce propos les *Affiches du département*, — s'est efforcé de peindre avec énergie le génie, les talents, les vertus guerrières, civiles et morales, les services, le dévouement de son héros. Les lois lui ont offert un vaste sujet d'éloge, une ample moisson de couronnes, dont il a orné son tombeau. Il a peint surtout en traits de feu le mensonge, l'imposture, la calomnie, les entreprises folles, les projets insensés, les desseins sanguinaires de nos ennemis. Il a fini en déplorant le malheur de la

« On a célébré ici aujourd'hui un service en la paroisse St-Gengoult ; de tous côtés, dans les villes et les campagnes qui nous environnent, on s'acquitte du même devoir. Nous ne voyons qu'avec une
peine sensible qu'aucun des parents de M. Gouvion, excepté M. Victor, son frère, et M. Olry, commissaire du Roi (1), y aient assisté,
non plus qu'aucun aristocrate et gens de notre ville, prétendus et
soi-disant honnêtes gens qui, non contents de ne pas venir, ont opposé
une joie insultante à la tristesse que nous avons éprouvée. Cette conduite montre un ressentiment et un esprit de parti dont nous devons
craindre d'un jour à l'autre l'explosion. Nous cherchons à la prévenir
et à maintenir la tranquillité dont nous avons joui jusqu'à présent... »

France, qui vient de perdre un de ses plus fermes appuis, et le destin de ce héros
patriote, enlevé à la fleur de son âge à la défense de la cause la plus belle et la
plus juste, à qui il n'a manqué que quelques années de plus pour égaler les
grands hommes qui ont le mieux mérité de la Patrie ! »

— Voici également en quels termes le *Journal de Nancy et des Frontières*
(n° 7, du 28 juin 1792), rendait compte du service funèbre célébré à Toul :

« L'Eglise était tendue de noir. Du milieu des canons et à travers les baïon-
nettes, s'élevait avec une majestueuse simplicité, d'un air menaçant et terrible,
le mausolée chargé d'emblèmes guerriers et orné d'inscriptions énergiques. Deux
lampes sépulcrales jetaient de temps à autre sur l'urne funéraire une lueur pâle
et sombre. Le portrait de M. Gouvion, couronné par le Génie de la France et
placé dans l'endroit le plus apparent, attachait tous les yeux et faisait couler les
larmes. Le service célébré par notre vénérable curé de Ste-Geneviève (*l'abbé
Robert*) sans apprêts, sans musique, n'a été interrompu que par les soupirs des
assistants et par un excellent discours, plein de patriotisme et de religion. Tout
cela était d'un grand effet sans doute, mais un spectacle plus attendrissant dé-
chirait tous les cœurs : c'était le frère de notre illustre mort. La tristesse du
jeune guerrier n'avait rien de l'abattement des âmes communes : quelque chose
de fier et de martial respirait dans sa douleur et la rendait plus intéressante. Les
regards fixés sur le portrait de son frère, il semblait lui dire qu'il ne le pleu-
rerait pas longtemps ou qu'il le vengerait. Il devait partir le lendemain pour
l'armée.

« En vain donc nos ennemis triomphent et insultent à notre douleur. Insensés
dans leur rage aveugle, ils n'aperçoivent que nos pertes et s'obstinent à ne pas
voir quelles ressources nous avons pour les réparer. Qu'ils sachent donc qu'il n'y
a pas un patriote qui, animé par l'exemple du héros toulois, ne voulut mille fois
la mort à ce prix ; que, dans la multitude immense, témoin des honneurs qu'on
rendait à son civisme et à son courage, il n'y avait pas un père, une mère, qui
ne souhaitât une pareille fin à son fils : « J'ai deux enfants à l'armée, disait un
patriote de *Foug*, je les donnerais volontiers pour que M. Gouvion vécût ! »

(1) M. Olry (Paul), commissaire du Roi près le Tribunal du district, était le
cousin-germain du général Gouvion.

On se rappelle les paroles, trop ardentes peut-être que, dans son patriotisme enflammé, Gouvion avait prononcées le 4 décembre 1791 à la tribune de l'Assemblée Nationale lors de l'affaire *de Malvoisin* ; ceux qu'elles avaient blessés n'avaient pu lui pardonner ; les haines politiques ne désarment pas, même devant la mort (1).

Les appréciations qui terminent la lettre de la municipalité, montrent assez quel était, à la fin de juin 1792, l'état de division et de surexcitation des esprits à Toul : les administrateurs s'appliquaient au maintien de la tranquillité, mais ils avaient le pressentiment qu'elle ne serait plus durable ; déjà ils entrevoyaient les graves évènements qui devaient se succéder sans interruption pendant les trois mois suivants, marquant ainsi les dernières et rapides étapes de la Nation vers la République.

La panique, par laquelle avait malheureusement débuté la campagne engagée dans le Nord, avait enlevé aux ennemis la crainte de notre armée et augmenté l'espoir qu'avaient les royalistes de terrasser la Révolution.

_____

(1) « Le jour qu'on apprit à Toul la mort de M. Gouvion, — dit le *Journal de Nancy et des frontières* (n° 7 du 28 juin 1792) — l'aristocratie témoigna la joie la plus indécente et la plus féroce : l'un de ses plus proches parents ne rougit pas d'exprimer hautement le plaisir qu'il en ressentait et dit qu'il en aurait encore un bien plus vif s'il pouvait apprendre bientôt la mort de son fils. Quel oncle ! Quel père ! (M. Olry père). — Dans une autre famille, on donna un grand repas et, dans cette orgie brutale, on ménagea si peu les bienséances que des citoyens, attirés par le bruit, eurent besoin de toute leur prudence et de se rappeler tout le respect dû à la loi, pour ne pas troubler cette fête sanguinaire. »

Quant aux partisans du nouvel ordre de choses, ils s'étaient crus trahis : il existait, disaient-ils, un *comité autrichien* autour de la Reine.

Le 4 juin, le ministre de la guerre, Servan, avait fait voter par l'Assemblée, à l'occasion de la fête prochaine du 14 juillet, la formation d'un camp de vingt mille fédérés, destiné à couvrir Paris et à protéger l'Assemblée. Le roi refusa sa sanction à cette mesure et le ministre de l'intérieur, Roland, ayant protesté dans une lettre rendue publique, Louis XVI le renvoya du ministère, ainsi que Servan et Clavière, chargé du portefeuille des finances, qui s'étaient associés à sa protestation (13 juin).

Aussitôt un vote de l'Assemblée déclara que ces trois citoyens emportaient les regrets de la Nation, et le 20 juin, un mouvement populaire eut lieu contre les Tuileries, pour obliger le roi à sanctionner le décret du 4 juin et à reprendre ses ministres : le palais fut envahi par une foule immense qui, à la vue du roi se couvrant devant elle du bonnet de la Liberté, se dispersa bientôt à la voix de Pétion, maire de Paris.

A la nouvelle de cet évènement le général Lafayette, qui avait déjà, le 16 juin, écrit à l'Assemblée Nationale pour lui dénoncer la *faction jacobite* (*sic*), quitta son armée et vint demander à la barre de l'Assemblée que les instigateurs du mouvement du 20 fussent punis comme criminels de lèse-nation (28 juin).

En même temps, le Directoire du département de Paris suspendait Pétion de ses fonctions de maire, ainsi que Manuel, procureur-syndic de la commune, pour avoir favorisé l'émeute en laissant le peuple pénétrer dans les Tuileries.

Le roi refusa sa sanction au décret et ne rappela pas ses ministres.

Pendant que ces luttes intestines déchiraient la capitale, la Prusse et le Piémont s'étaient déclarés contre la France et les troupes de ces puissances se joignaient à celles de l'Autriche : les trois armées combinées, rapidement rassemblées sur la Moselle, s'avancèrent par Coblentz vers nos frontières, sous les ordres du duc de Brunswick.

La nation entière s'émut du péril, et de tous les départements, parvinrent à l'Assemblée des adresses des municipalités et des directoires : les unes demandaient la répression de ce qu'elles appelaient les attentats du 20 juin ; les autres sollicitaient la mise en accusation de Lafayette et dénonçaient Louis XVI comme incapable de parer aux dangers de l'Etat.

Le Conseil général de Toul fit connaître ses alarmes à l'Assemblée Nationale le 9 juillet, par l'adresse suivante :

« Le Conseil général de la commune de Toul, considérant qu'il est du devoir de tous les bons citoyens de manifester dans les circonstances présentes leur entier dévouement à la Constitution et leur confiance sans borne dans nos augustes représentants, a arrêté *à l'unanimité* l'envoi de l'adresse ci-dessous au Corps Législatif :

A l'*Assemblée Nationale !*

« Législateurs !

« Une profonde consternation a saisi tous les esprits : les scènes d'horreur dont on menace l'empire, qu'on présente déchiré par plusieurs partis, s'accréditent et se propagent ; des bruits effrayants d'une irruption formidable d'ennemis du dehors accroissent la joie insultante et l'audace des malveillants, l'orage qui gronde sur nos têtes de toutes parts, sur les défenseurs de la Liberté.

« C'est du Château des Tuileries, c'est du sein de la faction autri-chienne, qu'on conspire contre la Constitution ; c'est par des conseils perfides que le Monarque, sans égard à ses engagements, se joue au-jourd'hui des promesses les plus solennelles. Les sentiments de ten-dresse, d'intérêt, d'affection, répandus dans tous ses écrits, n'étaient-ils donc qu'un langage astucieux à la faveur duquel il abuserait de notre loyauté ?

« Le voile qui couvrait sa conduite vient de se briser : c'est au mo-ment où le Peuple croyait toucher au terme de ses maux par le choix de ministres patriotes et de généraux habiles, dont la bonne administration et les succès devaient assurer le repos de la France, qu'il vient d'éloigner, dans le même jour, trois ministres à qui il n'a à reprocher que d'avoir mérité la confiance de toute la Nation !

« C'est par les dissipations de ces agents, que nos armées, après avoir passé un temps précieux en escarmouches meurtrières, qui n'ont laissé pour tout avantage que le cruel plaisir de verser le sang, vont re-prendre leurs camps ; c'est par un concert détestable qu'un général ose quitter son poste pour venir exhaler au milieu de vous une impu-dente diatribe contre les sociétés populaires, pour faire triompher plus sûrement sa faction.

« En vain veut-on appesantir sur nous le sceptre de fer, que de vils suppôts du despotisme veulent remettre dans les mains du Mo-narque ; il en est échappé et il ne le reprendra qu'après avoir détruit une nation qui veut vivre libre ou mourir !

« Ce serment, gravé dans tous les cœurs des bons français, ne lui laisse plus que le choix de devenir le chef d'un peuple libre ou celui de lâches assassins, de mériter une place à côté des Trajan, des Marc-Aurèle, ou des Néron et des Caligula !

« Législateurs !

« O vous à qui la défense de la Patrie est confiée, redoublez de soins et d'activité pour la sauver des malheurs dont on veut l'accabler. Ne craignez pas de frapper : toutes les volontés et tous les bras sont en votre pouvoir. Prenez toutes les mesures, que vos lumières, votre sagesse, le salut de l'empire peuvent vous dicter, pour ne pas souffrir que le chef du pouvoir exécutif puisse indifféremment frapper du *veto* les lois qui demandent une prompte exécution, comme celles qui doi-vent passer à la postérité.

« Quand vous nous annoncerez que la Patrie est en danger, nous nous rallierons autour de la Constitution : ce sera dans ces moments de crise que, les Français se levant de toutes parts, nous déploierons contre les ennemis du dedans, s'ils sont assez téméraires, et ceux du dehors, s'ils osent entreprendre sur notre territoire, toute l'énergie et le courage intrépide qu'il n'appartient qu'à des hommes libres de montrer !

« Fait et arrêté, en la maison-commune, par le Conseil général, en sa séance publique du 9 juillet 1792, l'an IV de la Liberté.

> « *Signé* : Jacob, maire ; Jacquet, procureur de la commune ; Martin, Pillement, Poincloux, Henriot, Lacapelle et Saunier, officiers municipaux ; Claude, Dilet, Bataille, Vincent, l'aîné, Barotte, Gateau, Jacquot, Bellot, Lefèvre, Génot, Roussel, curé de St-Gengoult ; Gennevaux, Valleron et Berthemot, notables et Michelet, secrétaire-greffier (1). »

Dans ces circonstances, l'Assemblée, pour faire échec à la Cour, rétablit dans leurs fonctions le maire Pétion et le procureur-syndic Manuel, puis décréta le licenciement des états-majors de la garde-nationale de Paris et des autres grandes villes, partisans de Lafayette.

De leur côté, les Fédérés, malgré le veto royal relatif au camp de vingt mille hommes, marchèrent vers Paris de tous les points de la France : cinq cents Marseillais, qui avaient repris aux royalistes de l'Ardèche le château-fort de Jalès, s'avançaient au chant d'un *hymne guerrier*, qu'un jeune officier du génie, Rouget de Lisle, venait de composer *pour l'armée du Rhin* ; cet hymne, qu'ils avaient adopté et que les premiers ils firent en-

---

(1) Archives municipales.

tendre dans la capitale, leur emprunta le nom nouveau sous lequel il est devenu notre hymne national : *la Marseillaise.*

Sous l'impression des évènements, les officiers municipaux de Toul, deux jours après avoir célébré la *Fête de la Fédération* (1), écrivirent à Carez, leur député, la lettre suivante (16 juillet) :

« L'affaire de MM. Pétion et Manuel nous paraît tenir à un projet de contre-révolution : nous sommes bien éloignés de la regarder comme une misérable affaire, indigne de l'attention du Corps Législatif.

« Au surplus, nous ne jugeons pas d'après les journaux, mais d'après les faits, lorsqu'ils sont bien avérés. C'est ce qui nous fait dire, sur le compte de M. Lafayette, que, si sa démarche n'est pas un acte contre-révolutionnaire, elle est au moins un acte très-inconstitutionnel qui devait être réprimé ; que les fédérés du Midi, d'après ce qu'ils ont fait aux départements de l'Ardèche et du Gard, où ils ont dissipé les factieux, ne peuvent raisonnablement et sans preuve, être accusés de venir à Paris pour y destituer le Roy et établir une République ; qu'enfin les patriotes, étant en force partout, et à Paris encore plus qu'ailleurs, il y a lieu d'espérer que la *Fédération* y sera tranquille et sans trouble, comme elle l'a été ici, où elle s'est faite au milieu de la paix et des témoignages de la plus grande fraternité.

« Le public, à qui nous donnons toujours lecture de vos lettres (2), désirerait, outre ce qu'il y a de satisfaisant d'y trouver, des notices sur l'Assemblée Nationale, sur son opinion sur la cause des dangers qui menacent la Patrie, sur les mesures qu'elle se propose de prendre : des détails là-dessus ajouteront à l'intérêt qu'il peut y prendre.

« Nous aussi, nous haïssons les factieux et les perturbateurs, mais où sont-ils ? à quel signe les reconnoître ? Sont-ce les *Feuillants* qui, sous le nom de *modérés,* passent tout aux ministres les plus coupables

(1) Le troisième anniversaire de la prise de la Bastille avait été célébré *au Jard*, le 14 juillet 1792 à 10 heures du matin.

(2) Ces lectures avaient lieu au cours des séances de la société populaire *des amis de la Constitution.*

et au Pouvoir exécutif, lors même qu'il livre l'intérieur aux troubles et l'extérieur à nos ennemis ? Sont-ce les *Jacobins*, qui ont constamment travaillé au superbe édifice de notre Constitution, depuis les fondements jusqu'aux combles ? Vous suiviez leur opinion avec ardeur quand vous étiez parmi nous ; si vous ne la suivez plus, vous êtes réellement changé et différent de nous, qui y sommes toujours attachés parce qu'ils ont toujours conservé les mêmes principes : voilà notre profession de foi, qui est claire et telle que tous les partis ne sont pas les maîtres de se l'approprier !.... »

Cette lettre au député de Toul fait ressortir, d'une manière frappante et dans leurs moindres nuances, quels étaient alors les sentiments politiques des membres du Conseil général de la commune : ils insinuaient qu'ils suspectaient Carez de *modérantisme* et affirmaient leurs préférences pour la politique des *Jacobins*.

La France faisait l'essai délicat de la Monarchie établie sur des bases démocratiques, et deux principaux partis divisaient l'Assemblée Législative.

D'un côté les monarchistes constitutionnels, qui faisaient cause commune avec les anciens privilégiés et qu'on appelait les *Feuillants*, du nom du club où ils se réunissaient (l'ancien couvent des Feuillants, sur la terrasse des Tuileries). De l'autre, ceux qu'on nommait les *Jacobins*, du nom du local qui leur servait de lieu de réunion (l'ancien couvent des Jacobins, rue St-Honoré) ; ils étaient le parti des réformateurs hardis, poussaient l'amour de la liberté jusqu'à la défiance ombrageuse et laissaient percer leurs aspirations républicaines ; le club des Jacobins portait le nom de *Société des Amis de la Constitution* et il avait acquis sur l'opinion publique une grande influence, en raison de la correspondance qu'il entretenait avec des sociétés dites *affiliées*, organisées sur tous les points de la France.

A Toul, les membres du Directoire et du Tribunal du
district, qui s'étaient distingués d'abord par leur initiative, s'alarmant de la marche rapide de la Révolution,
se prononçaient en faveur des *Feuillants*.

La municipalité et le conseil général de la commune
inclinaient, au contraire, vers les théories *Jacobines*.

Les membres de ces deux assemblées faisaient tous
partie de la *Société des Amis de la Constitution*, qu'ils
avaient organisée sur le modèle de celle de Paris.
S'appliquant à éclairer la population sur les votes et les
intentions de l'Assemblée, cette société populaire, qui
disposait de grands moyens de propagande, formait
avec la garde-nationale le plus ferme appui du nouvel
ordre de choses (1).

La Municipalité, en correspondance active avec son
député, lui donnait son avis sur les affaires en discussion et lui rendait compte de l'effet produit dans la ville
par les décrets de l'Assemblée.

Elle l'avait vu voter avec les Jacobins toutes les fois
que la Révolution s'était trouvée en cause ; elle l'avait
vu même, le 29 mai, prendre parti contre le duc de
Brissac, et demander sa mise en accusation lors du
licenciement de la garde du roi (2).

---

(1) L'organe de la *Société des Amis de la Constitution* était le *Journal de
Nancy et des Frontières*, publié à Nancy par les soins de la Société populaire et
rédigé par Duquesnoy, alors maire de cette ville. Les Toulois y inséraient des
articles, et entre autres Bicquilley et l'abbé Mongin qui écrivirent, le premier un
article intitulé: *Réflexions sur les Clubs et les Sociétés populaires* (29 juillet
1792), et le second un article traitant *du Droit de suffrage* (26 août) qui sont tous
deux dignes de remarque.

(2) Voici, d'après le bulletin de la séance du 29 mai 1792 (*Moniteur* du 31 ;
n° 152), les paroles prononcées par Carez, au cours de la discussion qui se ter-

Aussi Carez avait-il recueilli jusque-là les suffrages
de ses concitoyens, qui lui écrivaient encore le 21 juin
1792, en le félicitant de son dévouement à la Nation :
« Toujours du courage, Monsieur et cher Représentant,
« et les choses iront bien : la Constitution marchera
« et, comme le dit très-bien Anacharsis Clootz, le char
« ne sera plus embourbé ! »

Cependant, le député de Toul n'avait jamais entendu
sacrifier la sécurité sociale au développement des mesures progressives, et notamment, on se le rappelle, il
s'était élevé contre le mode d'exécution du décret frappant de la déportation les prêtres réfractaires.

De plus, en sa qualité d'ancien commandant de la
garde-nationale touloise, il avait pour Lafayette une
respectueuse considération ; les derniers actes de ce
général avait fait sur lui une vive impression, qu'il n'a-
vait pu se défendre de laisser percer dans sa correspondance avec la municipalité.

C'est dans ces conditions que celle-ci avait adressé à
Carez sa lettre de blâme du 16 juillet. Très-froissé des
représentations des officiers municipaux, le député de
Toul leur fit aussitôt connaître son mécontentement,
revendiquant l'indépendance de ses votes, déclarant
n'avoir pas reçu de ses électeurs un mandat impératif

---

minu par la mise en accusation du duc de Brissac, commandant de la garde
soldée du roi, « pour avoir fait de cette troupe, au lieu d'une garde-constitution-
« nelle, un corps de séditieux et de révoltés » :

M. CAREZ. — « Quand il s'est agi d'organiser la garde du roi, on a demandé
que le Ministre de l'Intérieur en fût responsable. Cette proposition a été rejetée
et l'on a dit que l'officier en chef était seul responsable. Cet officier étant M. de
Brissac, c'est donc lui qui doit nous répondre de la mauvaise composition de la
garde du roi. Je demande qu'il soit mis en état d'accusation. »

et ne relever que de sa conscience pour ses actes politiques, conformes à ses yeux aux intérêts de la Nation.

Le 25 juillet, une lettre de rétractation fut adressée à Carez par la municipalité, mettant elle-même fin, dès sa naissance, à un conflit d'autant plus regrettable que la situation périlleuse de l'Etat, tant à l'intérieur qu'au dehors, commandait l'union des patriotes. Voici cette lettre :

« Vous avez mal pris le sens de notre dernière lettre du 16 du courant : nous n'accusons pas vos opinions politiques, que nous ne connaissons pas. Bien loin de vous demander des explications là-dessus, en vous invitant *à vous tenir dans l'indépendance de sentiments qui convient au législateur*, nous vous demandions, au nom du public, à qui nous lisons vos lettres quand le temps ou le sujet le permettent, de nous faire connaître l'opinion de la majorité de l'Assemblée sur les véritables causes du danger qui menace la Patrie et les mesures qu'elle se propose de prendre pour le dissiper, ces grands objets étant les seuls dignes d'occuper des Français et véritablement les seuls qui intéressent nos citoyens dans ce moment.

« Nous n'avons pas cru devoir les instruire de votre dernière lettre, qui se rapporte toute à vous et aurait absorbé par son étendue tout le temps de la lecture publique, sans rien apprendre de ce que l'on était dans l'impatience de connaître. »

Depuis le 3 juillet, l'Assemblée discutait, dans ses séances comme dans ses comités, les moyens d'empêcher les soldats de la coalition de mettre en péril l'indépendance nationale.

Vergniaud, dans un magnifique discours, avait proposé de déclarer *la Patrie en danger*, déclaration qui aurait pour conséquence légale la permanence de toutes les assemblées et de tous les fonctionnaires publics des départements, des districts et des communes, ainsi que la levée en masse des gardes-nationales et de tous les citoyens en état de porter les armes.

Cette proposition fut votée le **11 juillet** par l'Assemblée, et son président, au milieu d'un silence imposant et d'une émotion profonde, prononça la formule solennelle : « Citoyens ! la Patrie est en danger ! », cri suprême, qui fut entendu par la France entière.

Le député Carez s'était empressé d'écrire à ce sujet à ses compatriotes toulois ; il lui fut répondu le 18 par les officiers municipaux : « Le décret que l'Assem- « blée Nationale vient de rendre, pour déclarer que la « Patrie est en danger, n'est malheureusement que « trop conforme à la vérité : le plus imminent, et peut- « être le seul à nos yeux, vient du pouvoir exécutif ; « mais, de quelque côté qu'il vienne, nous résisterons « avec le courage des hommes libres ! »

Le même jour, la Municipalité et le District se déclarèrent *en permanence*, et siégèrent dès lors sans interruption. La proclamation suivante fut faite dans tous les quartiers, pendant que le canon d'alarme était tiré sur les remparts :

« Des troupes nombreuses s'avancent vers nos frontières ; tous ceux qui ont en horreur la Liberté s'arment contre notre Constitution : *Citoyens ! la Patrie est en danger !*

« Que ceux qui vont obtenir l'honneur de marcher les premiers pour défendre ce qu'ils ont de plus cher, se souviennent toujours qu'ils sont *Français et libres* ; que leurs Concitoyens maintiennent dans leurs foyers la sûreté des personnes et des propriétés ; que les magistrats du peuple veillent attentivement ; que tous, dans un courage calme, attribut de la force, attendent pour agir le signal de la Loi ; *et la Patrie sera sauvée !* »

Le lendemain 19, le Corps municipal invita tous les citoyens à venir déclarer à la maison-commune le nombre et la nature des armes et munitions dont ils étaient détenteurs.

Le 22, après avoir passé la garnison en revue (1), la
Municipalité arrêta que « les cinq drapeaux fleur-de-
« lisés de l'ancienne milice bourgeoise, celui de la ci-
« devant compagnie des Cadets·Dauphin, et un éten-
« dard de cavalerie suspendu à la voûte de la ci-devant
« Cathédrale », seraient brûlés publiquement, ce qui eut
lieu le même jour à huit heures du soir, sur la place de
la Fédération, en présence du Corps municipal et de la
garde-nationale en armes.

Le 27, la Municipalité convoqua dans la salle du Manège (2) la garde-nationale et les citoyens de la ville, à
l'effet de recevoir les enrôlements volontaires.

L'Assemblée ayant fixé à 2,400 le nombre des gardes-
nationaux à fournir par la Meurthe, le Directoire du
département, à son tour, fixa à 322 le contingent du
district de Toul, et le Directoire du district, répartissant
ce nombre, demanda 51 volontaires à la ville de Toul et
à ses faubourgs.

Le patriotisme gonflait si généreusement tous les
cœurs que, le jour même, les enrôlements s'élevèrent

(1) « J'ai passé hier au Jard, — écrivait le 23 juillet le maire de Toul à son
ami Gérard, greffier du tribunal criminel à Nancy, — la revue des deux bataillons de la garde-nationale, et j'ai vu qu'excepté la compagnie des grenadiers et
celle des canonniers, elle avait un grand et pressant besoin d'exercices. Rempli
de ce que M. Duquesnoy, que je trouve se conduire on ne peut mieux, venait de
faire, j'ai publié une lettre-circulaire dans laquelle vous trouverez quelques
pensées du maire de Nancy, que j'ai cru devoir sans rougir, adapter à la mienne :
je désire qu'elle fasse l'effet que j'attends des circonstances...... La nombreuse
aristocratie qui nous environne refroidit, tant qu'elle peut, le zèle de mes concitoyens. Mais leurs tentatives et leurs projets, quels ourdis ils puissent être,
échoueront. Du moins, la surveillance que je donnerai et celle de mes collègues seront toujours fixées sur leurs démarches.... *Signé :* JACOB. » (Papiers de
famille de Mme François-Bataille, petite-fille de Gérard).

(2) Local où se trouvent aujourd'hui les magasins du génie et le colombier
militaire.

à 59 et, le lendemain 28, atteignirent le chiffre de 77 ;
mais laissons la parole aux officiers municipaux : voici
en quels termes, exposant à Carez la conduite qu'ils
avaient tenue, le chef de la Municipalité lui rendait
compte des enrôlements effectués :

« Toul, le 28 juillet 1792, l'an IV de la Liberté.

A M. Carez, Député à l'Assemblée Nationale.

« Monsieur et cher Représentant,

« En exécution de la loi du 8 du courant sur les mesures à prendre
relativement au danger de la Patrie, que nous avons reçue officiellement le 26 (avec les arrêtés du département de la Meurthe du 22 et le
tableau du Directoire du district, qui fixe le nombre de ceux qui doivent marcher pour la défense des frontières), nous avons dès le lendemain assemblé la garde-nationale, qui s'est rendue au Manège où,
après avoir donné la lecture des lois ci-dessus, nous l'avons invitée à
faire approcher ceux qui désireraient marcher au secours de la Patrie.

« Les soumissions, qui ont été faites et reçues dans la même séance,
nous ont donné un résultat de 59, à la tête desquels se trouve Etienne
Gérard, chef de la première légion. Nous avons quitté le Manège à
huit heures du soir avec la garde-nationale, à la tête de laquelle
étaient les 59 volontaires, qui ont été vus avec tous les applaudissements que méritait leur civisme. Suivant la loi, ces volontaires doivent
être fournis d'un sac de peau, d'un de toile pour contenir des instruments de fer, etc... Nous venons, au moyen d'une souscription que
nous venons d'ouvrir et dont MM. Petitjean, Richardin et Germain
ont bien voulu accélérer l'exécution, de recevoir jusqu'à ce moment
une somme de 2,100 livres et nous comptons porter cette souscription
jusqu'à 2,400 et 3,000 livres. Nous emploierons ce produit à leur
acheter des sacs et des souliers ; nous remettrons le reste à M. Gérard
pour pourvoir à leurs besoins et à ceux de leurs femmes qu'ils laisse-
ront dans l'embarras ; heureusement que je n'en vois guère que trois
ou quatre qui pourront être dans ce cas !

« On ne pouvait pas mettre plus de célérité à exécuter la loi que
nous n'en avons mis ; je désirerais bien sincèrement que cette promp-
titude pût diminuer le mauvais vernis que notre ville a eu jusqu'à

20

présent sans l'avoir mérité : on la considère comme livrée à l'aristocratie la plus amère ; cependant, elle a fourni depuis deux ans, tant dans les troupes de ligne que les volontaires, plus de 600 hommes ; elle a une garde-nationale composée de deux bataillons, une des plus belles des environs par ses deux compagnies de grenadiers et de canonniers. Les dons et les offrandes que nous avons faits ne se sont pas conciliés non plus avec l'idée d'aristocratie. Vous devez, comme Représentant, nous venger de cette épithète fâcheuse, ou au moins assurer que la majeure partie est composée de bons patriotes !

« Nous attendons sous deux ou trois jours les volontaires des cantons, dont le nombre réuni se porte à 271... »

Au reçu de cette lettre, le député de Toul en donna connaissance à l'Assemblée Nationale, qui accorda la *mention honorable* aux officiers municipaux et aux citoyens de notre ville (1).

La liste complète des volontaires toulois de 1792 est conservée aux archives municipales ; nous sommes heureux de la mettre au jour, parce que plusieurs de leurs descendants pourront y lire avec fierté les noms de leurs ancêtres.

Voulant rendre aux volontaires nationaux un hommage public de reconnaissance, le Corps municipal prit, le 28 juillet, cet arrêté :

---

(1) Voici en effet ce que nous lisons au bulletin de la séance du mercredi 1er août 1792 (*Moniteur* du 2 ; n° 215) :

« M. CAREZ annonce que la commune de Toul, département de la Meurthe, a fourni promptement le contingent de gardes-nationaux, requis pour se porter dans l'armée du Rhin.

« M. Gérard, chef de légion, et plusieurs officiers ont déposé leurs épaulettes et se sont inscrits comme volontaires.

« Une somme de 2000 livres, recueillie dans les premiers moments, est destinée aux besoins des familles dont les chefs vont défendre les frontières.

« Cette commune, qui n'a que 1,200 citoyens actifs, a fourni 600 hommes pour la défense de la Patrie.

« *L'Assemblée Nationale* décrète mention honorable du zèle et du patriotisme des officiers municipaux et des citoyens de Toul. »

« Le Corps municipal,

« Considérant que les noms de ceux, dont les soumissions ont été reçues, ne peuvent pas être trop connus des bons citoyens, de qui ils ont acquis l'estime et l'admiration, ainsi que la reconnaissance de toute la Patrie, et qu'il convient qu'il soit dressé un tableau qui contiendra leurs noms, lequel sera déposé en la maison-commune comme un hommage dû au civisme de ces généreux défenseurs,

Arrête :

« Que, ne pouvant trop témoigner aux citoyens, qui se sont enrôlés pour aller à la défense des frontières, toute la gratitude dont la commune est animée, il sera déposé incessamment dans la salle de ses séances un tableau en tête duquel sera copiée la présente délibération, lequel contiendra les noms de ceux qui se sont inscrits, dans l'ordre des soumissions qui ont été faites sur les registres, ainsi qu'il suit :

1. Gérard (Etienne), chef de la légion du district, secrétaire de la municipalité.
2. Raymond (Claude), capitaine des canonniers du 1er bataillon.
3. Vas, adjudant du 2e bataillon.
4. Gens (Joseph), grenadier.
5. Dabit (Charles), sous-lieutenant.
6. Gengoult (Louis-Thomas), grenadier, fils du sieur Gengoult, orfèvre (1).

---

(1) Voir à la fin de ce volume la biographie de ce volontaire, glorieux enfant de Toul, qui devint par la suite Lieutenant-général et baron de l'Empire. — Tandis que Gengoult s'enrôlait à Toul, un autre enfant de notre ville s'engageait à Paris dans les armées françaises : c'était Laurent Gouvion, connu plus tard sous le nom qu'il a illustré, de Gouvion St-Cyr.

La vie militaire et politique de Gouvion St-Cyr a été publiée : mais nous ne pouvions parler des volontaires de 1792 sans rappeler son nom glorieux et sans faire connaître quelques détails relatifs à sa vie privée jusqu'à son entrée au service.

Gouvion (Laurent) est né à Toul (paroisse St-Aignan) le 13 avril 1764, de Jean-Baptiste Gouvion, marchand tanneur, et de Anne-Marie Mercy, son épouse. Ses parrain et marraine furent Laurent Cheney, marchand boucher, de la paroisse St-Amand, et Anne Henry, de la paroisse St-Jean.

Les frères Gouvion : Jean-Baptiste le tanneur, François, le boucher, et Nicolas, le cirier, étaient d'une famille honnête, mais obscure et sans fortune. Ils n'avaient aucun lien de parenté avec le général Louis-Jean-Baptiste Gouvion (qui devint plus tard lieutenant-général, comte de l'Empire, pair de France et grand-

7. Martin (Georges), sergent.

8. Valleron (Etienne), grenadier, fils du sieur Valleron, traiteur.

9. Vinot (Pierre), officier.

10. Pieschamp (Charles), grenadier.

11. Latour (Hyacinthe), fils du sieur Latour, traiteur.

12. Soleil (Nicolas), sergent,

13. Létoile (Joseph), grenadier.

14. St-Léon (Jean-Charles) fils du sieur Saint-Léon, pâtissier.

15. Romain (Jean-Baptiste).

16. Bellot (Laurent) fils du sieur Bellot, commandant de la garde-
nationale.

17. Royer (Nicolas).

18. Charpy (Nicolas).

19. Contault (François), fils du sieur Contault, officier municipal.

20. Chrétien (Jean-Thomas).

21. Maillard (Romain).

22. Tacaille (Claude-Jean).

23. Cardinal (Jean).

24. Carez (Thomas). charpentier.

25. Humbert (Pierre).

26. Desprez (François), capitaine.

---

croix de la Légion d'honneur), pas plus qu'avec les frères Louis, Jean-Baptiste
et Victor Gouvion de famille riche : ceux-ci étaient les cousins-germains du
précédent et les fils de Jean-François Gouvion, avocat au Parlement ; ils possé-
daient tous trois, dès avant la Révolution, le grade d'officier dans l'arme du
Génie.

Dès que Laurent Gouvion eût reçu à l'école de sa paroisse l'instruction élémentaire, il étudia le dessin. Ayant acquis quelque talent dans cet art, tout jeune
encore, il donna lui-même des leçons, et quelques personnes de Metz et de Toul,
dit Michaud (*Biographie universelle*, Paris, 1823), se souvenaient encore, au
commencement du siècle, de l'avoir eu comme professeur.

Désireux de se perfectionner, et, grâce aux économies qu'il avait réalisées,
Laurent Gouvion partit en 1782 pour Rome et la Sicile, où il étudia les monuments et les œuvres d'art.

Revenu en France en 1784 sans avoir fait d'énormes progrès, il partit pour
Paris où il travailla dans l'atelier du peintre Brenet.

S'étant lié avec des acteurs, il tenta un instant à cette époque la fortune du
théâtre et joua dans des sociétés d'amateurs. puis au Marais dans la salle Beau-
marchais. Le succès ne le retint pas sur la scène ; il reprit ses crayons et ensei-
gna le dessin à Paris pendant les années qui suivirent.

27. Bicquilley (Antoine-François) fils de M. Bicquilley, administrateur du département de la Meurthe.
28. Thomas (Pierre).
29. Elophe (Jean), d'Ecrouves.
30. Gorse (Charles), de Villey-St-Etienne.
31. Hébert (Jean) vétéran.
32. Gouvion (Nicolas).
33. Tarbesse (Louis).
34. Collin (François) jardinier à St-Mansuy.
35. Hachette (Joseph), fils du sieur Hachette, huilier.
36. Hachette (Christophe), idem.
37. Lefèvre (Joseph) de Neufchâteau.
38. Guillaume (Nicolas).
39. Poirot (Claude).
40. Royer (Nicolas), fils de Claude Royer.
41. Bovée (Etienne), grenadier.
42. Maquin (Nicolas), de St-Evre.
43. Botte (Nicolas).
44. Baillot (François).
45. Bovée (Jean-Baptiste), perruquier.
46. Roussel (Pierre).
47. Plumeret (Etienne), canonnier du 2ᵉ bataillon.

C'est la Révolution qui devait ouvrir à Laurent Gouvion une brillante carrière, en lui permettant de révéler sa haute valeur, sa bravoure et son génie militaire.

Ayant embrassé avec zèle la cause des novateurs en 1789, il figura dans les premières scènes d'agitations populaires à Paris. Entré dans la garde-nationale en 1790, il y obtint vite un emploi de sous-lieutenant dans l'état-major de cette troupe, dont le major-général, J.-B. Gouvion, son compatriote, fut vraisemblablement son protecteur.

Laurent Gouvion était encore sous-lieutenant de la garde-nationale, lorsqu'en juillet 1792 il rendit son épaulette pour s'enrôler parmi les volontaires destinés à marcher à l'ennemi. Il fut incorporé au premier bataillon des chasseurs de Paris, et bientôt élu capitaine (1ᵉʳ novembre 1792), fit en cette qualité sous les ordres de Custines, sa première campagne dans l'armée du Rhin.

A son entrée au service, Gouvion avait ajouté à son nom celui de *St-Cyr*, surnom que portaient son père et son oncle paternel. A Toul, en effet, lorsque plusieurs familles portaient le même nom, on le faisait généralement suivre d'un surnom : Gouvion *St-Cyr* ; Simon *St-Joire* ; Simon *St-Martel*, etc.

Gouvion St-Cyr s'éleva dans la hiérarchie militaire avec une incroyable rapidité : adjudant-général dès le 9 janvier 1794, il était général de brigade le 5 juin suivant et général de division huit jours après !

48. Marchand (Nicolas-Laurent).
49. Guiguet (François).
50. Thiéry (François), de Naives-en-Blois.
51. Prugniaux (Nicolas).
52. Fontaine (Michel).
53. Corroy (Christophe),
54. Hocquard (Hyacinthe-François).
55. Pierrard (Claude).
56. Martin (Pierre).
57. Hébert (Antoine), caporal.
58. Gérard (Jean).
59. Gaignot (Louis-Marc).
60. Fissabre (Nicolas).
61. Charpentier (Claude).
62. Vincent (Vincent).
63. Violan (Jean), vétéran pensionné.
64. Lejaux (Pierre).
65. Barrat (Prosper).
66. Verlet (Dominique).
67. Gauthier (Nicolas).
68. Christophe (François).

Il devint sous l'Empire maréchal, marquis et grand-croix de la Légion d'honneur.

Il fut à deux reprises ministre de la guerre sous le gouvernement de la Restauration, qui le fit pair de France et grand-croix de St-Louis.

Rentré dans la vie privée en 1819, Gouvion St-Cyr, qui avait employé les dernières années de sa vie à écrire la relation des campagnes auxquelles il avait pris part depuis 1792, mourut le 17 mars 1830 dans le Midi, à Hyères, où l'avait conduit l'espoir de rétablir sa santé ébranlée.

Le corps du maréchal fut inhumé au cimetière du Père-Lachaise à Paris. Il avait été ramené dans la capitale par les soins de son épouse et cousine Anne Gouvion, touloise comme lui, avec laquelle il s'était marié le 8 ventôse an III (26 février 1795) par devant le citoyen Pillement, officier municipal.

Laurent Gouvion, dit Gouvion St-Cyr, est un des enfants de Toul qui aient fait le plus d'honneur à leur ville natale et, fiers de leur compatriote, les Toulois ont toujours professé pour sa personne la plus grande admiration, bien qu'il les ait oubliés un peu trop peut-être pendant le cours de son illustre carrière. Une des casernes de Toul porte le nom du maréchal. Son portrait en pied est conservé au musée municipal et une de nos rues (précédemment rue de la Fleur-de-Lys), a reçu, en 1835, le nom de Gouvion St-Cyr.

69. Jacob (Joseph).
70. Ledur (Jean-Chrysostôme), de Charmes-la-Côte.
71. Dabit (Pierre).
72. Dabit (François).
73. Maire (François).
74. Septcent (Joseph), tambour.
75. Antoine (Dominique-Nicolas), idem.
76. Metzinger (Louis-Joseph), idem.
77. Bastien (Antoine), idem.

Quelques jours après, ces volontaires partirent, sac au dos, encore vêtus des habits de leurs professions diverses : ceux que le duc de Brunswick appelait si dédaigneusement des « savetiers » et des « tailleurs » s'en allaient, au cri de *Vive la Nation !* défendre le sol sacré de la France.

Quel plus magnifique spectacle que celui d'un peuple, surpris sans défense par une coalition formidable, et, pour la repousser, se levant tout entier !

A Toul l'entraînement patriotique fut tel, que ceux qui étaient dispensés du service militaire par leur âge voulurent former un corps de Vétérans. Armés de piques par les soins du Corps municipal, qui fit fabriquer 300 de ces armes par les forgerons de la ville, ils veillèrent à l'exécution des lois et des règlements de police, après le départ des troupes de ligne et de la plus grande partie des gardes-nationaux.

Quant aux jeunes gens âgés de moins de 18 ans, impatients de marcher sur les traces de leurs aînés, ils se montrèrent prêts à prendre part aux grandes luttes de la France contre la coalition ; dès le 18 juin,

ils avaient demandé des armes au Corps municipal par
la pétition suivante :

« Magistrats, mandataires du Peuple !

« En entendant le récit des brillants exploits des armées françaises
et des actions mémorables des soldats de la Liberté, nos jeunes cœurs
ont tressailli de joie et, témoins des éloges que nos parents prodiguent
à ceux qui se sacrifient ainsi pour nous conserver à tous la liberté et le
bonheur, nous avons senti naître le désir d'être utiles à la Patrie.

« Si nos forces répondaient à l'ardeur qui nous anime, nous vole-
rions sur les frontières partager leurs nobles travaux, afin d'avoir part
à leur gloire ; mais puisque notre âge encore tendre ne nous permet
pas d'aspirer à cet honneur, nous désirerions ne pas être inutiles dans
l'intérieur de la place ; nous voudrions jouir du bénéfice de la loi qui
permet aux enfants des citoyens actifs au-dessous de 18 ans, de former
des compagnies séparées sous les ordres des commandants respectifs
des bataillons.

« Secondez, Messieurs, les élans généreux d'un patriotisme d'autant plus pur qu'il est exempt de l'esprit de parti : l'amour de la Patrie va, sous vos auspices, devenir notre passion favorite. Nous consa-
crerons à des exercices militaires des moments que nous consumions
dans des jeux d'enfants ; nous formerons nos membres encore souples
au maniement des armes ; nous acquérerons des forces et la Patrie y
gagnera, puisque les ennemis de la chose publique frémiront en voyant
que l'esprit qui anime les citoyens de ce temps animera aussi peut-être
dans des temps plus heureux des jeunes gens pour qui la Liberté a
des attraits si puissants qu'ils se sentent déjà capables de lui faire des
sacrifices au-dessus de ce qu'on pouvait attendre de leur jeunesse.

« Justement attristés de la mort de M. Gouvion, nous ne nous bor-
nerons pas à honorer sa mémoire par des larmes stériles ; en imitant
ses vertus civiques et militaires, nous nous rendrons dignes de venger
un jour le héros de la France, que la ville de Toul se glorifie de
compter au nombre de ses enfants.

« Donnez-nous donc, Messieurs, des armes proportionnées à notre
taille ; les mousquetons que vous avez encore en magasin ne nous paraissent pas trop pesants, et l'ardeur de la jeunesse nous fera bientôt
acquérir l'habileté du maniement, qui supplée si bien à la force et à
laquelle la force ne supplée jamais. Donnez-nous des armes et,
pénétrés de reconnaissance, nous nous écrierons dans un immense

transport : « *Nous aussi, nous voulons vivre libres ou mourir !
Dans des cœurs bien nés, la valeur n'attend pas le nombre des années !* »

« *Signé* : Lelièvre, Trichot, Stainville, Tardesse, Relandt,
Petitjean, Victor Donzé, Paquis, Gaspard, Nicolas,
Dolot, Tissier, Héricourt, Tridant, Barotte, Charpy,
Donzé le jeune, Berthemot, Donzé le cadet, Bertin,
Lévèque l'aîné, Magnot, Clermont, Gengoult le ca-
det, Latour le cadet, St-Léon le jeune, Donzé l'aîné,
St-Léon, l'aîné, Gengoult et Guillaume. »

La Municipalité répondit :

« Le Corps municipal, qui a pris communication de la pétition du
18 de ce mois, n'a pu voir qu'avec la plus sensible satisfaction que les
signataires, à l'âge où la dissipation porte à des plaisirs ennemis du
tumulte bruyant des armes, se déterminent à les quitter pour se livrer
à des occupations utiles au bien public et au salut de la Patrie.

« Brave et estimable jeunesse ! Continuez à faire germer dans vos
cœurs le feu du civisme qui vous anime ! Nous vous verrons avec bien
du plaisir consacrer au bonheur et à la liberté, qui a des attraits si
puissants sur vos âmes, les moments que votre instruction pourra vous
permettre, sans la négliger.

« Vous nous demandez des armes pour être à même d'acquérir
l'habileté du maniement, qui supplée, dites-vous, à la force : il nous
reste un regret bien sensible, c'est de n'avoir pas une autorité suffisante pour ordonner qu'on vous délivre du magasin de l'Arsenal les
mousquetons que vous demandez ; mais soyez persuadés que nous emploierons près de M. le Commandant de la Place et près du département de la Meurthe, tous les bons offices que vous devez attendre
de notre zèle. Nous appuierons de tout notre crédit votre pétition et
nous espérons qu'elle sera couronnée par le succès que vous méritez.

« Fait et arrêté en la maison-commune, le 19 juin 1792.

Signé : Jacob, maire, Saunier, Lacapelle, Bouard,
Pillement, Poincloux, Martin et Henriot,
officiers municipaux. »

Ces documents touchants du patriotisme des Toulois
de 1792 doivent rester pour nous un cher souvenir et

c'est avec un soin pieux que la ville les conserve dans ses archives.

Quand, au moment du danger national, l'ardeur enflamme toutes les âmes, lorsqu'on est prêt à tous les sacrifices, on peut compter sur la victoire !

Avant d'entreprendre l'invasion du sol français, le duc de Brunswick, généralissime de la coalition étrangère, lança un Manifeste. Ce document célèbre, qui porte son nom dans l'Histoire, quoiqu'il ait été rédigé par un autre et que le Duc lui-même l'ait jugé déplorable, avait été inspiré par la Cour.

Le chef de l'armée d'invasion y annonçait qu'il était chargé de rendre aux Français le bonheur et la paix et que ceux qui oseraient se défendre *seraient punis suivant la rigueur du droit de la guerre* et *leurs maisons démolies ou brûlées.* Il enjoignait à la ville de Paris, sous peine d'une *subversion totale,* de *se soumettre sur-le-champ au Roi,* et il menaçait tous les habitants sans distinction, au cas où il serait fait *la moindre violence* ou *le moindre outrage* à Louis XVI et à sa famille, *des supplices qu'ils auraient mérités.*

Daté du 25 juillet, le Manifeste fut connu le 30 à Toul, où il fut adressé par un émigré, l'abbé de Busselot. Ancien chanoine de la Cathédrale, cet ecclésiastique était passé à l'étranger lors de la suppression du Chapitre, et il y avait reçu le titre d'aumônier des princes français.

. Voici la lettre, datée de Bingen, ville située à quelques lieues de Mayence, avec laquelle l'abbé envoyait le texte de cette pièce aux officiers municipaux de Toul ;

elle montre avec quelle confiance les émigrés entrevoyaient les résultats de l'invasion projetée et quelles
espérances ils en concevaient pour leur rentrée prochaine en France, où ils voulaient recouvrer leur puissance et leurs privilèges :

« Bingen, le 26 juillet 1792.

« Je vous envoie, Messieurs, la Déclaration authentique de Son
Altesse le prince Régnant de Brunswick : il dépend de vous de faire
oublier à la Justice qui s'approche, les torts que vous avez pu avoir
pendant la Révolution. Je vous y exhorte de tout mon cœur et j'espère
que vous apporterez l'attention la plus scrupuleuse à l'exécution des
ordres qui vous sont enjoints. Vous ne pourrez vous excuser, si vous
y contrevenez, et vous devez me savoir gré de vous instruire. Entre-
tenez donc la paix et la tranquillité dans votre ville ; *avant quinze
jours, vous serez délivrés du fardeau qui vous est imposé* ; raison de
plus pour bien faire.

« Adieu, Messieurs, pour le 7 ou le 8 du mois prochain, je serai
dans votre ville.

Signé : L'abbé DE BUSSELOT, chanoine du chapitre de
Toul, aumônier des princes. »

A la lecture d'un aussi injurieux défi, les municipaux
toulois se soulevèrent d'indignation et le lendemain, 31
juillet, adressèrent à M. de Busselot cette réponse :

» Toul, le 31 juillet 1792, l'an IV de la Liberté.

« Monsieur,

« Nous sommes infiniment sensibles à ce que vous voulez bien nous
mander par la lettre que vous nous avez fait l'honneur de nous écrire,
ainsi qu'aux instructions que vous voulez bien nous donner : nous fe-
rons tout notre possible pour en profiter, et, pour ne pas vous céder en
générosité, nous vous envoyons ci-joint un *billet de logement* dont

vous pourrez faire usage à votre arrivé en cette ville, pour le 7 le ou 8 du mois prochain ainsi que vous le mandez.

BILLET DE LOGEMENT.

Jean Renaud, *Pont–Caillant*, n° 97,

logera M. *de Busselot*, *aumônier des Princes*

pour le logement seulement

le 8 *août*.

« Nous sommes, avec une parfaite considération, les membres du Conseil général de la commune de Toul, en permanence. »

Réponse spirituelle et piquante ! car *Jean Renaud*, chez lequel M. de Bussselot devait se rendre avec son *Billet de logement*, n'était autre que le *geôlier de la prison militaire*, alors située au fond de l'impasse du Pont-Caillant, dans une tour des anciens remparts.

De même que ses officiers municipaux, la population était profondément blessée dans son patriotisme ; mais si la communication de l'ancien chanoine avait excité son indignation, elle avait plus encore provoqué son dédain : c'est ainsi qu'un citoyen toulois, adressant le 4 août le texte des deux lettres précédentes au *Journal de Nancy et des frontières*, avait pu se faire l'interprète des sentiments de ses concitoyens en l'accompagnant des réflexions suivantes (1) :

« Nous avons reçu une lettre curieuse d'un abbé Busselot, ci-devant chanoine ici, qui savait vivre en homme de son état. Il se mêle aujourd'hui d'aristocratie, et partant, il faut bien qu'il fasse le prophète comme ces Messieurs. Depuis deux ans, ils prédisent l'époque de

---

(1) Numéro 18, du 9 août 1792.

la contre-révolution et ils la fixent à tous les quartiers de la lune ! Ils sont aussi heureux dans leurs prédictions que l'Almanach de Liège, qui nous annonce souvent que tel jour sera mauvais et pluvieux, mais qui nous parait le plus beau de la saison. Quoi qu'il en soit, nous donnons l'*épître* pour authentique et bien sérieuse de la part de l'auteur. La *réponse* en fait connaître tout le mérite. *Signé : Z...* »

Quant au manifeste lui-même, il déchaîna toutes les colères toutes les haines.

Signé du nom du général, chef des armées ennemies, et inspiré par la cour de France, il éteignit dans les cœurs l'amour qu'on portait encore au Monarque ; on ne vit plus en Louis XVI un père du Peuple, mais un allié de l'étranger, un traître à la Nation, un ennemi de la Patrie.

En redoublant l'énergie du parti de la Révolution, résolu à opposer une résistance désespérée à de si impérieuses menaces, le Manifeste du 25 juillet 1792 porta le dernier coup à la Monarchie.

Cette déclaration de guerre, parvenue si rapidement à Toul grâce à l'étrange communication de l'ancien chanoine, ne pouvait, en effet, produire qu'un redoublement de vigilance de la part *des membres du Conseil général de la commune, siégeant en permanence.* Mais il ne devait pas en être de même dans la capitale, lorsqu'elle y serait connue, et nous verrons, le 10 août, le peuple de Paris, emporté par la fureur et le patriotisme à la nouvelle du *Manifeste de Brunswick*, s'élancer à l'attaque des Tuileries et provoquer de la part de l'Assemblée Nationale un décret de suspension des pouvoirs du Roi.

Malgré l'insolente dépêche de l'abbé de Busselot annonçant que, *dès le 8 août*, la ville serait prise et occupée par les troupes ennemies, la population de Toul restait calme et pleine de confiance : la fête splendide, qu'elle célébra l'avant-veille, prouve avec quelle sérénité elle attendait les événements.

Ce serait une erreur de croire que l'exaltation politique et patriotique ne laissait plus de place dans les âmes au sentiment religieux ; ce sentiment n'avait pas été atteint par les mesures de l'Assemblée Nationale, modifiant la discipline ecclésiastique et réglementant le culte : les cérémonies religieuses ne s'étaient-elles pas succédé fréquemment, nous l'avons déjà dit, depuis que le clergé assermenté avait seul le droit de célébrer publiquement le culte catholique ? Tout récemment à Toul, n'avait-on pas eu la procession du St-Clou (20 avril) et celle de la Fète-Dieu (5 juin), pendant lesquelles la garde-nationale en armes avait formé la haie ?

La fète du 6 août avait pour objet la translation solennelle des reliques de Saint-Mansuy de la ci-devant abbaye de ce nom à l'église Cathédrale ; elle fut digne par son éclat des années les plus ferventes du catholicisme ; comme les cérémonies qui l'avaient précédée, et comme celles qui la suivirent pendant plusieurs mois encore, elle témoigne contre l'allégation des historiens [1] qui ont, à tort, qualifié d'*époque anti-religieuse* la grande année 1792.

Les Toulois conservaient le culte de leurs pères ; ainsi qu'eux, ils avaient une dévotion particulière pour

---

(1) Ainsi A.-D. Thiéry, dans son *Histoire de Toul* (tome II, p. 300).

le premier apôtre du pays, en l'honneur duquel, depuis les temps les plus reculés, une procession avait lieu tous les ans à cette date.

Les Bénédictins de l'abbaye de St-Mansuy apportaient, jusqu'à l'entrée de la ville à la porte de Metz, la châsse où étaient conservées les reliques du saint. Le clergé, le gouverneur, les maire et échevins de la ville, qui attendaient à cette porte, prenaient alors la châsse sur leurs épaules, et ils la promenaient en grande pompe dans la ville ; revenus à leur point de départ, ils la remettaient aux religieux, qui la réintégraient dans leur abbaye.

Les portes de Toul étaient fermées pendant toute la durée de la procession. Un des échevins restait, comme ôtage, dans l'abbaye jusqu'au retour des reliques.

A l'heure où les plus grands dangers menaçaient le pays, où le clergé constitutionnel rencontrait la plus vive opposition, il était naturel qu'en raison des circonstances, les autorités voulussent donner une pompe inusitée à cette cérémonie traditionnelle, et que l'évêque du département vint pour la présider et prendre lui-même à l'abbaye la châsse de St-Mansuy, dont les Bénédictins ne pouvaient plus effectuer la remise, leur communauté étant dissoute.

Arrivé de Nancy à Toul, le 5 août, à 7 heures du matin, l'Evêque constitutionnel *Lalande* fut reçu, à la Porte-Moselle, par les autorités et la garde-nationale. Le lendemain, il se rendit à l'abbaye, où les reliques du saint étaient exposées depuis trois jours, dans une chapelle ardente, à la vénération des fidèles, puis procéda à leur translation à la Cathédrale.

Le procès-verbal de cette cérémonie (1) offre trop
d'intérêt pour ne pas être littéralement rapporté ; il
reste, en effet, comme un vivant témoignage de l'hommage pieux rendu par le clergé constitutionnel de France
à la plus noble figure religieuse de la Lorraine et par
la population touloise à son grand et saint Bienfaiteur :

TRANSLATION
DES RELIQUES DU BUSTE DE St-MANSUY EN L'EGLISE SAINT-ETIENNE.

« Cejourd'hui 6 août 1792, l'an IV de la Liberté française, le Conseil général de la commune a assisté à la translation solennelle des reliques de St-Mansuy, premier évêque de Toul, qui s'est faite par
M. Luc-François LALANDE, premier évêque constitutionnel du département de la Meurthe, de l'église de la ci-devant abbaye de St-Mansuy,
où les dites reliques étaient exposées, dans l'église paroissiale de Saint-
Etienne de cette ville, où elles sont actuellement, laquelle translation
s'est faite avec les cérémonies et les solennités suivantes :

« La cérémonie a été annoncée la veille au prône et par le son de
toutes les cloches de la ville à sept heures du soir pendant une demi-
heure, et cejourd'hui à 6 heures du matin, aussi pendant une demi-
heure.

« A 8 heures et demie, le conseil général ayant à sa tête M. le Maire,
revêtu de son écharpe, ainsi que les officiers municipaux, est sorti de la
maison-commune, accompagné des deux compagnies de grenadiers de
la garde-nationale sous les armes, pour se rendre à ladite église paroissiale de St-Etienne, où étant, il est sorti pareillement accompagné
des deux compagnies de grenadiers et précédé par M. l'Evêque et ses
prêtres, qui marchaient processionnellement, pour se rendre à l'église
de la ci-devant abbaye de St-Mansuy, où les dites reliques étaient exposées sur un autel.

« Après les prières et cérémonies d'usage dans l'Eglise catholique
au-devant des reliques, MM. les curés des paroisses de St-Etienne et
de St-Gengoult de cette ville les ont portées sur leurs épaules, avec un
brancard orné sur lequel posait la châsse des dites Reliques, depuis

_____

(1) Il est conservé aux archives municipales.

l'autel jusqu'au dehors de l'Eglise, où M. le Maire et M. le commandant de la garde-nationale ont pareillement pris le brancard sur leurs épaules, et ainsi successivement d'espace en espace le brancard a été porté par les officiers municipaux et de suite par les officiers de la garde-nationale, au milieu du chant des hymnes, jusqu'au parvis de l'église St-Etienne, où M. le Maire et M. le Commandant de la garde-nationale l'ont repris pour le remettre à l'entrée de la paroisse aux deux curés, qui l'ont déposé sur un autel préparé à cet effet. Ensuite M. l'Evêque a célébré une messe pontificale à laquelle le Conseil général de la commune a assisté.

« Il y a eu un grand concours de peuple à cette cérémonie, dont a été dressé le présent procès-verbal pour en conserver la mémoire, et en témoignage du respect et de la reconnaissance que la commune a pour ce grand personnage, qu'elle regarde comme le fondateur de la religion chrétienne dans le pays; il a été de plus arrêté que le jour du 6 août serait regardé comme un jour de fête jusqu'à midi et célébré comme tel chaque année. »

Malgré cet arrêté, décidant le renouvellement annuel de la *translation des reliques,* cette fête devait être la dernière.

Les évènements des années suivantes ne permirent plus de la célébrer (1).

En permanence depuis le 18 juillet à la suite du décret du 11 déclarant *la Patrie en danger,* toutes les administrations de Toul restaient sans nouvelles de la guerre ; les volontaires venaient de partir, et aucun bruit d'armes ne se faisait entendre encore du côté du Rhin.

---

(1) Les reliques de St-Mansuy furent enlevées de leur châsse en 1794; mais elles purent être préservées de la destruction par l'abbé Aubry, qui les recueillit et, devenu curé de St-Gengoult en 1802, les déposa lui-même dans l'église de cette paroisse. Elles y demeurèrent jusqu'en 1867, époque à laquelle une ordonnance épiscopale décida leur transfert à la Cathédrale, où elles sont encore aujourd'hui, et où chaque année, le 3 septembre, jour de la fête du premier évêque de Toul, le clergé les expose à la vénération des fidèles.

La ville ignorait de même ce qui se passait dans la capitale, car à cette époque il fallait plusieurs jours pour en recevoir les courriers. Des lettres particulières et les feuilles publiques apprirent enfin aux Toulois l'important mouvement populaire du 10 août.

Il y avait eu à Paris une explosion de colère mêlée de cris de vengeance, lorsque le *Manifeste du Duc de Brunswick* y avait été connu, et presqu'aussitôt une pétition, portée le 3 août à la barre de l'Assemblée par le maire Pétion, avait demandé, au nom de 47 sections de la capitale sur 48, la déchéance du Roi.

Instinctivement le peuple avait compris que la première réponse à faire à l'ennemi, était de renverser le trône du monarque, auquel il apportait le secours de ses armes ; et, ouvertement, il avait préparé contre la royauté une émeute formidable.

Sans se préoccuper de l'Assemblée Nationale, un *Comité insurrectionnel* avait pris, dans la nuit du 9 au 10, possession de l'hôtel-de-ville, et le château des Tuileries avait été enveloppé par une foule menaçante, enfiévrée de patriotisme, ardente, résolue, entrainée par l'unique pensée que les Prussiens s'avançaient contre Paris au nom de Louis XVI lui-même.

Dès le matin du 10 août, elle attaqua le palais, occupé par le Roi et gardé par un régiment suisse et quelques centaines de nobles qui, laissant les premiers assaillants s'avancer jusqu'à l'escalier, les fusillèrent en leur faisant subir de grandes pertes.

Les gardes-nationaux des faubourgs Saint-Antoine et Saint-Marceau, ainsi que les fédérés Marseillais, pénétrèrent alors dans les cours intérieures des **Tuileries**, attaquèrent l'escalier sous une grêle de balles et s'emparèrent du Château, dont ils massacrèrent impitoyablement la plus grande partie des défenseurs.

Au début de ce combat, Louis XVI avait fui le palais avec sa famille et s'était rendu auprès de l'**Assemblée Nationale**. Ce fut là qu'il assista, dans la loge du *logographe* (1), à l'agonie de la royauté. En apprenant la victoire du peuple, l'Assemblée rendit, en effet, sur la proposition de Vergniaud, son décret fameux du 10 août par lequel elle *suspendait provisoirement le roi de ses fonctions* et décidait la réunion d'une *Convention nationale* « pour assurer la souveraineté du peuple et le règne de la Liberté et de l'Egalité. »

En même temps, l'Assemblée réintégrait dans leurs fonctions les ministres Roland, Clavière et Servan, leur donnait pour collègues Danton à la justice, Monge à la marine, Lebrun, aux affaires étrangères, et assignait le Luxembourg comme logement à la famille royale. Mais comme ce palais, étant ouvert de tous côtés, ne pouvait les protéger contre un soulèvement populaire, l'Assemblée ordonna, quelques jours après, le transfert du Roi et des siens dans *l'ancien couvent des Templiers*, dont *la Tour*, aux murailles épaisses, les mettrait à l'abri de toute agression.

A la nouvelle de ces évènements, les officiers municipaux s'empressèrent d'écrire à Carez la lettre qui suit (2) :

---

(1) Nom donné alors au rédacteur du Bulletin des séances.
(2) Archives municipales.

« Toul le 16 août 1792, l'an IV de la Liberté.

« Nous n'avons pu, Monsieur et cher Représentant, entendre sans frissonner d'horreur le récit de tout ce qui s'est passé dans la trop triste et trop mémorable journée du 10 du courant, où, par une perfidie sans exemple, on a vu égorger sous le signe de fraternité ceux qui se présentaient pour tendre les bras aux monstres qui les invitaient d'approcher. Il ont reçu, avec bien de la justice, le prix de leurs exécrables forfaits ; mais nous aurons toujours à regretter que le sang des défenseurs de la Liberté soit mêlé avec celui impur des perfides que le Château renfermait.

« Les papiers publics ne nous ont rien appris que nous n'en eussions trouvé la confirmation dans les lettres de nos concitoyens qui ont combattu avec la garde-nationale : elles sont toutes univoques (sic) sur la trahison qui a été commise par ces scélérats. Nous ne nous appesantirons pas davantage sur un évènement aussi effrayant, pour nous entretenir de ce que l'Assemblée vient de décréter : nous sommes entièrement persuadés, et tout bon Français doit l'être, que vous venez de sauver la France en suspendant le Chef du Pouvoir exécutif des fonctions qu'il n'a remplies que dans le sens inverse de celles qui lui étaient confiées ; il est seulement malheureux qu'on n'ait pas pu le faire plus tôt, mais il fallait de grandes et puissantes raisons : le Corps législatif ne les a pas laissé échapper.

« Nous attendons avec impatience les heureuses influences d'une Convention nationale, qui doit enfin prononcer sur le sort du roi ; fixer les bornes d'un pouvoir trop étendu et dont on abusait ; d'un revenu qui servait, par sa trop grande immensité, à corrompre les mœurs et à conquérir des suffrages par des voies iniques. Mais, pour parvenir à un changement qui doit assurer le bonheur de l'empire, on ne peut trop insister sur les raisons qui doivent déterminer le choix des députés. Nous allons, au nom de la société populaire, répandre dans notre ville et dans les campagnes une adresse pour garantir nos concitoyens des moyens de suggestion qu'on ne manquera pas de chercher à employer, comme on l'a fait dans les élections précédentes : du moins, nous aurons rempli notre tâche... »

Signé : Jacob, maire ; Bouard, Contault, Saunier, Pillement, Martin, Poincloux, officiers municipaux, et Michelet, secrétaire-greffier. »

Quatre jours après, le Conseil général votait l'envoi de l'adresse suivante à l'Assemblée Nationale, pour la féliciter de son énergie et adhérer à son décret :

A l'Assemblée Nationale de France !

« Législateurs !

« Les entraves combinées qui mettaient dans un état de stupeur continuel le résultat de vos opérations, pour les détruire ou les diriger dans un sens divergent, vont enfin disparaître. Déjà, depuis le court espace de temps que la loi qui suspend le Pouvoir exécutif a sauvé l'empire, la célérité des envois annonce cet heureux ensemble, qui va accroître et multiplier les forces et les ressources en les réunissant à un point unique et central.

« Nous avons éprouvé la joie la plus sensible lorsque, après l'énumération des grands et mémorables objets que vous avez arrêtés le 10 de ce mois, nous avons vu que des ministres, qui avaient si justement mérité la confiance des bons citoyens, allaient reprendre les places qu'ils n'avaient perdues que parce qu'ils en remplissaient les fonctions avec trop de zèle et trop d'intérêt à la chose publique. Nos vœux et nos regrets, d'après notre adresse du 9 juillet dernier, que nous avons envoyée à M. Carez, notre député, pour la remettre à l'Assemblée Nationale, justifient notre entière satisfaction.

« Continuez, Législateurs, à écarter de la route difficile, que vous venez de tracer, les obstacles que la Convention Nationale doit totalement aplanir. La France ne perdra jamais de vue que c'est à vos pénibles travaux, à votre constance, à votre fermeté vraiment héroïque, qu'elle devra les avantages inappréciables que la Liberté et l'Egalité peuvent seuls lui offrir.

« Agréez les sentiments de reconnaissance qui nous animent et notre plus entière adhésion au sage et immortel décret du 10 du courant, qui a suspendu le Pouvoir exécutif.

« Les membres composant le Conseil général en permanence, de la ville de Toul.

« Toul, le 20 août 1792, l'an IV de la Liberté.

Signé : JACOB, maire ; JACQUET, procureur de la commune ; BOUARD, SAUNIER, CONTAULT, PILLEMENT, MARTIN, POINCLOUX, officiers municipaux, BOURCIER, BERTHEMOT, BATAILLE, BELLOT, CLAUDE, LEFÈVRE, BAROTTE et DILET, notables. »

Elle eût été mieux inspirée, la Municipalité touloise, si elle avait déploré à la fois le massacre des nobles et des gardes· suisses, ces fidèles défenseurs du roi victimes de leur devoir, et la mort des citoyens tombés à l'attaque des Tuileries, où les avait conduits l'affolement du patriotisme ! Mais ses membres étaient eux-mêmes animés de cet ardent amour de la patrie, de cette haine de l'étranger, qui aveuglent les meilleurs jusqu'à les rendre cruels.

En s'associant intimement aux mesures prises par l'Assemblée Nationale, le Corps municipal, ainsi que le Conseil général de la commune, affirmaient cependant leur modération, puisqu'ils n'exprimaient que le désir de voir « fixer par une assemblée nouvelle les bornes du pouvoir royal, trop étendu et abusif » ; et ils attendaient impatiemment, disaient-ils, « les heureuses influences d'une *Convention nationale*, qui déterminerait la situation du Roi » : à leurs yeux, Louis XVI, provisoirement suspendu de ses fonctions et gardé par l'Assemblée, devait continuer à régner.

Mais la Tour du Temple était bien une prison, et il ne devait pas tarder à y apprendre l'abolition de la Royauté et la perte de sa couronne !

L'Assemblée Législative ne s'était pas cru le droit de statuer sur la Monarchie ; c'était au Peuple dans sa souveraineté, qu'il appartenait de décider à cet égard, en déléguant ses pouvoirs à de nouveaux élus. En raison de la grave situation qui résultait des difficultés intérieures et de la déclaration de guerre, elle n'avait plus d'ailleurs assez de confiance en ses propres forces pour continuer à siéger.

Les élections à la Convention Nationale étaient donc d'une importance majeure et de leur résultat allaient dépendre les destinées de la France.

Il eut été désirable que la plus grande partie des représentants, qui avaient donné tant de preuves de patriotisme et de sagesse à l'Assemblée depuis près d'un an, fussent honorés encore des suffrages de leurs compatriotes ; mais il n'en pouvait être ainsi. Dans les circonstances si critiques où il se trouvait, le pays était enclin à rechercher des hommes nouveaux et parmi eux les plus résolus. Puis les députés, retenus à Paris en permanence, n'avaient pas pour les électeurs le même prestige que des candidats n'ayant pas cessé de vivre au milieu d'eux, et de s'y montrer activement utiles, animés de jour en jour davantage de l'esprit de la Révolution.

Aussi était-il certain que Carez, malgré l'estime dont il jouissait à tous les titres et la grande place qu'il avait tenue à l'Assemblée Législative, ne figurerait pas parmi les députés envoyés à la Convention par le département de la Meurthe.

La future Assemblée devait être, comme la précédente, élue à deux degrés ; on avait conservé ce mode de suffrage.

Le nombre des députés restait le même par département. Mais le droit électoral avait été élargi, et on avait fait disparaître les conditions spéciales d'éligibilité : ainsi, la distinction des Français en citoyens *actifs* et *non actifs* (1) supprimée, les uniques conditions à remplir pour être *admis aux assemblées électorales* étaient d'être Français, âgé de vingt-et-un ans, domicilié depuis une année, vivant de son revenu ou du produit de son travail, à l'exception toutefois de ceux qui se trouvaient en état de domesticité ; tout citoyen, âgé de vingt-cinq ans et satisfaisant aux conditions ci-dessus, pouvait être *choisi pour électeur du second degré* ou *élu député.*

Les Assemblées *primaires* furent convoquées dans chaque commune pour le dimanche 26 août, afin de choisir les électeurs *du second degré* qui, à leur tour, devaient se réunir le dimanche suivant, 2 septembre, à Lunéville, et y procéder à l'élection des députés de la Meurthe à la Convention. Les membres de cette assemblée étaient convoqués à Paris pour le 20 septembre.

D'après sa population, la ville de Toul, divisée en deux sections, avait droit à dix électeurs du second degré, cinq pour chacune d'elles.

Dans la section de Saint-Etienne, furent nommés les citoyens Jacob (Dominique), maire ; Barotte (Laurent-Aimé) ; Michelet (François-Noël) ; Aubry (Joseph), curé de Saint-Etienne, et Contault (Léopold).

Dans celle de Saint-Gengoult furent élus :

Gennevaux (Philippe), épicier et notable ; Bouard (Jean) officier municipal ; Bernard (Nicolas), marchand ; Vincent (Nicolas) l'aîné, notable, et Bellot (François), notable.

---

(1) En ce qui concerne cette distinction, établie par la Constitution de 1791, voir plus haut, page 137.

L'Assemblée départementale des électeurs du second degré porta son choix sur huit citoyens, la plupart membres des *sociétés populaires* ; voici leurs noms :

SALLES, médecin à Vézelise, ancien député à l'Assemblée constituante.

MALLARMÉ, député sortant de l'Assemblée législative.

LEVASSEUR, id. id.

MOLLEVAULT, juge au tribunal de cassation.

BONNEVAL, député sortant de l'Assemblée Législative.

LALANDE, évêque constitutionnel du département de la Meurthe.

MICHEL, administrateur du département, à Vic.

ZANGIACOMI, avocat et procureur-syndic de la commune, à Nancy.

Furent ensuite élus députés-suppléants les citoyens *Colombel*, maire de Pont-à-Mousson, et *Jacob*, avocat et maire de Toul (1).

Tels étaient ceux de nos compatriotes qui allaient assumer une part de la responsabilité d'un redoutable pouvoir, à l'époque la plus difficile de la Révolution.

La loi portant suspension du pouvoir exécutif avait été lue à Toul le 15 août par la municipalité, en présence des troupes de ligne, de la garde-nationale et du peuple assemblés sur la place de la Fédération.

Le 23, à six heures du soir, le Conseil général de la commune, la garnison et les membres du Tribunal du district *revêtus de leurs insignes,* prêtèrent au même

---

(1) Voir sa biographie à l'appendice qui termine ce volume.

lieu le serment ordonné par la loi du 12 août « de main-
« tenir la Liberté et l'Egalité ou de mourir en les dé-
« fendant. »

Mais déjà, l'avant-garde de l'armée prussienne sous
les ordres de Brunswick avait, le 19 août, franchi la
frontière et opéré sa jonction avec les vingt mille Autrichiens commandés par le général Clairfayt. Dès que
cette nouvelle parvint dans ses murs, l'émotion s'empara de la ville ; les officiers municipaux avertirent
aussitôt Carez par la lettre suivante, datée du 18 août :

« Nous venons d'avoir une fausse peur de l'invasion des ennemis
sur le territoire de la France. Nous l'avons reçue par un courrier
expédié par le Département, porteur d'une copie d'une lettre du Résident à la Cour de Deux-Ponts, qui écrivait au commandant de Sarreguemines pour le prévenir de l'entrée d'un corps de vingt mille Autrichiens, qui n'était qu'à une très petite distance de Deux-Ponts et
qui se disposait à entrer par la Lorraine allemande. Sur cette lettre,
envoyée au Directoire du département, il a pris un arrêté qu'il nous a
fait parvenir, pour nous mettre à même de prendre les mesures nécessaires pour opposer la résistance. Cet arrêté nous a engagés à nous
réunir au conseil du District où, dans l'examen des moyens qui conve-
naient dans les circonstances, on a arrêté qu'on enverrait un courrier
à M. de Luckner, au quartier-général, pour lui faire part de la situation de notre ville (1). Nous en avons reçu une réponse propre à dissiper les inquiétudes momentanées qui nous agitaient.

« On a ensuite discuté assez longuement celui d'éloigner une foule
d'étrangers, et principalement beaucoup de militaires retirés, qui
s'étaient réfugiés ici depuis le 7 ou le 8 août, en assez grand nombre
pour inquiéter bien vivement nos concitoyens et pour donner à notre
ville la désignation injurieuse d'un second Coblentz. De cette discussion, prise de concert entre le Conseil général du District et celui de

_____

(1) Ce courrier, expédié le 19 août par le Conseil général, avait pour but de
demander au commandant de l'armée du Centre, le maréchal Luckner, en prévision d'une attaque de l'ennemi, l'envoi d'affûts pour les canons qui garnissaient
les remparts de la place et en étaient dépourvus.

la Commune, il en est résulté qu'on préviendrait ces étrangers, qui ont quitté leurs domiciles, d'aller le reprendre sous le délai de vingt-quatre heures (1)... »

Cependant l'armée austro-prussienne s'était rapidement dirigée sur Longwy, et en avait le 20 août opéré l'investissement. La place s'était rendue le 22 après un bombardement de quelques heures, et l'ennemi, reprenant sa marche, s'était avancé sur Verdun.

Ce ne fut que le 29 août qu'on apprit à Toul la prise de Longwy, mais on restait dans l'ignorance sur la direction de l'armée envahissante.

La première émotion, déjà dissipée, renaquit et grandit, mêlée de justes craintes. La situation était déplorable : les fortifications étaient délabrées, les fossés en mauvais état ; les quelques canons de la place n'avaient même pas d'affûts !

Dans de telles conditions, il était impossible de résister à une attaque ; aussi la Municipalité adressa-t-elle

---

(1) Voici la teneur de cet arrêté, pris le 15 août :

« Le Conseil général,

« Considérant que le danger imminent de la Patrie commande impérieusement toutes les mesures de sûreté générales et particulières, que pourront juger nécessaires au salut du peuple les administrateurs en qui il a mis toute sa confiance, regarde comme un devoir des plus importants pour lui de porter l'œil de la vigilance sur le grand nombre d'étrangers qui, depuis quelque temps, semblent avoir choisi cette ville comme un foyer de rassemblement.

« Frappé du concert que cette réunion présente avec les opérations de nos ennemis, qui se disposent à faire une invasion subite dans l'empire, il enjoint à ces étrangers *de quitter la ville dans les vingt-quatre heures.* »

Le 28 août, le Conseil général expulsa encore de la ville, par un arrêté spécial, le sieur *Bellejoyeuse* comme manifestant des sentiments inciviques et soupçonné d'entretenir une correspondance avec les ennemis de la Patrie. »

immédiatement au Ministre de la guerre, par l'entremise de Carez, ce pressant appel pour obtenir que la ville fût mise au plus vite en état de se défendre :

« Toul le 30 août 1792, l'an IV de la Liberté et le 1er de l'Egalité (1).

« Il est bien difficile, Monsieur et cher Représentant, d'avoir été moins instruits sur la prise de Longwy que nous ne l'avons été. Séparés par un espace de terrain de 25 lieues, nous n'avons pas plus reçu de renseignements officiels que si nous avions été à une distance de 200 lieues.

« Le Département de la Meurthe ne nous en a donné aucune connaissance directe, ni par lettre, ni par courrier. Nous lui avons envoyé un cavalier d'ordonnance dans la nuit du 26 au 27. Ce cavalier est revenu sans nous apporter d'autre réponse que celle qu'on nous écrivait par la poste. A quoi aboutit donc la permanence ? Pourquoi avons-nous depuis un mois, constamment pendant la nuit, un et souvent deux officiers municipaux avec deux notables qui passent la nuit en la maison-commune ? Il n'y avait personne au Département : les administrateurs étaient tous occupés à obtenir des voix dans leurs sections pour être électeurs : aucun ou du moins deux ou trois seulement étaient à Nancy et ne prétendaient pas voir troubler leur sommeil !...

« L'ennemi est toujours maître de Longwy, et par malheur, d'une étendue d'un pays extrêmement abondant, sur la surface de 6 à 7 lieues. Quels sont ses mouvements, quels sont ceux des armées de Dumouriez et de Luckner ? C'est ce que nous ne savons pas et ce dont nous ne sommes pas instruits : cet état de stupeur ne nous présage rien de bon....

« Une chose bien plus essentielle serait de voir M. le Ministre de la guerre pour lui exposer l'état de notre ville et la mettre en état de défense : nos fossés ne sont point creusés et en vain voudrait-on y faire couler l'eau ; elle ne peut pas se répandre, par suite des élévations qui se rencontrent dans ces fossés. Il serait exactement urgent, vu les ennemis qui nous entourent ou sont prêts de nous entourer, de mettre

(1) Si l'an 1er de la Liberté datait du 14 juillet 1789, l'an 1er de l'Egalité commençait le 10 août 1792.

notre place à même d'arrêter un parti de trois à quatre mille hommes. Et comment le faire, si nos fossés restent dans l'état où ils sont?

« On nous a promis des affûts, au moyen desquels nous pourrons mettre sur place douze à quinze pièces de 4, 8 et 16. Au nom de la Patrie, au nom de la conservation que nous devons à nos concitoyens, faites tous les mouvements qui sont en votre pouvoir près le Ministre de la guerre.

Signé : Jacob, maire ; Pillement et Poincloux, officiers municipaux.

Tandis que les magistrats de Toul exprimaient dans cette lettre leurs patriotiques angoisses et celles de la population, Verdun était investi (30 août) par l'armée austro-prussienne.

Cette place, le dernier rempart qui protégeait Paris, avait capitulé le 2 septembre après douze heures de bombardement. Cet évènement eut un immense retentissement dans toute la France. Il déchaîna à Paris les passions de la vengeance populaire et y fut le signal du massacre des détenus des prisons.

Dans notre ville, le bruit s'étant répandu que l'ennemi s'approchait et serait incessamment devant Toul pour en faire le siège, les portes furent fermées, défense fut faite à tous les citoyens de quitter la place et la garde-nationale resta jour et nuit sous les armes.

Le maréchal Luckner était passé à Toul le 3, escorté du 4ᵉ régiment de dragons, se rendant à Châlons-sur-Marne.

Le 5, le général Kellermann, qui l'avait remplacé à la tète de l'armée du Centre, s'était arrêté sous nos murs, venant de Metz avec une partie de cette armée. « Les « troupes destinées à renforcer l'armée du Centre, — « écrivait à ce sujet un citoyen au *Journal de Nancy et*

« *des frontières* (1), — ont campé près de notre ville ;
« une artillerie formidable et imposante, une belle
« troupe en cavalerie, de nouvelles légions franches,
« une infanterie brûlante du désir de voler à l'ennemi,
« distinguent ce camp. »

Le 6, avant de reprendre sa marche, Kellermann
avait envoyé au Ministre de la guerre une lettre qui fut
portée à Paris par un courrier et communiquée le lendemain à l'Assemblée Nationale ; voici, à ce sujet, l'extrait du procès-verbal de la séance (d'après le *Moniteur*
du 9 septembre) :

— On lit une lettre du Ministre de la guerre, ainsi conçue :

« Monsieur le Président,

« Je viens de recevoir par un courrier extraordinaire une lettre du
général Kellermann, datée de Toul le 6 à 3 heures du matin. Après
avoir mis Metz dans un bon état de défense et l'avoir déclaré en état
de siège, il s'est mis en marche sur Pont-à-Mousson, et de là sur
Toul. *Quant à la suite de la marche, je veux,* — dit-il, — *la faire
sans mettre dans ma confidence bien des gens indiscrets.* Je prie l'Assemblée de me permettre de ne point trahir le secret de Kellermann,
qui est celui de l'État. (On applaudit). Il ajoute : « *Comme je suis toujours prêt, je lève le piquet d'une heure à l'autre.* (On applaudit). »

Il était en effet du plus haut intérêt de ne pas di-
vulguer les mouvements de nos troupes : c'était l'exécution du plan dressé par Dumouriez, commandant en
chef l'armée du Nord, d'appeler à lui l'armée du Centre
et de réunir de même dans les défilés de l'Argonne
toutes les autres forces dont disposait la Nation.

Dans le même temps avaient passé à Toul, retour-
nant à Paris, les Commissaires que, par son décret du

(1) N° 4, du 9 septembre 1792.

10 août, l'Assemblée avait envoyés aux armées et dans les départements-frontière (1). Leurs exhortations patriotiques et la vue des belles troupes de Kellermann avaient relevé les courages.

On s'était, en vue d'un investissement, approvisionné autant que possible, et la foire de Saint-Mansuy s'était tenue, en raison de l'état de guerre, sur l'Esplanade, dans l'intérieur de la ville.

Les soldats et les habitants exécutèrent aux remparts les travaux les plus urgents pour la défense de la place ; puis le 12 septembre, la Municipalité fit opérer chez les citoyens des perquisitions domiciliaires et mit en réquisition toutes les armes et munitions qui y furent trouvées (2).

Depuis le départ de Kellermann et malgré ces préparatifs, le danger qui menaçait la place n'apparaissait pas moins dans toute son étendue à ses habitants et à

(1) Ces commissaires étaient au nombre de trois : Lamarque, député de la Dordogne ; Bruat et de la Porte, députés du Haut-Rhin.

BRUAT (Joseph) était né à Grandvilliers le 16 mai 1763. Devenu en 1800 président du tribunal d'Altkirch, il y mourut le 31 mars 1807.

DE LA PORTE (Marie-François-Sébastien), né à Belfort le 15 septembre 1760, était avoué au tribunal de cette ville ; il y est décédé le 25 mars 1825.

LAMARQUE (François) était né à Montpont (Dordogne) le 2 novembre 1753. Il devint juge au tribunal de Périgueux et mourut à Montpont le 13 mai 1839.

« Le 6 septembre, — nous rapporte le *Moniteur*, — MM. Lamarque, Bruat et Laporte, commissaires de l'Assemblée dans les départements de la Meurthe et de a Moselle, rendirent compte de leur mission.

« Ils ont parcouru les départements de la ci-devant Lorraine ; partout ils ont trouvé des preuves de la trahison et de la perfidie du Pouvoir exécutif : les villes dégarnies ; les soldats mal habillés et plusieurs sans armes ; de faibles armées à opposer à des armées nombreuses.

» Tout est réparé : les citoyens sont pleins de courage et de zèle, ainsi que les nouveaux corps administratifs et les généraux. »

(2) Par cet arrêté le Conseil général désignait les citoyens Gennevaux, l'aîné, notable ; Lismond ; Gennevaux le jeune ; Charles Dabit ; Guillaume, orfèvre ; Guyot ; Froissard ; Berthemot, notable ; Véchoux ; Lingée, marchand ; Bouard, grenadier ; Borde, adjudant ; Bayard fils ; Laurent, grenadier ; Jean Lafosse ; Christophe, charpentier ; Mourot, Vincent ; Thiéry, marchand ; Mo-

ses défenseurs (1) ; ils avaient à craindre la prise de la ville, les exigences de l'étranger et aussi les rigueurs du pouvoir exécutif français.

Dans ces sentiments, il était naturel que le Conseil général de la commune s'adressât *directement* au Ministre de la guerre pour lui exposer la situation, lui demander des instructions nettes, et prévenir les représailles de l'Assemblée Nationale, qui venait de décréter, en raison de la capitulation de Longwy, « que les habitants de cette ville seraient privés pendant dix ans des droits de citoyens français ; que leurs maisons seraient détruites aussitôt que la Nation en aurait chassé l'ennemi, et que quiconque dans une place assiégée, parlerait de se rendre, serait puni de mort. »

La dépêche suivante fut en conséquence expédiée au Ministre :

---

reau et Haudot, à l'effet de faire « des visites domiciliaires dans toute l'étendue de la commune, pour constater la quantité des munitions et le nombre des armes, chevaux, charrettes, qui se trouveraient chez les citoyens. »

Il arrêtait en outre les dispositions suivantes :

« Les citoyens suspects, ou qui ne seront pas dans le cas de faire usage de leurs armes, seront désarmés par les dits commissaires, qui donneront à chacun des citoyens un reçu des armes qui leur seront enlevées, pour lesdites armes être distribuées à ceux qui se destinent à la défense de l'Egalité et de la Liberté, en observant de laisser à ceux qui ne seront pas suspects une arme pour leur propre défense.

« Tout citoyen chez lequel il sera trouvé des armes cachées, dont il n'aura pas fait la déclaration jusqu'à présent, sera par ce fait regardé comme suspect et ses armes confisquées. »

(1) « Il ne nous reste plus en ce moment, — écrivait le 9 septembre la Municipalité de Toul à celle de Nancy, — que les dépôts des 102e et 103e régiments, composés d'environ 600 hommes: 25 ou 30 dragons du 17e régiment et deux bataillons de notre garde-nationale, qui peuvent toujours, en cas de danger et d'invasion, présenter une force d'au moins 600 hommes. »

« Toul, ce 13 septembre 1792, l'an IV de la Liberté.

« A M. Servan, *Ministre de la guerre.*

« Monsieur,

« La loi du 26 juillet dernier, relative aux places-fortes et aux moyens de les conserver, qui vient de nous parvenir officiellement, et celles postérieures que les circonstances, et singulièrement la lâcheté du commandant de Longwy, de sa garnison et de ses habitants, ont forcé le Corps législatif à rendre, nous fournissent l'occasion de vous exposer notre position et nos inquiétudes, avec toute la confiance que nous inspire la sagesse de votre ministère.

« Nous sommes placés dans une ville de guerre de 3e classe, ceinte d'un simple rempart dont les fossés ne peuvent être inondés, étant encombrés ; dominée de toutes parts par des côteaux, desquels la ville peut être brûlée sans aucun moyen de s'y opposer ; renfermant néanmoins dans son sein des établissements militaires, tels que casernes d'infanterie, de cavalerie, magasins de vivres pour l'armée de Kellermann, hôpital militaire, arsenal et dix-huit pièces de canon, depuis le calibre de 24 jusqu'à celui de 4 inclusivement, dont cinq seulement sont montées sur leurs affûts, mais non mises en état de guerre.

« Dans cette position, sommes-nous dans le cas de l'article 1er de la loi du 27 juillet, c'est-à-dire serons-nous forcés, en cas d'attaque de l'ennemi qui nous environne, de souffrir qu'il y ait brèche au rempart, et les peines prononcées contre tous ceux qui proposeraient de se rendre avant, peuvent-elles être applicables aux citoyens de cette commune ?

« Malgré tout le zèle et l'ardeur de nos concitoyens et la bravoure des soldats composant les dépôts des 102e et 103e régiments d'infanterie, qui forment toute notre garnison, il serait dur d'exiger une résistance vigoureuse et vaine d'habitants absolument oubliés et de prétendre qu'une place, non mise en état de guerre, quoique ville de guerre, à laquelle on n'a pas fait l'ombre d'un ouvrage pour la mettre en état d'arrêter quelque temps un ennemi dans sa marche, à laquelle on n'a pas fourni les affûts pour monter ses pièces, malgré les différentes demandes qu'elle en ait faite ; qui se trouve hors d'état de remplir les ordres que le général Kellermann a donnés, lors de son campement près de cette ville, de faire faire cent mille cartouches, puisqu'il n'y

a à l'Arsenal du plomb que pour en faire vingt-cinq mille ; il serait
dur, disons-nous, de prétendre que ses habitants doivent voir détruire tous leurs édifices par le feu de l'ennemi ou par les ordres du
commandant militaire.

« Ne considérez point, nous vous prions, Monsieur, toutes ces
observations comme faites par des gens craintifs et qui cherchent à
éluder la loi ; envisagez-les au contraire, comme partant d'une commune qui est prête à se sacrifier pour le salut de la Patrie , qui gémit
de sa position, de l'oubli dans lequel elle est enveloppée, de ne pouvoir faire valoir des moyens de défense capables de faire repentir l'ennemi de sa témérité, et de ce qu'on ne seconde point le désir qu'elle
aurait de concourir à la défection (sic) des ennemis de la Patrie !

« Nous sommes avec le plus profond respect, Monsieur,

« Les membres composant le Conseil général de la commune
de Toul, en permanence. »

Cette lettre resta sans réponse ; mais la ville fut heureusement préservée de l'ennemi qui, avisé du mouvement de Kellermann, se mit en marche aussitôt dans la
direction de Paris.

Sept jours plus tard, un enfant de Toul, Jacques
THOUVENOT, sorti des rangs du peuple, allait prendre
part, comme aide-de-camp de Dumouriez, à la bataille
de Valmy, si glorieuse pour nos armes, qu'il avait aidé
à préparer.

Alors que la prise de Longwy et celle de Verdun
avaient ouvert à l'armée des Prussiens et des émigrés
l'entrée de la Champagne, les Autrichiens assiégeaient
Thionville et les Piémontais pénétraient en Savoie.

La situation de la France paraissait désespérée.

Dumouriez avait remplacé, comme chef de l'armée
du Nord, Lafayette, qui avait abandonné son commandement après le 10 août ; il était près de Sedan avec

vingt-trois mille hommes. Kellermann avait sous ses
ordres les vingt-deux mille soldats de l'armée du Centre,
qu'il avait emmenés de Metz à l'appel de Dumouriez.
Ces deux généraux s'avancèrent à marches forcées vers
l'Argonne pour y opérer leur jonction.

Les Prussiens avaient, pour déboucher sur Châlons,
à traverser cette région accidentée et boisée, de treize
lieues d'étendue, coupée de cours d'eau et de marais,
traversée par cinq défilés : Y arriver avant eux pour
leur barrer le passage, tel était le plan de Dumouriez,
arrêté sous l'influence de ce général, dans un conseil de
guerre qui avait été tenu le 28 août.

« Après la séance du conseil, — dit Thiers dans son
« *Histoire de la Révolution Française* (1), — le général
« français considérait la carte avec un officier, dans les
« talents duquel il avait la plus grande confiance ; c'était
« *Thouvenot*. Lui montrant alors du doigt l'Argonne et
« les clairières dont elle est traversée : « Ce sont là, lui
« dit-il, les Thermopyles de la France ; si je puis y être
« avant les Prussiens, tout est sauvé. » Ce mot enflam-
« ma le génie de Thouvenot et tous deux se mirent à
« détailler ce beau plan. »

Jacques THOUVENOT (2), à qui se confiait ainsi son
général, avait fait de fortes études au collége St-Claude,
puis s'était engagé dans un régiment d'artillerie, où,
grâce à la Révolution et à sa valeur personnelle, il

(1) Tome II, page 343.
(2) THOUVENOT (Jacques) né à Toul le 20 janvier 1753, était le fils légitime de
Jean Thouvenot, maître-menuisier, et de Pierrette Bogotte, son épouse. Il eut
pour parrain Jacques Mique, maître-architecte, son grand-oncle, et pour marraine Jeanne Moriau, épouse de Pierre Thouvenot, vitrier, sa tante (Registre des
actes de l'état-civil de Toul. Paroisse St-Amand).

avait bientôt conquis le grade d'officier (1). Dumouriez l'ayant eu sous ses ordres, avait pu apprécier son rare mérite ; il lui avait, à son passage au ministère de la guerre, donné le grade de colonel. Plus tard, ayant repris un commandement à l'armée du Nord, il en avait fait son aide-de-camp et son confident intime.

Le plan de défense de Dumouriez devait réussir. Ayant fait opérer à son armée une marche forcée par la gauche de la Meuse et trompé l'ennemi par une fausse attaque sur Stenay, ce général parvint à occuper le premier les passages de l'Argonne et donna ainsi à l'armée de Kellermann le temps nécessaire pour prendre position sur les hauteurs de Valmy.

Brunswick attaqua le 20 septembre au matin : la bataille s'engagea entre ses quatre-vingt dix mille hommes et les quarante-cinq mille soldats réunis de Dumouriez et de Kellermann.

Pendant deux heures, ce fut entre les collines de la Lune, occupées par l'ennemi, et celle de Valmy, où Kellermann avait massé son artillerie, un échange de 20,000 boulets ; puis l'armée prussienne s'ébranla sur trois colonnes, dans le but d'enlever à la baïonnette les positions des Français.

Aussitôt Kellermann divisa son armée en trois colonnes correspondantes, d'un bataillon de front, et la mit en mouvement en s'écriant : *Vive la Nation !* Ce cri, répété par toutes les poitrines, électrisa nos soldats ; la *Marseillaise* retentit dans leurs rangs et tous, vétérans et volontaires, s'avancèrent sur les bataillons ennemis.

---

(1) Pierre Thouvenot, frère cadet de Jacques, né à Toul le 9 mars 1757, servait aussi comme officier dans l'état-major de l'armée de Dumouriez.

Devant cet élan inattendu et le feu de notre artillerie décimant ses soldats, Brunswick commanda la retraite, qui s'opéra dans les chemins boueux de la Champagne ; le général français, pour ne pas compromettre son important succès, ne chercha pas à l'entraver.

Dumouriez, Kellermann et Thouvenot venaient de sauver la capitale.

Toul peut, à bon droit, revendiquer sa part d'honneur dans la mémorable journée où l'un de ses fils joua le rôle considérable que lui reconnait l'Histoire, et où, pour la première fois, flotta victorieux le Drapeau tricolore.

Le jour même de la bataille de Valmy, la Convention Nationale s'était constituée à Paris, sous la présidence de son doyen d'âge, le député du Bas-Rhin Philippe Rühl. Dès la séance du lendemain, la question de la Royauté y fut agitée et l'un de ses membres, un Lorrain, l'abbé Grégoire (1), prononça les paroles suivantes :

« Qu'est-il besoin de discuter lorsque tout le monde
« est d'accord ? Les rois sont dans l'ordre moral ce que
« les monstres sont dans l'ordre physique. Les cours
« sont l'atelier des crimes et la tanière des tyrans ;
« l'histoire des rois est le martyrologe des nations. Dès
« que nous sommes tous également pénétrés de ces vé-
« rités, qu'est-il besoin de discuter ? »

_____

(1) Né le 4 décembre 1750 à Vého, près de Lunéville, l'abbé Grégoire était curé d'Embermenil lorsqu'il fut élu, en 1789, député aux Etats-généraux par le clergé du bailliage de Nancy. Devenu évêque constitutionnel de Blois, les électeurs du département de Loir-et-Cher venaient de le choisir pour leur représentant à la Convention Nationale.
Sa statue s'élève aujourd'hui sur l'une des places publiques de Lunéville.

Aussitôt la Convention Nationale, sur la déclaration unanime de ses membres, décréta *l'Abolition de la Royauté.*

Dans la soirée du 21 septembre 1792, le peuple de Paris apprenait à la fois le triomphe de Valmy et cette décision de l'Assemblée.

L'ancien Régime était mort.

La Nation avait repoussé ses envahisseurs, et consa-cré la Révolution.

La France n'avait plus de Monarque, et la Répu-blique naissait avec l'auréole de la Victoire !

Gravure de l'époque.

APPENDICE BIOGRAPHIQUE

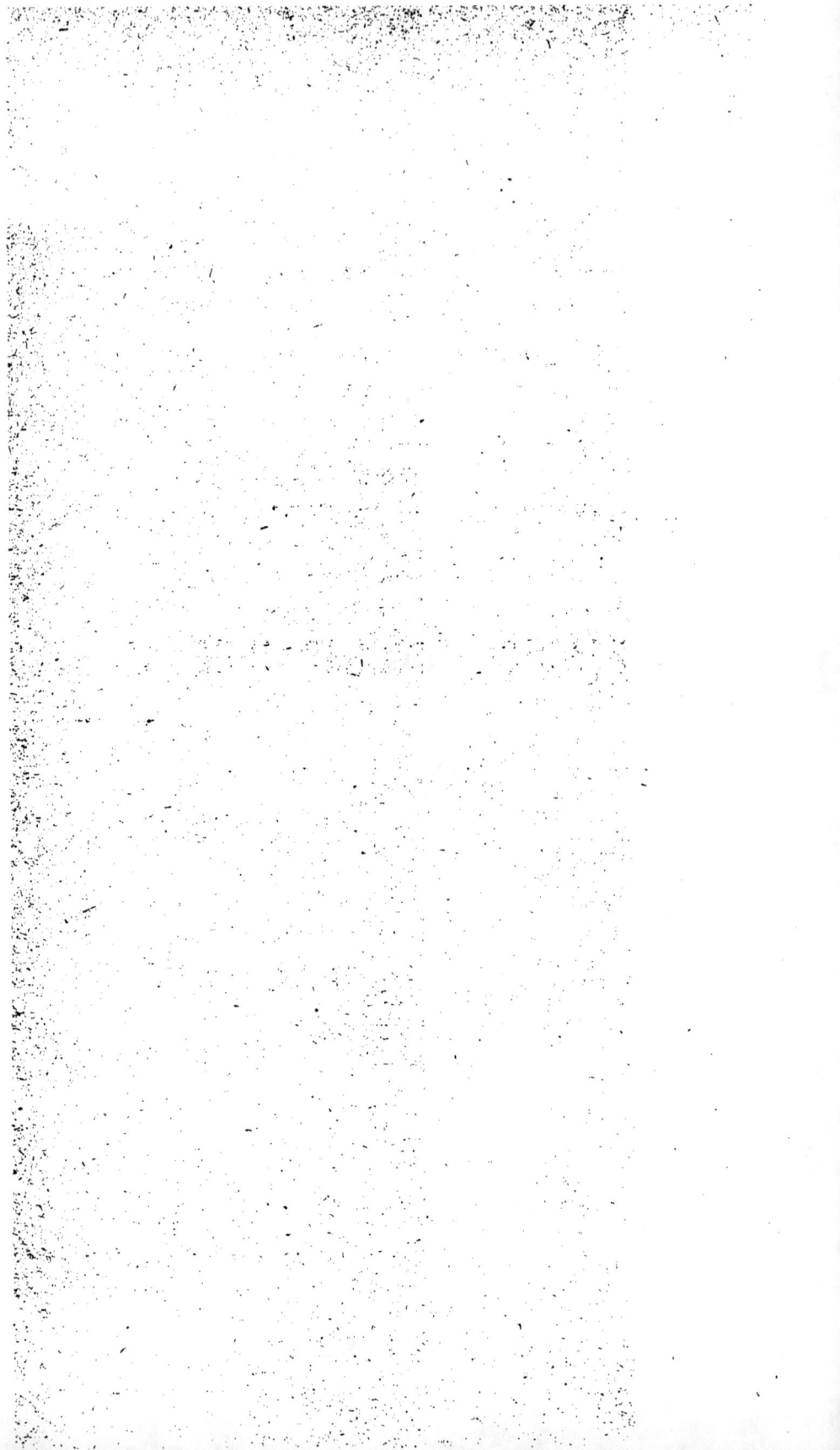

APPENDICE BIOGRAPHIQUE

SOMMAIRE

MAILLOT

AILLOT (Claude-Pierre) naquit à Toul le 22 octobre 1744, de Nicolas Maillot et d'Anne Borde, son épouse.

Il embrassa la carrière judiciaire et devint Lieutenant-général du Bailliage et Siège présidial de cette ville.

Lorsque la Révolution éclata, il en servit la cause avec enthousiasme et, lors des élections pour les Etats-Généraux, il fut élu député du bailliage de Toul, qu'il représenta tant aux Etats-Généraux qu'à l'Assemblée nationale, du 5 mai 1789 au 30 septembre 1791.

Ne pouvant briguer le mandat de député à l'Assemblée législative, en raison de la loi qui déclarait inéligibles tous les constituants, Maillot revint à Toul, où il fut pendant toute la durée du gouvernement révolutionnaire la cheville-ouvrière de l'administration municipale. Elu successivement par ses concitoyens procureur de la commune, le 9 décembre 1792, et agent national l'année suivante, il remplit d'une façon admirable, en ces temps difficiles, ses importantes fonctions et sut adoucir aux Toulois le régime de la Terreur.

A la réorganisation des municipalités, il fut élu président de l'administration municipale (17 brumaire an IV-7 novembre 1795), et quelques jours après (6 frimaire-26 novembre) nommé Commissaire du Directoire exécutif, poste qu'il occupa jusqu'au Consulat.

Nommé Commissaire du gouvernement près le tribunal de Toul, par arrêté du Premier Consul du 28 ventôse an IX (18 mars 1801), il y devint procureur impérial en floréal an XII (1804).

Le gouvernement de la Restauration lui ayant enlevé sa fonction le 18 avril 1816, Maillot se retira de la vie publique : il mourut à Toul, le 2 mars 1824, dans la maison qu'il habitait, rue Pierre-Hardie.

Il avait été élu, à quatre reprises différentes, de 1793 à 1795, président de la *Société des Amis de la Liberté et de l'Egalité* et avait fait partie du Conseil municipal de Toul pendant toute la durée du Consulat et de l'Empire.

Maillot ne laissa qu'une fille, Sophie-Louise-Marguerite, née en 1770 de son mariage avec Louise Escalier. Cette fille épousa le général de brigade de Wonderweidt et mourut à Toul en 1811.

Nous avons fait d'infructueuses recherches pour nous procurer le portrait de Maillot ; il ne figure ni dans la collection des députés de 1789 publiée par Déjabin, ni dans celle de Le Vachez.

FRANÇOIS DE NEUFCHATEAU

——o‹o›o——

RANÇOIS DE NEUFCHATEAU (Nicolas-Louis),
naquit le 17 avril 1750 à Saffais, près de
Rosières-aux-Salines, de Nicolas François, régent d'école de ce village, et de
Marguerite Gillet, son épouse.

Pour les enfants de familles pauvres, des gens riches
et puissants étaient alors une providence. La comtesse
d'Alsace, qui habitait Neufchâteau, ayant remarqué chez
le jeune François une intelligence vive et précoce, le
plaça, à l'âge de neuf ans, au collège de cette ville, alors
habilement dirigé par l'abbé Winterer.

Il fit dans ses études de si rapides progrès que, trois
ans après son entrée dans cet établissement, il adressait à sa bienfaitrice un remerciement en vers et composait d'autres poésies, pour lesquelles il eut l'honneur
d'être reçu à l'âge de 16 ans dans les Académies de Dijon, de Nancy, de Lyon et de Marseille.

C'est alors que le jeune élève, justifiant cette faveur
précoce, publia chez Monnoyer, imprimeur du collège,
un volume in-18° de 96 pages, intitulé : *Pièces du sieur
François, pensionnaire au collège de Neufchâteau*,
avec cette devise : *Et si desunt vires, audacia certè
laus erit.* Ce recueil, fort rare aujourd'hui, contenait un

éloge des roses, des odes, des épîtres et une lettre à
Voltaire qui, le 6 août 1776, écrivant au jeune poëte pour
le remercier, alla jusqu'à lui dire :

> « Il faut bien que l'on me succède,
> « Et j'aime en vous mon héritier. »

François acheva ses études, en qualité de boursier,
au collége Saint-Claude de Toul ; en 1770, il lut à la
distribution des prix de cet établissement une ode (1),
qui fut très applaudie et lui valut la chaire d'éloquence
et de poésie, que l'évêque de Toul, M. Drouas, s'empressa de lui offrir. Mais il n'occupa cette chaire que
peu de temps : accusé de *déisme* et d'*encyclopédisme*,
il fut révoqué en 1773 par le directeur du collége, M.
Drouas, frère de l'èvêque et vicaire-général du diocèse.

Un dérangement sensible dans la conduite des élèves
s'étant produit après sa disgrâce, François de Neufchâteau publia à Paris, chez Moutard (1774), une brochure
in-8° de 56 pages, intitulée : *Lettre à M. l'abbé Drouas
à l'occasion des bruits répandus contre le séminaire de
Toul*, dans laquelle il se défendait d'avoir introduit dans
l'établissement des doctrines blamâbles. Il y déclarait
qu'on n'avait eu à lui reprocher qu'une infraction au
réglement ; on y lit ces lignes :

> « Je tiens une lettre de l'évêque, du 11 novembre 1773, qui arti-
> cule nettement la cause de mon exclusion : j'avais déplu par mon
> obstination à vouloir passer quelques jours hors du collége, dans un
> temps où j'étais inutile. »

---

(1) Cette pièce de vers avait pour titre : *Ode sur la distribution solennelle des
prix du Séminaire épiscopal St-Claude, en forme de collége et de pensionnat,
fondé par Mgr Drouas, évêque de Toul, en 1769.* Imprimée à Toul en 1770 chez
Joseph Carez, elle eut deux éditions (in-4° et in-8°).

Eloigné du professorat, François de Neufchâteau se rendit à Paris pour y suivre le cours de la Faculté de Droit, sans toutefois renoncer à la poésie. Reçu docteur, il se fit inscrire au barreau de la capitale et épousa en 1775 Mlle Dubus, fille d'un ancien danseur de l'Opéra ; cette union, qui lui assurait une fortune indépendante, fut considérée comme une mésalliance par le Conseil de l'Ordre des avocats, qui le raya du tableau.

L'accès de la magistrature lui restant ouvert en raison de la vénalité des offices, il acheta fort cher la charge de lieutenant-général au bailliage et siège présidial de Mirecourt.

Il eut bientôt la douleur de perdre sa jeune épouse, qui mourut à Paris le 18 avril 1776, dans sa dix-huitième année.

Comme les officiers municipaux de Neufchâteau avaient pris, en 1769, une délibération déclarant que cette cité adoptait le jeune François, celui-ci se fit autoriser en 1777, par arrêt du Parlement de Nancy, à joindre à son nom celui *de Neufchâteau.*

Il s'adonna plus que jamais à la culture des lettres et abandonna souvent son siège au Présidial de Mirecourt pour suivre les séances de l'Académie nancéienne, fondée par Stanislas.

En 1780, M. de la Porte, Intendant de la province de Lorraine, dont il avait été le secrétaire, choisit François de Neufchâteau comme son Subdélégué à Mirecourt.

Il contracta en cette ville un nouveau mariage en 1782 ; mais son union ne fut pas heureuse et les deux époux vécurent, presque toujours, séparés (1).

(1) La seconde femme de François de Neufchâteau fut assassinée à Vicherey en 1805.

Par l'influence de M. de la Porte, il fut nommé en 1783 Procureur-général au Conseil supérieur du Cap, à St-Domingue. Atteint par les fièvres du pays et après un séjour de trois ans dans l'île d'Haïti, il obtint un congé pour venir en France rétablir sa santé.

Embarqué le 3 septembre 1786 sur la frégate de commerce *le Maréchal de Mouchy*, qui fit naufrage à cinquante lieues du Cap dans la nuit du 4 au 5, François de Neufchâteau fut jeté sur une île déserte, où il resta sept jours et sept nuits, avec d'autres passagers échappés au naufrage. Dans une lettre à sa femme en date du 15 septembre, il raconte ainsi sa douloureuse odyssée :

« J'endurai la famine, la soif et mille autres malheurs, sept jours et sept nuits, sur les rocs pointus et stériles de cette île déserte, où l'on manque d'eau douce, où j'ai couché sur des cailloux avec des légions d'insectes dévorants, où j'ai reçu plusieurs coups de soleil, où il m'a fallu faire quarante lieues à pied, sans bas et sans souliers, où j'ai été réduit à manger des escargots crus et des lézards. Nous devions y périr : Dieu nous a envoyé un brave capitaine anglais, qui nous a presque tous sauvés sur un petit bateau, et, le 13 de ce mois, nous somme descendus dans le bourg de Linibé. »

Le Conseil supérieur du Cap ayant été supprimé peu après son retour en France, François de Neufchâteau séjourna quelque temps à Paris ; puis il alla se fixer à Vicherey, où il prit pour l'agriculture un goût qu'il conserva jusqu'à la fin de sa carrière. Là, il rétablit sa santé ébranlée et consacra ses loisirs à quelques travaux littéraires.

Mais déjà grondaient les bruits précurseurs de l'orage qui allait éclater sur la France et, lorsque l'Assemblée des Notables et les Parlements disparurent devant

l'auxiliaire redoutable qu'ils avaient eux-mêmes in-
voqué, François de Neufchâteau se déclara un des plus
zélés partisans de la Révolution.

Elu député suppléant par les électeurs du Tiers-Etat
du Bailliage de Toul, il ne fut point appelé à siéger aux
Etats-Généraux. Son ardente activité se développa sur
un plus petit théâtre : les communes de ce bailliage
ayant député des commissaires qui devaient se réunir à
Bicqueley, au mois d'août 1789, pour délibérer sur différents objets d'intérêt public, le Lieutenant du Roi à Toul
le fit arrêter par la maréchaussée avec trois autres
commissaires (Voir *suprà*, pages 102 et suivantes).

Nommé ensuite et successivement juge de paix du
canton de Vicherey (1790) et membre du Directoire du
département des Vosges, il ne remplit que peu de temps
ces fonctions ; en août 1791, il fut élu député des Vosges
à l'Assemblée législative, dont il devint secrétaire le 3
octobre, puis président le 28 décembre de la même
année.

Réélu en septembre 1792 député à la Convention Nationale, il allégua sa mauvaise santé et déclina ce
mandat, refusant aussi la charge de Ministre de la justice, que lui offrit la Convention le 6 octobre.

La politique abandonnée pour la littérature, il mit la
dernière main à sa comédie de *Paméla ou la Vertu ré-
compensée*, qui fut représentée sur la scène du théâtre
de la Nation. Le comité de Salut public, jugeant cette
pièce trop *féodale* et croyant y voir des tendances *mo-
dérantistes*, fit incarcérer, le 3 septembre 1793, François
de Neufchâteau ainsi que les comédiens qui avaient

23

représenté *Paméla*. L'auteur chercha à se justifier dans un écrit intitulé : *M. François à la Convention nationale*. Ce fut en vain : le Comité maintint sa décision et le prisonnier ne recouvra sa liberté qu'après le 9 thermidor.

Il devint peu de temps après juge au tribunal de cassation, et, à la fin de 1794, commissaire du Directoire exécutif dans le département des Vosges. Appelé au ministère de l'Intérieur le 28 messidor an V (16 juillet 1797), il fut nommé presqu'aussitôt membre du Directoire exécutif, en remplacement de Carnot, que venait de frapper la loi du 19 Fructidor. Il n'occupa cette haute fonction que jusqu'au 20 floréal an VI et redevint Ministre de l'Intérieur (du 17 juillet 1798 au 22 juin 1799).

Membre du Sénat après le 18 Brumaire, François de Neufchâteau en fut d'abord secrétaire, puis président du 19 mai 1804 au 19 mai 1806. Pourvu ensuite de la Sénatorerie de Dijon, puis de celle de Bruxelles, il fut élevé à la dignité de grand-officier de la Légion d'honneur et fait comte de l'Empire, quand Napoléon créa une nouvelle noblesse.

A la Restauration, il ne fut pas compris sur la liste des Pairs de France, mais il rentra à l'Académie française, lorsque l'ordonnance royale du 21 mars 1816 réorganisa cette compagnie (1). Dès lors, il se consacra tout entier à la poésie et aux belles-lettres et publia de nombreux écrits sur l'agriculture.

(1) François de Neufchâteau avait été nommé académicien en 1797.

Cet homme d'Etat, dont la vie politique et la vie littéraire sont également dignes de remarque, mourut à Paris le 10 janvier 1828 (1).

Il existe de lui dix-sept portraits différents, qui ont été reproduits pour la plupart par la gravure, et le présentent aux diverses époques de sa vie (2).

(1) La bibliothèque de la ville de Nancy possède un testament en vers de François de Neufchâteau, fait pendant sa captivité de 1793-94 ; c'est un manuscrit inédit et très-curieux, que les bibliographes y liront avec intérêt (n° 1091-492 du catalogue de cette bibliothèque).

(2) On en trouvera la nomenclature dans la *Liste alphabétique des portraits dessinés, gravés et lithographiés de personnages nés en Lorraine,* publiée en 1862 par Soliman Lieutaud.

LA NATION

LA LOI

LE ROI

1790

Cliché de l'époque.

CHATRIAN

— ◦◊◦ —

HATRIAN (Laurent) naquit à Lunéville le 4 mars 1732, de Jean-Pantaléon et de Marguerite Collin.

D'abord placé par ses parents au collége de cette ville, alors tenu par les chanoines réguliers, il embrassa ensuite l'état ecclésiastique et fut ordonné prêtre en 1756.

Successivement vicaire à Saint-Etienne-les-Remiremont, Saulxures-en-Vosges, Remoncourt, Brouville et Saint-Clémént, il devint le 29 avril 1771 secrétaire-particulier de Mgr Drouas, évèque de Toul. Ce prélat étant mort le 21 octobre 1773, l'abbé Chatrian fut appelé le 27 novembre suivant à la cure de Resson, dans la Meuse, et le 19 janvier 1778 à celle de St-Clément, près de Lunéville.

Son esprit studieux et observateur, joint à un réel talent oratoire, avait attiré l'attention sur sa personne, et lorsqu'en mars 1789 il s'agit d'élire des députés aux Etats-Généraux, l'ordre du clergé du bailliage de Toul le choisit comme député-suppléant. L'abbé Bastien, député titulaire, étant mort le 25 mai 1790, Chatrian alla le remplacer le 27 juin à l'Assemblée Nationale constituante, où il siégea jusqu'au 30 septembre 1791, jour de sa dissolution.

Il se déclara constamment à l'Assemblée l'adversaire des idées nouvelles et, après le vote de la Constitution civile du clergé, refusa d'y adhérer en prêtant le serment civique (1).

Revenu en Lorraine à la dissolution de la Constituante, il émigra le 6 mai 1792 et se fixa à Trèves, puis à Vilz-Bibourg, en Bavière, qu'il habita jusqu'en mai 1802, époque à laquelle la conclusion du Concordat et le sénatus-consulte du 26 avril 1802 lui permirent de rentrer en France.

L'abbé Chatrian vint alors habiter Lunéville, sa ville natale, où il vécut dans la retraite. Il y mourut le 24 août 1814, à l'âge de 82 ans, laissant derrière lui une œuvre considérable, en grande partie inédite, et ne comprenant pas moins de 50 ouvrages et de 150 volumes.

L'abbé Thiriet, chanoine honoraire et professeur au grand Séminaire de Nancy, a fait paraître la bibliographie complète de cette œuvre (2). Nous en extrayons les titres des principales publications du Constituant; elles se rapportent spécialement à l'histoire ecclésiastique et politique touloise au XVIIIᵉ siècle :

Journal Ecclésiastique du diocèse de Toul (1764-1778) : 25 volumes in-12.

Journal Ecclésiastique du diocèse de Nancy, pour faire suite au précédent (1779-1791) : 18 volumes.

Journal Ecclésiastique toulois (1771-1777).

---

(1) Il écrivait dans son *Journal* manuscrit, sous la date du 4 janvier 1791 : « Séance de l'Assemblée nationale où j'ai refusé le serment *impie*. »

(2) *L'abbé L. Chatrian* (1732-1814) — Nancy, 1890, imp. Vagner, brochure in-8° de 40 pages.

Journal Ecclésiastique lorrain (1778-1784), comprenant ce qui est arrivé de curieux et d'intéressant dans les diocèses de Toul, Nancy et St-Dié.

Anecdotes touloises du XVIII° siècle (1700-1777), 10 volumes in-12°, dont on regrette la disparition.

Nouvelle édition, considérablement augmentée,'du Pouillé ecclésiastique et civil du diocèse de Toul par le R. P. Benoit Picard, capucin (1768).

Plan ou croquis d'une histoire du clergé diocésain pendant la Révolution (1799) volume in-8° de 154 pages, malheureusement inachevé.

Liste des évêques et prêtres émigrés en Allemagne.

Mémoires sur la Révolution dans l'Eglise de France, à l'usage d'un prêtre émigré à Vilz-Bibourg (1799), vol. in-12 de 230 pages.

Ces statistiques, ces calendriers historiques et ces biographies font connaître en détail l'histoire cléricale de notre pays.

Prêtre instruit et laborieux, annaliste passionné pour sa foi et sa province, critique judicieux, mais trop souvent acerbe, l'abbé Chatrian a recueilli avec soin d'utiles documents historiques, et ses savants ouvrages font honneur à sa mémoire ; on peut néanmoins, et non sans raison, lui reprocher sa haine ardente contre la Révolution et ses attaques injustifiées, violentes, contre les prêtres assermentés, qu'il appelait dédaigneusement les *jureurs.*

Les jugements, portés par Chatrian sur les savants Vautrin et Lionnois, sont particulièrement durs et l'abbé Guillaume (1), trop hostile aux idées de la Révolution pour être accusé de partialité, a dit lui-même de ce prêtre : « Il nous parait avoir été un peu caustique et « d'une grande sévérité à l'endroit de ses confrères qui « avaient souscrit à la *Constitution civile du Clergé.* »

_____

(1) *Histoire du Diocèse de Toul* (IV, 319).

On devine, à ces lignes, à quelles vivacités a pu se
laisser entraîner dans ses diatribes l'abbé Chatrian,
aigri par dix années d'émigration ; aussi Mᵐᵉ de Gir-
mont, sa nièce, désireuse de conjurer toute exhumation
historique, avait-elle dit à propos de ses manuscrits :
« Les écrits de mon oncle renferment en général trop de
« *misères :* il faut les brûler (1). »

Ils furent, au contraire, heureusement conservés et
c'est la bibliothèque du grand séminaire de Nancy qui
les possède aujourd'hui. Quel que soit l'esprit dans lequel ils aient été conçus, ils ont d'autant plus de valeur
historique que leur auteur les a révisés lui-même (2).

(1) *L'abbé Chatrian* (1732-1814) par l'abbé Thiriet.
(2) Le portrait de *Laurent Chatrian, curé de St-Clément, député de Toul et
Vie aux Etats-Généraux de 1789,* dessiné par Perrin et gravé par Letellier
(collection Déjabin) figure au Musée de Toul (salle Pimodan). Nous en avons
donné plus haut une reproduction.

BICQUILLEY

ᗷICQUILLEY (Charles-François), né à Toul le 20 août 1738, de Pierre Bicquilley, avocat au Parlement, et de Jeanne Collot, son épouse, était avant la Révolution garde-du-corps du roi Louis XVI.

Mathématicien distingué, il avait publié deux ouvrages intitulés, l'un : *Du calcul des probabilités*, in-8°, édité à Toul en 1783, et l'autre : *Théorie élémentaire du commerce*.

Poëte satirique à ses heures, il s'était signalé par son ardeur à défendre, à deux reprises, les intérêts des bourgeois de Toul lors du démembrement du diocèse en 1775 et de l'anoblissement du chapitre de la Cathédrale en 1776.

L'anoblissement, conféré par le roi à la demande de l'évèque, gratifiait les chanoines d'une décoration particulière et décidait que, désormais, nul ne pourrait faire partie du Chapitre sans prouver trois quartiers de noblesse. Cette mesure avait excité les murmures des citoyens, qui se voyaient ainsi privés de leur droit immémorial d'être reçus chanoines de la Cathédrale ; Bicquilley s'était fait l'interprète de leurs rumeurs et de leurs invectives dans un poëme héroï-comique en huit chants, intitulé *la Croisade*, manuscrit inédit (1).

---

(1) Des extraits en ont été publiés par A. D. Thiéry dans son *Histoire de Toul* (1841) et par l'abbé Guillaume dans son *Démembrement du Diocèse* (1861).

Voici un passage de cette satire, où le poëte, s'adressant aux chanoines, laisse libre cours à sa verve incisive et à son esprit frondeur :

« Que faut-il donc, Messieurs, pour être admis
« Au grand honneur d'être votre confrère,
« Dans une stalle à vos côtés assis ?
« Il faut avoir ce brillant caractère
« Qui d'un vilain fait un noble nouveau,
« Heureux baptême, effaçant de son eau
« Du citoyen la tache originaire ;
« Il faut avoir un écusson timbré,
« Avec supports, sur son cachet gravé ;
« Il faut montrer des lettres de noblesse,
« Ou bien avoir reçu de père en fils
« Des parchemins rongés par les souris,
« Qui prouvent bien, non que par leurs prouesses
« Et leurs vertus et leurs rares talents,
« Ils ont rempli des postes éminents,
« Fait le salut, l'honneur de la Patrie,
« Mais qu'ils ont pris titre de seigneurie,
« De chevalier, baron, comte, écuyer.
« Avec cela, fussiez-vous usurier,
« Perfide ami, fils ingrat, mauvais frère,
« Désœuvré, lâche, inhabile à tout faire,
« Vertus, savoir sont ici superflus.
« Vous êtes noble : il ne faut rien de plus !

Que de charme et de fine malice dans ces vers! Ils n'ont pas trouvé grâce près de l'abbé Guillaume, qui reproche à leur auteur d'avoir écrit « ce que désavouaient son éducation, ses principes et ses parents. » Mais, si Bicquilley n'a pas craint de rompre avec les préjugés de son époque, et d'attaquer ainsi les abus de l'aristocratie et du clergé, n'est-ce donc pas, au contraire, tout à son éloge ?

La *Croisade* eut beaucoup de retentissement et valut à son auteur la popularité.

Quand il s'agit, lors de l'organisation de la municipalité en 1790, de procéder au choix du maire, Bicquilley fut élu par 687 suffrages sur 955 votants, le 4 février. Il resta en fonctions jusqu'au 13 novembre 1791.

Nommé à cette époque membre du Directoire du département de la Meurthe, il en devint le vice-président en 1793. Mais le Directoire ayant été presqu'aussitôt décrété d'arrestation pour *fédéralisme*, par la Convention Nationale, Bicquilley fut incarcéré avec ses collègues; il n'obtint sa mise en liberté que grâce aux actives démarches du représentant du peuple Jacob, des membres de la municipalité de Toul et de ceux de la Société populaire (1).

Le 24 brumaire an IV (14 nov. 1795), Bicquilley, qui était revenu à Toul, y fut appelé aux fonctions d'admi-

---

(1) La Société populaire *des Amis de la Liberté et de l'Egalité* arrêtait, dans sa séance du 3 brumaire an II (24 octobre 1793) « à l'unanimité des suffrages et aux applaudissements des tribunes », qu'une adresse serait faite à la Convention Nationale en faveur de Bicquilley et envoyée au citoyen Jacob, député, pour la lui présenter et l'appuyer près de cette assemblée. De leur côté, les membres du Conseil général de la commune de Toul écrivaient le 5 brumaire (26 oct.) au citoyen Mauger, commissaire du Pouvoir exécutif dans le département :

« Témoins du patriotisme, des travaux et du dévouement auxquels C. F. Bicquilley s'est constamment livré pour les progrès de la Révolution, l'établissement du règne de la Liberté et de l'Egalité ; de la manifestation de ses principes pendant son exercice de la place de maire, à laquelle il a été nommé dès les premiers moments de l'organisation des municipalités et qu'il a gérée pendant deux ans, la justice leur fait un strict devoir de lui rendre un témoignage des vertus républicaines et civiques que ce citoyen a pratiquées au milieu de ses compatriotes.

« Un des premiers, il a concouru à former une société populaire, pour propager les vrais principes de la Liberté et les moyens de la Révolution ; il en a été le premier des présidents. Antérieurement à la Révolution, dans sa conversation et ses écrits, il suivait déjà les principes de l'Egalité, etc.. »

nistrateur municipal. Le 18 floréal (7 mai 1796) il devint président de l'administration municipale et resta en fonctions jusqu'au 3 germinal an V (23 mars 1797).

Sous le Consulat, il fut administrateur des hospices de Toul. Il appartint au Conseil municipal depuis la création de cette assemblée (27 prairial an VIII — 15 juin 1800) jusqu'au 14 fructidor an XII (31 août 1804).

A l'avènement de l'Empire, il se retira de la vie politique.

Franc-maçon zélé, Bicquilley était le secrétaire de la loge *des Neuf-Sœurs* de Toul, depuis la Constitution de cette loge en 1782 ; il en devint *l'orateur* en 1798 et occupait encore cette fonction en 1804.

Charles-François Bicquilley mourut à Toul le 21 décembre 1814, dans sa maison de la rue de la Fleur-de-Lys (Gouvion St-Cyr actuelle). Son portrait, de grandeur naturelle et en costume de garde-du-corps, existe à l'Hôtel-de-Ville (cabinet du maire). Nous l'avons reproduit plus haut.

GÉRARD

———◁⊠▷———

ÉRARD (Claude) est né le 7 septembre 1752
à Toul (paroisse Ste-Geneviève), dans la
maison qui porte le numéro 18 de la rue Louis actuelle,
de Jean Gérard, maître bonnetier, qui fut nommé capitaine de la *Compagnie des Cadets-Dauphin* à la
création de cette milice, et de Marguerite Gérard, sa
cousine et épouse.

Il fit ses études au collége Saint-Léon de Toul, puis
alla étudier le droit à Pont-à-Mousson. Ses thèses de
licence soutenues, il revint à Toul où il acheta une
charge d'avocat et procureur au bailliage et siège présidial ; il l'occupait encore au moment de la Révolution,
dont il embrassa la cause avec enthousiasme.

En 1789, il signa comme membre de l'Assemblée des
quarante notables les divers mémoires dans lesquels nos
ancêtres attaquaient les abus de l'ancien Régime, et il
fut, à la fin de cette année, nommé président du *Comité
municipal* établi après la suppression des mairies
royales.

Gérard compte parmi les fondateurs de la *Société
des Amis de la Constitution,* qui l'éleva plusieurs fois
à sa présidence.

Il contribua à l'organisation de la garde nationale, dans laquelle il fut élu capitaine de la compagnie des grenadiers.

Lors de l'organisation de la municipalité, il fut élu procureur-syndic de la commune de Toul le 4 février 1790, par 543 voix sur 865 votants et remplit cette fonction jusqu'au 13 novembre 1791.

L'année suivante (janvier 1792), il alla occuper la place de greffier du Tribunal criminel du département de la Meurthe, séant à Nancy, à laquelle il avait été élu en mai 1791 (1).

En 1793, Gérard devint président de la Société populaire de Nancy, qui le chargea à l'unanimité le 13 frimaire an II (3 déc. 1793), d'aller présenter à Paris à la Convention Nationale une adresse au nom de la Société.

Nommé Accusateur public du Tribunal révolutionnaire du département de la Meurthe, séant à Nancy, par arrêté du représentant du peuple Faure du 28 brumaire an II (18 nov. 1793), il fut peu après inculpé de

(1) Le *Journal du Département de la Meurthe* (n° 15, du 15 mai 1791) publiait à cette occasion les lignes suivantes :

« M. *Gérard*, procureur de la commune de Toul, a été élu greffier au second tour de scrutin. Il n'avait pas besoin d'être père d'une nombreuse famille pour se concilier la bienveillance : son patriotisme, sa droiture et son intelligence prouvent que c'est une justice qu'on lui a rendue et non une grâce qu'on lui a faite, en lui donnant cette place. Nous ne devons pas omettre à cette occasion un trait de générosité, qui honore infiniment un des concurrents de M. Gérard. M. *Jacquinot*, ci-devant procureur au Parlement, actuellement greffier au tribunal de Vézelise et auteur d'un ouvrage très solide sur les droits féodaux, était un de ceux que l'opinion désignait pour greffier du tribunal criminel. Lorsqu'il sut que M. Gérard était un de ses concurrents, il se désista hautement de sa prétention et engagea ses amis à reporter leur bonne volonté sur M. Gérard, père de dix enfants et zélé patriote. Ce trait-là n'a rien assurément qui sente le procureur ! »

modérantisme ; un mandat d'arrêt fut décerné contre lui par le représentant Lacoste, mais il put s'y dérober et quitta précipitamment Nancy.

Il se réfugia à Toul. Les représentants Lacoste et Baudot ayant rapporté le mandat d'arrêt le 28 pluviôse an II (16 février 1794), Gérard fut appelé aux fonctions de greffier du Tribunal du district de cette ville et il les remplit jusqu'en 1804, époque à laquelle les places de greffier devinrent vénales. Il acheta alors la charge de greffier en chef de la Cour d'appel de Nancy qu'il conserva jusqu'en 1811.

A cette époque, le blocus continental ayant obligé Napoléon Ier à créer une juridiction nouvelle, chargée de juger les cas de contrebande et désignée sous le nom de *Cour des Douanes* ou *Cour Prévôtale*, Gérard fut nommé juge à ce tribunal.

La chûte de l'Empire entraîna celle de la Cour Prévôtale (mars 1814). Fidèle aux principes de la Révolution, Gérard ne voulut pas même accepter du gouvernement de la Restauration une pension de retraite ; il se retira à Ecrouves, près Toul, dans sa maison de campagne (presbytère actuel), où il passa les treize dernières années de sa vie, en véritable philosophe, loin de la politique dont il avait éprouvé toutes les vicissitudes ; il n'avait conservé de relations qu'avec le célèbre Boulay (de la Meurthe), qui avait été jadis son commis-greffier et lui avait gardé sa fidèle amitié.

Claude Gérard mourut à Ecrouves, le 13 novembre 1827 (1).

(1) Les éléments, qui nous ont permis de retracer la vie de Gérard, ont été mis pour partie à notre disposition par sa petite-fille, Mme François-Bataille de Toul, à qui nous savons le plus grand gré de cette communication. Mme François possède un portrait, peint à l'huile, de son aïeul, revêtu de son costume de magistrat, dont nous avons donné plus haut une reproduction.

CAREZ

AREZ (Joseph), fils de J. Carez, imprimeur de l'Evêché, est né à Toul le 15 mars 1752.

Destiné d'abord à la prêtrise, quoiqu'il ne montrât pas de vocation ecclésiastique, il fut placé par son père au grand Séminaire de Toul après avoir terminé ses études. Mais en 1771, le jeune séminariste quitta furtivement cet établissement et, remplaçant sa soutane par des habits séculiers, alla, sur le conseil d'un ami, se présenter à Nancy au directeur de l'Opéra.

Carez était doué d'une très-belle voix et « la musique « de Mozart, de Gluck, d'Haydn et de Grétry, qu'il « interprétait fort bien, avait plus d'attraits pour lui « que le chant grégorien. » Aussi fut-il admis d'emblée dans la troupe d'opéra, où il se fit remarquer.

Cédant aux instances de sa famille, il abandonna cependant l'art musical et revint un peu plus tard à Toul, où l'attendaient des succès plus réels et plus utiles.

Chercheur infatigable, Carez avait déjà trouvé l'un des premiers un moyen simple et expéditif pour extraire le bicarbure d'hydrogène des marécages et des terrains houilliers ; mais ce qui lui fit le plus d'honneur fut l'invention de la *stéréotypie* ou procédé de clichage, auquel il donna d'abord le nom d'*homotypie*, pour exprimer la réunion de plusieurs types en un seul. Voici, d'après un ouvrage publié en 1803 par Michaud, comment il fut amené à cette découverte :

« En 1785, Carez tenta d'appliquer au moulage des planches ou formes d'imprimerie le procédé que M. Thouvenin, ancien échevin de Toul, grand amateur de médailles, employait avec succès pour en tirer des empreintes parfaitement nettes, au moyen d'un coup sec qu'il donnait avec un marteau sur une bille d'étain posée sur la médaille. Voyant que la netteté de l'empreinte dépendait de la vivacité du coup, Carez imagina de frapper un coup vif au moyen d'un bloc de bois, suspendu à une bascule, qu'il laissait tomber sur le métal qui devait recevoir l'empreinte de sa planche, quand il était au point de fusion convenable. Cette empreinte en creux, attachée à son tour sur le bloc et frappant sur un nouveau métal en fusion, y donnait une empreinte en relief à laquelle, après beaucoup de tâtonnements et d'essais, Carez parvint à donner une grande netteté. La réussite de ses essais assure incontestablement à Carez le mérite d'avoir, par d'heureuses applications du clichage, fait faire un grand pas à la typographie. »

Il fut encouragé dans ses travaux par deux hommes distingués qui habitaient Toul à cette époque : M. de Caffarelli, qui devint préfet de l'Ardèche, et M. Curel, capitaine du génie, directeur des fortifications.

Ce fut à l'aide de son procédé que Carez imprima en 1786 un livre d'église, avec le plein-chant noté, en deux volumes in-8° de plus de mille pages, et successivement vingt autres volumes de liturgie ou d'instruction à l'usage du diocèse de Toul. Une bible latine en *nonpareille*, la *Vulgate*, format grand in-8°, offre surtout un caractère d'une grande netteté : on peut voir un fac-simile d'une page de cette bible dans l'*Histoire des Procédés de Polytypage* par Camus (Paris, chez Renouard : 1803).

24

Carez était membre de l'Assemblée des 40 Notables toulois, lorsque la Révolution éclata ; il en embrassa la cause, sans souci de ses intérêts personnels comme imprimeur de l'évêché.

Elu en février 1790 officier municipal, puis en juillet administrateur du district de Toul, il ne quitta cette situation qu'un an plus tard, lors de son élection comme député de la Meurthe à l'Assemblée législative, le quatrième sur huit dans l'ordre des suffrages obtenus. Cette Assemblée le nomma membre de son *Comité des Assignats,* en raison de sa science typographique ; il rendit de grands services dans la fabrication et l'impression du papier-monnaie, en appliquant à cette dernière partie son procédé stéréotypique.

Carez, à l'Assemblée, se déclara hautement contre les persécutions exercées à l'égard des prêtres insermentés, et, dans la séance du 11 mai 1792, demanda que les dénonciations fussent toujours vérifiées par les Directoires des départements. Il se fit constamment remarquer par son équité et la modération de ses opinions : aussi ne fut-il pas réélu député de la Meurthe à la Convention Nationale.

Il revint à Toul en août 1792 et reprit ses travaux typographiques ; il écrivait à un de ses amis en octobre de cette année : « Me voilà, de législateur que j'étais, « redevenu compositeur. Tous mes ouvriers m'ont « quitté pour prendre mieux : je les remplace comme je « puis et quoique j'aie les doigts engourdis, j'espère « remplir ma nouvelle tâche avec succès. »

En 1793, lorsque les armées de la coalition étrangère s'approchèrent menaçantes, Carez, quoique marié et

père de famille, partit avec les volontaires qui s'enrô-
laient sous les drapeaux de la République ; choisi pour
commander le bataillon des gardes-nationaux auxi-
liaires de Toul, il remplit ses devoirs de la façon la
plus honorable comme le passage suivant des *Mémoires*
de Gouvion St-Cyr en fournit la preuve (1) :

« Le bataillon de la garde-nationale de Toul, dont le général en chef
(Landremont) avait voulu renforcer cette division (la division de Gouvion St-Cyr), fut laissé par l'adjudant-général St-Cyr, leur compatriote, en réserve à Wingen, pour ne donner que dans un cas indispensable, attendu qu'il ne se composait que de gens mariés, la plupart
pères de famille. *Il résista aux instances du citoyen Carez, leur commandant, qui demandait à être employé plus activement.* »

Après le licenciement des gardes-nationales, Carez
revint encore à son imprimerie et il fit paraître, soit
comme éditeur, soit comme auteur, diverses publications patriotiques.

A trois reprises, de 1793 à 1795, il présida la *Société
des Amis de l'Egalité et de la Liberté* et il fut *Vénérable* de la Loge maçonnique de Toul (*R∴ L∴ des
Neuf-Sœurs.*)

Elu le 3 germinal an VI (23 mars 1798) administrateur municipal de Toul, il quitta cette fonction le 14
fructidor suivant (31 août), pour aller à Paris travailler
à l'*Administration de la Comptabilité intermédiaire,*
et fut nommé l'année suivante, chef du Bureau de l'Ins·
truction au Ministère de l'Intérieur.

Murat, qui avait connu Carez en 1791, lorsque son
régiment, le 12° chasseurs à cheval, était à Toul en
garnison, le fit nommer Préfet de la Meurthe par Bo-

(1) *Mémoires du Maréchal Gouvion St-Cyr,* tome I, page 98 : Reprise sur les
ennemis du camp retranché de Northweiler, le 14 septembre 1793.

naparte, premier Consul. Carez refusa cette nomination, mais il accepta la sous-préfecture de Toul et apporta dans l'organisation du service autant de zèle que d'intelligence.

Il ne devait pas longtemps occuper ce poste : enlevé prématurément aux siens et à ses concitoyens, il mourut le 17 messidor an IX (6 juillet 1801).

Carez est, à bien des titres, une de nos célébrités touloises. Son portrait, en costume de sous-préfet et peint au pastel par Paradis en 1801, figure au musée municipal (1). Un jour viendra, prochain peut-être, où l'une des rues de sa ville natale portera le nom de *Joseph Carez* (2), hommage légitime rendu à la mémoire de l'éminent typographe, du citoyen dévoué, du bon patriote (3).

(1) Nous avons publié plus haut un fac-simile de ce portrait.

(2) L'administration municipale, mûe par les plus louables sentiments, n'a-t-elle pas déjà honoré ainsi, en inscrivant leurs noms sur ses murs, quelques-uns des enfants de Toul les plus distingués ?

(3) Les renseignements particuliers sur la vie privée de Carez, insérés dans cette notice, nous ont été obligeamment communiqués par Mᵐᵉ François-Bataille, qui les tient de la fille de l'ancien député à l'Assemblée Législative, Mᵐᵉ Bastien-Carez, imprimeur-libraire à Toul, aujourd'hui décédée, dont les fils, MM. P. et C. Bastien habitent actuellement, l'un Rethel (Ardennes), l'autre Montluçon (Allier), M. Paul Bastien, son petit-fils, habite Lunéville où il est libraire.

LEVASSEUR

LEVASSEUR (Antoine-Louis), né à Fresne-sur-
Meurthe le 15 juin 1746, était, avant la
Révolution, membre de l'administration
provinciale des Trois-Evêchés.

En 1790, il devint procureur-syndic du Directoire du
district de Sarrebourg, puis de celui de Toul.

Elu le 30 juin 1791 député de la Meurthe à l'Assemblée Législative, le cinquième sur huit dans l'ordre
des suffrages obtenus, il siégea sur les bancs de cette
assemblée jusqu'en août 1792, époque à laquelle il fut
réélu député de la Meurthe à la Convention Nationale.

Dès lors prirent fin les rapports de Levasseur avec la
ville de Toul, et pendant tout le reste de sa carrière, la
politique le maintint éloigné de la Lorraine.

Il vota à la Convention la mort du roi, lors du procès
de Louis XVI en janvier 1793, pour obéir, dit-il, au
vœu de ses commettants.

Elu membre du comité de sûreté générale le 2 septembre 1794, quelque temps après la chute de Robespierre, c'est à lui qu'on doit le décret rendu en 1795 sur
l'*Organisation de l'Ordre judiciaire*.

En 1796, il fut appelé au Conseil des Cinq-Cents et
en devint secrétaire-rédacteur.

Il conserva cette fonction de secrétaire sous l'Empire,
au Corps Législatif, jusqu'en 1814.

Lorsque la loi de 1816, sous la Restauration, prononça le bannissement des régicides, Levasseur quitta la France et se réfugia en Belgique. Il mourut à Bruxelles, en 1826, *dans un état voisin de l'indigence* (1). Nous ne connaissons pas de portrait de lui.

(1) D'après Michel : *Biographie des hommes marquants de l'ancienne province de Lorraine*, (Nancy–1829).

GOUVION

G OUVION (Jean-Baptiste) est le premier général français tué à l'ennemi pendant les
guerres de la Révolution.

Il naquit à Toul, paroisse St-Amand, le 8 janvier
1747, de Jean-François Gouvion, avocat au Parlement,
et de Catherine Olry, son épouse ; il était le frère aîné
de Louis Gouvion, dont nous avons raconté la mort à
l'affaire de Nancy le 31 août 1790, et de Victor Gouvion,
qui fut, comme lui, aide-de-camp du général Lafayette.

Il embrassa tout jeune la carrière militaire et devint
officier dans le corps du génie. Il se rendit avec Lafayette en Amérique en 1778, pour mettre son épée au
service des futurs Etats-Unis, dans leur guerre d'Indépendance contre la métropole anglaise. Il y partagea ses
périls et sa gloire, et en France, au retour, la popula-
larité et le prestige qui s'attachaient au nom de ce général.

Lors de la constitution de la garde-nationale de Paris
en août 1789, Lafayette, qui en avait été élu commandant-général et tenait en particulière estime son ancien
compagnon d'armes, choisit Gouvion pour major-général.

C'est en cette qualité qu'il dut garder le palais des Tuileries en juin 1791, par ordre de l'Assemblée Nationale, pour conjurer la fuite du Roi (1).

Il donna sa démission de major-général au mois d'août suivant, en raison de son élection comme député de Paris à l'Assemblée Législative. La lettre, qu'il adressa à cette occasion au général Lafayette, fut communiquée au Conseil général parisien le 27 septembre et y provoqua une manifestation très-flatteuse, ainsi rapportée par le *Journal de Paris* (n° 272, du 29) :

« La lecture de cette lettre, qui peignait l'attachement et la confiance mutuelle de deux citoyens qui, depuis quatorze ans, ont si bien servi dans les deux Mondes la cause de la Liberté, et à qui celle de leur Patrie doit autant, a excité les applaudissements les plus vifs. Ils ont redoublé lorsque M. Gouvion, mandé, a paru. Il a remercié ses concitoyens en leur annonçant qu'il les servirait avec le même zèle dans la nouvelle place où leur confiance venait de l'appeler. »

Le Conseil général ordonna l'impression et l'envoi aux 48 sections et aux 60 bataillons de Paris de la lettre de démission de Gouvion et du discours prononcé par lui au cours de la séance du 27.

Gouvion était né pour les camps, non pour les assemblées.

_____

(1) Et cependant, si l'on s'en rapporte au témoignage d'Abraham *Silly*, notaire, qui fut entendu comme témoin au procès de la reine Marie-Antoinette (Audience du 14 octobre 1793), Gouvion aurait, au contraire, favorisé la fuite de Louis XVI. Ce témoin s'est, en effet, exprimé ainsi dans sa déposition :

« Qu'étant de service au ci-devant château des Tuileries, dans la nuit du 20 au 21 juin 1791, il vit venir Lafayette cinq ou six fois dans la soirée chez Gouvion ; que celui-ci, vers dix heures, donna l'ordre de fermer les portes, excepté celle donnant sur la cour dite des ci-devant Princes ; que le matin ledit Gouvion entra dans l'appartement où se trouvait lui déposant, et lui dit en se frottant les mains avec un air de satisfaction : *Ils sont partis !* Qu'il lui fut remis un paquet, qu'il porta à l'Assemblée Constituante, dont le citoyen Beauharnais, président, lui donna décharge. » (*Moniteur* du 19 oct. 1793, n° 28).

On se rappelle qu'il monta à la tribune, à la séance de la Législative du 4 décembre 1791, au sujet de la mise en accusation de Marc, Gauthier et Malvoisin, qui devait avoir des conséquences si imprévues et si regrettables ; nous avons donné la relation de la séance dans le cours de cet ouvrage.

Il ne conserva pas longtemps son mandat de député ; il est intéressant d'exposer les circonstances qui l'amenèrent à le résigner, car elles mettent en pleine lumière la physionomie de Gouvion et font connaître sa vive affection pour son frère Louis, sa loyauté et sa bravoure.

Depuis la malheureuse journée où celui-ci avait trouvé la mort, 41 soldats révoltés du régiment suisse de Châteauvieux avaient été condamnés aux fers et envoyés au bagne.

Mais l'Assemblée avait décidé le 31 décembre 1791, qu'ils seraient compris dans le décret d'amnistie rendu le 14 septembre, et mis en liberté.

Les députés du parti jacobin voyaient dans les Suisses de Châteauvieux des *victimes du traître Bouillé ;* l'amnistie ne leur suffisait pas : ils résolurent de faire admettre ces soldats par l'Assemblée *aux honneurs de sa séance* le jour de leur arrivée à Paris.

La proposition en fut faite le lundi 9 avril 1792 et combattue par Gouvion, dont l'intervention aux débats donna lieu à une ardente discussion. Elle est ainsi rapportée au bulletin de la séance (*Moniteur* du 10 avril, n° 101) :

« M. *Gouvion* se présente à la tribune ; il paraît très agité. Plusieurs membres demandent qu'il ne soit point entendu. Après quelques débats, il obtient la parole.

« M. Gouvion : J'avais un frère, bon patriote, qui, par l'estime de ses concitoyens, avait été successivement commandant de la garde-nationale et membre du Département. Toujours prêt à se sacrifier pour la loi, c'est au nom de la loi qu'il a été requis de marcher à Nancy avec les braves gardes-nationales. Là, il est tombé percé de cinq coups de fusils. Je demande si je puis voir tranquillement les assassins de mon frère.... (*De violentes clameurs s'élèvent dans les tribunes*).

« Une voix s'élève dans l'Assemblée : Eh bien ! Monsieur, sortez ! (*Les tribunes applaudissent*).

« M. *Gouvion* veut continuer. — Les murmures redoublent. On distingue plusieurs personnes dans les tribunes, criant avec violence : *A bas ! A bas !* — L'Assemblée presque entière se soulève et manifeste son indignation, en rappelant elle-même les tribunes à l'ordre. — Le président leur réitère, au nom de l'Assemblée, l'injonction de rester en silence.

« MM. *Dumas, Foissey,* (député de la Meurthe), *Jaucourt* et plusieurs autres membres parlent au milieu du tumulte, pour demander que le membre qui vient d'interrompre M. Gouvion soit censuré.

« M. Gouvion : Je traite avec tout le mépris qu'il mérite et avec... je dirais le mot, si je ne respectais l'Assemblée, le lâche qui a été assez bas .... (*De violentes rumeurs éclatent dans une partie de l'Assemblée et dans les tribunes*).

« Plusieurs voix : A la question, à l'ordre, à bas !

« M. Choudieu : Je me nomme : c'est moi qui ai interrompu M. Gouvion. (*Les tribunes applaudissent*).

« Une partie de l'Assemblée demande que la discussion soit fermée.

« M. le Président (*M. Dorisy*) : M. Gouvion n'a pas terminé ; je dois lui maintenir la parole.

M. Gouvion : J'ai applaudi à la clémence de l'Assemblée nationale, lorsqu'elle a rompu les fers de ces malheureux soldats, qui avaient peut être été égarés ; mais il n'en est pas moins vrai qu'ils se sont rendus coupables en n'obéissant pas à la loi.

« Une voix s'élève : C'est parce qu'ils n'ont pas obéi à Bouillé ! (*Il s'élève des murmures. — L'interlocuteur est rappelé à l'ordre*).

M. Gouvion : Les décrets de l'Assemblée constituante ont été impuissants sur eux. Sans provocation de la part de la garde-nationale de deux départements, il ont fait feu sur ces gardes-nationales. Mon frère est tombé, et ce ne sera jamais tranquillement que je verrai flétrir la mémoire de ces gardes-nationales, par des honneurs accordés aux hommes sous les coups desquels sont tombées tant de malheureuses victimes de la loi.

« M. Foissey : Ils ont tout sacrifié à un vil intérêt, à la passion de l'or. (*Il s'élève des murmures*). C'est pour de l'or qu'ils se sont soulevés ! »

Après cet incident, on passa au scrutin sur la proposition ; l'épreuve paraissant douteuse, il fut procédé au vote par appel nominal (1), et 288 voix contre 265 sur 546 votants, décidèrent que les 41 soldats de Châteauvieux seraient admis aux honneurs de la séance (2). Ce décret, rendu à 23 voix de majorité, était dû à l'absence de plus de cent députés modérés.

Gouvion était sorti de la salle avant le vote, décidé à ne pas rentrer à la séance si la proposition était adoptée.

Il adressa aussitôt la lettre suivante au Président de l'Assemblée Nationale (*Journal de Paris*, n° 107, du 16 avril 1792) :

« Paris, le 14 avril 1792.

« Monsieur le Président,

« J'ai l'honneur de vous adresser ma démission de député à l'Assemblée Nationale. Si j'avais à la motiver, je dirais qu'il me serait trop pénible d'habiter encore une ville où quelques magistrats du peuple, en approuvant le triomphe des meurtriers de mon frère et de ses compagnons d'armes, ont humilié les gardes-nationales qui ont marché pour l'exécution de la loi.

---

(1) Quand on a appelé le nom de Gouvion, — rapporte le *Mercure de France* du 21 avril, page 160, — M. Chéron, député de Seine-et-Oise, a répondu : *Il pleure son frère !* et plusieurs membres de l'Assemblée ont crié : *à l'ordre !*

(2) Les *Jacobins* de Paris imaginèrent de se décorer du bonnet rouge dont on avait flétri le front de ces soldats-galériens, et bientôt, dans toute la France, ce bonnet devint la coiffure révolutionnaire.

« Qu'on me place avec de vrais amis de la Constitution et l'on jugera qui saura mieux la défendre, ou de nous, ou des factieux !

« Je suis avec respect, etc.

Signé : GOUVION (1).

En même temps il provoquait en duel le député Choudieu, qui l'avait si violemment apostrophé, et le blessait grièvement d'un coup de pistolet.

Désireux de rentrer dans les rangs de l'armée, Gouvion écrivit à Lafayette, qui commandait l'armée du Nord et allait engager les hostilités en Belgique, pour lui demander de servir de nouveau sous ses ordres. Le général le plaça à la tête de l'avant-garde de ses troupes avec le grade de maréchal-de-camp.

Le 1er mai 1792, Gouvion prenait poste à Bouvines avec trois mille hommes ; le 8, il était à Dinan et le 23 à Hamptimes, où il soutint la lutte avec avantage contre un ennemi deux fois plus nombreux que la troupe qu'il commandait.

Voici la relation officielle de ce fait d'armes, tout à l'éloge du général Gouvion, telle qu'elle fut adressée par Lafayette à Servan, ministre de la guerre, le 24 mai, et lue par ce dernier le 26 à la tribune de l'Assemblée Nationale (*Moniteur* du 27 mai ; n° 148) :

« Lorsque je partis pour Valenciennes, Monsieur, je chargeai un corps détaché aux ordres du maréchal-de-camp Gouvion , de recueillir des fourrages destinés aux ennemis, en se ménageant une retraite assurée sur Philippeville. J'ai appris avant-hier à mon retour que cette commission était heureusement exécutée. Le colonel Lal-

(1) Gouvion fut remplacé le 17 avril à l'Assemblée Législative par un Lorrain, l'abbé Demoy, député-suppléant de Paris et curé de la paroisse St-Laurent.

lemand, commandant le détachement fourrageur, avait, ce même jour, été suivi mais non interrompu par l'ennemi. Hier à la pointe du jour, M. Gouvion fut attaqué à Hamptimes, près Florennes, par des forces très supérieures, qui s'étaient réunies de plusieurs points.

« L'on n'avait ici que le premier bataillon volontaire de la Côte-d'Or, le second de la Marne, les 55e et 83e d'infanterie de ligne, le 20a d'infanterie légère, six escadrons des 2e et 3e régiments de chasseurs à cheval, accompagné du 6e hussards, et 8 pièces de canons ; en tout, moins de quatre mille hommes.

« Les ennemis, plus que doubles en nombre, avaient dans leur train d'artillerie des pièces de position et des obusiers ; mais, malgré cette extrême disproportion, M. Gouvion n'a voulu se retirer qu'en disputant le terrain. Voici l'extrait du compte que cet officier général m'a rendu :

« L'avant-garde autrichienne a été d'abord repoussée deux fois par un détachement d'infanterie légère auquel étaient joints des grenadiers du 55e régiment et un escadron du 11e, le tout aux ordres du lieutenant-colonel Second qui, ne cédant qu'à une troisième attaque, a été joindre au village de St-Aubin les deux compagnies de grenadiers volontaires. Pendant qu'on défendait ce village, M. Gouvion voyant par le déploiement des ennemis une force très supérieure, a dirigé ses équipages sur Philippeville, excepté une vingtaine de tentes qui restaient, faute de moyen de transport. Les deux corps se sont canonnés longtemps et, comme une colonne ennemie est arrivée sur la droite de notre position et y a établi des batteries, M. Gouvion, pour l'empêcher de se déboucher sur le ravin, a placé sur son flanc le 11e régiment de chasseurs, aux ordres du colonel Lallemand ; le 3e, sous le colonel Victor Latour-Maubourg, et la compagnie des grenadiers du 6e, sous le capitaine Blondeau. Ces escadrons ont été exposés au feu du canon et des obusiers avec la bravoure la plus tranquille ; mais comme les ennemis se disposaient à passer en très grande force le ravin qui les séparait de l'infanterie, les bataillons volontaires de la Côte-d'Or, aux ordres du lieutenant-colonel Cazotte, de la Marne, aux ordres du capitaine de Gaule, et les 55e et 83e régiments, aux ordres du colonel de Villione et du lieutenant-colonel Champelau, se sont formés en colonne par demi-bataillons et se sont retirés exactement dans l'ordre prescrit, chaque troupe conservant ses distances, la cavalerie couvrant les mouvements et l'artillerie profitant de chaque point avantageux pour nuire à l'ennemi.

» Pendant cette retraite, les troupes ont successivement 'perdu une demi-lieue de terrain ; trois pièces de canon, qui ont tiré jusqu'au moment de la retraite et dont l'une est tombée dans le ravin, ont été prises parce qu'elles avaient perdu des chevaux ; une quatrième a été sauvée, sous un feu très vif, par les canonniers et quelques volontaires de la Côte-d'Or. Les ennemis, ayant ensuite rétrogradé vers le point d'où ils étaient partis, ont été inquiétés de si près, que la cavalerie de leur arrière-garde a chargé trois fois le parti qui les suivait ; le poste où l'on a combattu était occupé par nos détachements, trois heures après l'affaire.

« L'artillerie de l'avant-garde était commandée par des sous-officiers. M. Demanneconrt, capitaine employé à Philippeville, a conduit avec beaucoup de zèle quatre pièces de cette place.

« L'état de nos morts et blessés est joint ici (24 hommes tués, dont 3 officiers et 67 blessés, dont 10 officiers). Les ennemis ont perdu davantage parce que nos avant-postes ont été défendus par des haies et villages ; que notre artillerie a été supérieurement servie ; et qu'on a mieux aimé la compromettre que de diminuer son effet.

« Tel est, Monsieur, le compte qui m'a été rendu par le maréchal-de-camp M. Gouvion. Je ne puis donner trop de louanges à la manière dont il a conduit le corps que je lui ai confié. Les chefs de corps, le colonel-adjudant général Desmottes, les officiers, sous-officiers et soldats, chacun dans leurs fonctions, méritent beaucoup d'éloges.

« J'ai d'autant plus de plaisir, Monsieur, à vous transmettre la relation de cette affaire, que pendant cinq heures, pas un homme n'a quitté son rang et que les troupes ont conservé le silence, le sang-froid comme le courage des vieux soldats. J'ai amené ici hier au soir une réserve de quelques compagnies de grenadiers et escadrons aux ordres du maréchal-de-camp Latour-Maubourg ; mais les ennemis n'ont pas renouvelé leurs attaques et se sont éloignés. »

Sigré : *Le général d'armée* : LAFAYETTE.

Dès que les officiers municipaux de Toul eurent connaissance de la belle conduite tenue le 23 mai par leur compatriote, ils adressèrent à Gouvion cette lettre de félicitations *(archives municipales)* :

« Toul le 2 juin 1792, l'an IV de la Liberté.

« Mon Général,

« Combien notre commune ne doit-elle pas se flatter de pouvoir vous compter au nombre de ses concitoyens ! Tout ce que nous connaissions et ce qui a précédé le 23 mai nous assurait d'avance de ce que vous pouviez faire ce jour-là, mais ce qui nous étonne le plus, c'est la sage et ferme contenance, l'exacte discipline que vous avez inspirée à des troupes qu'on accusait quelques moments avant d'une insubordination générale. Ce changement si subit mais si nécessaire est l'effet de la confiance que vous avez méritée ; avec elle, nous ne doutons plus un instant que vous n'eussiez plus à compter les batailles que vous aurez à livrer que par des victoires.

« Nous n'aurions pas manqué de vous prier d'agréer nos compliments aussitôt que les premières nouvelles nous sont parvenues, si au milieu des différents partis qui agitent particulièrement notre ville et des papiers qui s'y répandent avec des versions différentes, nous eussions pu asseoir une opinion fixe. Des rapports, dictés par l'impartialité, viennent de nous confirmer la valeur et la bonne conduite que vous avez tenue dans la belle retraite que vous n'avez faite que pour reprendre avec plus d'assurance le poste que vous occupiez.

« Recevez donc nos félicitations, elles sont bien sincères ; elles sont celles de nos concitoyens qui, aux sentiments d'affection qu'ils vous ont toujours voués, y ajoutent avec bien de la justice ceux de la parfaite estime que vous méritez et que vous venez d'accroître.

Les Maire et officiers municipaux de la commune de Toul,

Signé : JACOB, maire ; BOUARD, LACAPELLE, CONTAULT, SAUNIER, PILLEMENT, MARTIN, POINCLOUX, HENRIOT, officiers municipaux, JACQUET, procureur de la commune, GERARD, secrét. greffier.»

Le 6 juin, Gouvion s'empara de Beaumont.

Le 9, ayant pris position à la Grisoëlle, près de Maubeuge, il fut attaqué à l'improviste par l'armée autrichienne sous les ordres du général Clerfayt, et mortellement atteint, au cours du combat, par un boulet de canon.

Le général Lafayette, envoyant le 11 juin à Dumouriez, ministre de la guerre, la relation de cet engagement, exprimait en termes émus la douleur qu'il ressentait de la perte de son compagnon d'armes. Sa lettre
fut lue par le ministre à la tribune de l'Assemblée
Nationale au cours de la séance du 13 juin. Nous empruntons ce document au *Moniteur* du 15 (nº 167) ; on y
verra l'hommage touchant que rendirent les députés à
leur ancien collègue :

> « *Au camp retranché de Maubeuge, le 11 juin, l'an IV de la*
> *Liberté.*
>
> « Je vous ai rendu compte, Monsieur, des mouvements sur Mau-
> beuge. Avant-hier, pendant que je reconnaissais le pays entre mon
> camp et Mons, il s'engagea une escarmouche de nos troupes légères
> avec celles des ennemis, où ceux-ci perdirent trois hommes et où il y
> eut de part et d'autre quelques blessés. Ce matin, les ennemis ont
> attaqué mon avant-garde, qu'ils espéraient sans doute surprendre ; mais
> averti à temps, M. Gouvion a renvoyé ses équipages sur Maubeuge et
> a commencé, en se repliant, un combat où son infanterie était conti-
> nuellement couverte par des haies et où les colonnes ennemies ont
> beaucoup souffert du feu du canon et particulièrement de quatre
> pièces d'artillerie à cheval, sous le capitaine Barrois. Les 3e et 11e ré-
> giments de chasseurs et le 2e de hussards ont bien manœuvré : celui-ci
> a fort maltraité un détachement de hulans qui s'était aventuré. Un oura-
> gan très violent ayant empêché d'entendre les signaux du canon, a
> retardé pour nous la connaissance de l'attaque. Aussitôt qu'elle est par-
> venue au camp, une colonne d'infanterie, sous M. Ligneville, et de
> la cavalerie, sous M. Tracy, ont été conduites par M. Narbonne sur le
> flanc des ennemis. Tandis que la réserve de M. Maubourg se portait
> au secours de l'avant-garde, j'ai fait marcher les troupes en avant ; et
> les ennemis, nous abandonnant le terrain, une partie de leurs morts et
> de leurs blessés, se sont retirés dans leur ancien camp. Nous avons dé-
> passé de plus d'une lieue celui de l'avant-garde, qui a repris tous ses
> postes.
>
> « Je n'aurais donc qu'à me féliciter du peu de succès de cette attaque
> si, par la plus cruelle fatalité, elle n'avait pas enlevé à la patrie un de

ses meilleurs citoyens ; à l'armée, un de ses plus utiles officiers, et à moi un ami de quinze ans, M. Gouvion..... (*Un mouvement désordonné manifeste la douleur de l'Assemblée*). Un coup de canon a terminé une vie aussi vertueuse. Il est pleuré par ses soldats, par toute l'armée et par tous ceux qui sentent le prix d'un civisme pur, d'une loyauté inaltérable et de la réunion du courage aux talents. Je ne parle pas de mes chagrins personnels, mes amis me plaindront (1).

« Les deux lieutenants-colonels du département de la Côte-d'Or excitent aussi de justes regrets. L'un M. Cazotte, âgé de 75 ans, et connu par 50 ans de services distingués dans l'artillerie, avait, dans la dernière affaire, concouru avec M. Gouvion à l'action vigoureuse qui sauva du milieu des ennemis une pièce démontée. Notre perte d'ailleurs se borne à 25 hommes blessés et le nombre des morts est peu considérable. Les ennemis en ont laissé beaucoup plus que nous et en ont beaucoup emporté. Nous avons fait quelques prisonniers et je n'ai aucune connaissance que nous en ayons perdu.

« Telle est, Monsieur, la relation que je m'empresse de vous envoyer en rentrant au camp ; elle est aussi exacte que je le puis avant d'avoir reçu des détails officiels.

Signé : Le général d'armée, LAFAYETTE.

M. PASTORET : Le général Lafayette annonce que M. Gouvion est pleuré par tous les soldats ; il l'est par tous les bons citoyens, par tous ceux qui, depuis le 14 juillet, l'ont vu à Paris défendre constamment la cause de la liberté. Je demande que demain le Comité d'Instruction publique nous présente un moyen de donner à la mémoire de ce brave homme un témoignage de la reconnaissance publique, ainsi qu'à celle de M. Cazotte.

M. CAZES : Et que l'Assemblée consigne ses regrets dans le procès-verbal.

M. DUMAS : L'Assemblée trouvera sans doute juste que son président soit chargé de faire connaître à la famille de M. Gouvion, et surtout

_____

(1) « A l'endroit de la lettre de Lafayette qui annonce la mort du brave et vertueux Gouvion, — dit le *Journal de Paris*, (n° 166, du 14 juin 1792), — de Gouvion qui vivrait encore sans le triomphe des Suisses de Châteauvieux, les larmes ont coulé des yeux d'un grand nombre de députés et d'assistants, et quand le général ajoute : toute l'armée le pleure, la garde nationale de Paris le pleurera... *Oui ! Oui !* ont crié mille voix qu'étouffaient des sanglots. »

à son père qui vient de perdre ses deux fils, l'un combattant pour la loi, l'autre contre les ennemis de la patrie, les justes regrets que donne à leur mémoire le Corps législatif.

L'assemblée adopte unanimement ces diverses propositions. »

Le Président de l'Assemblée Nationale écrivit le 22 juin au père de Gouvion :

« L'Assemblée Nationale partage la juste douleur « que vous ressentez de la perte d'un fils, qui a acquis « des droits sacrés à l'estime et à la reconnaissance de « tous les Français. »

Semblable au vieil Horace à la nouvelle de la mort de ses fils, Jean-François Gouvion répondit au Président de l'Assemblée :

« Si le triste évènement qui m'accable m'enlève un fils tendre et chéri, l'Etat, j'ose le dire, perd en lui un excellent citoyen. Respect pour la loi, attachement et fidélité à sa patrie, amour sincère pour son roi, dont il a toujours regardé les véritables intérêts comme inséparables de ceux de l'Etat, haine et mépris aux méchants qui troublent l'harmonie si désirable entre la Nation et son chef, tels étaient ses sentiments, tels étaient ceux de son malheureux frère : ils sont aussi les miens et tout ce qui porte mon nom les partage. Déjà deux de mes fils ont scellé de leur sang leur attachement à ces principes ; l'autre, jaloux de les imiter, si cela peut être utile à la chose publique, est disposé à faire le même sacrifice ! »

Cette lettre reste comme un monument impérissable de l'honneur d'une famille.

Abnégation héroïque ! sublime patriotisme ! Les sentiments qu'elle exprime sont au-dessus de l'humanité. Les fils d'un tel père devaient donner leur sang pour leur pays ! Ils ne pouvaient être que des braves !

Nous avons parlé, à leurs dates, dans le texte de cet ouvrage, des importants services funèbres célébrés à

Toul à la nouvelle de la mort de Gouvion, qui causa
dans sa ville natale une émotion douloureuse.

Non seulement des services semblables furent célébrés à Paris, à Nancy et dans beaucoup d'autres villes
de France, mais encore son deuil fut porté pendant 15
jours par la garde-nationale parisienne, sur l'initiative
des bataillons des sections de St-André-des-Arts et des
Cordeliers, qui prirent la délibération suivante :

« Les bataillons de St-André-des-Arts et des Cordeliers, après avoir
assisté au service célébré en l'honneur de M. Gouvion, lieutenant-
général et ci-devant major de la garde-nationale parisienne, réunis en
un seul corps sur la place du Théâtre-Français, pénétrés des plus vifs
regrets de la perte de ce général, *sans peur et sans reproche* comme
Bayard, voulant lui donner un témoignage particulier de la vénération
qu'ils ne cesseront de conserver pour sa mémoire, et celle de nos
frères d'armes qui ont péri avec lui, sont convenus *à l'unanimité* de
porter pendant quinze jours le deuil du premier officier général mort
pour la défense de la Liberté française. Ils ont arrêté en outre que la
présente convention sera communiquée à M. Lafayette, aux six chefs
de légion, et aux cinquante-huit autres bataillons de la capitale. »

C'est que Gouvion était un des officiers les plus populaires de l'armée de France : il avait conquis tout le
monde et, lorsqu'il avait, deux semaines à peine auparavant, quitté Paris pour prendre son commandement à
l'armée de Lafayette, il emportait les vœux sympathiques des Jacobins comme des Feuillants ; chacun le
croyait appelé à l'avenir le plus brillant, à de hautes
destinées.

La nouvelle de sa mort n'en fut que plus douloureuse
pour les patriotes ; aussi quelques jours après, dans
une lettre qu'il adressait à l'Assemblée, pour notifier sa démission des fonctions de ministre de la guerre

et demander de reprendre son poste de Lieutenant-général à l'armée du Nord, Dumouriez put-il écrire :

« J'envie le sort du vertueux Gouvion et je m'estime-
« rais très heureux si un coup de canon pouvait réunir
« toutes les opinions sur mon compte (1) ».

Le *vertueux* Gouvion ne possédait pas seulement la
loyauté et la bravoure ; il était aussi bon et généreux ;
un fait suffira pour en fournir la preuve : c'était dans la
matinée du 6 octobre 1789, de cette triste journée où la
faim et la disette causèrent à Paris une émeute populaire :

« Un détachement de la garde-nationale, — rapporte le *Moniteur*
du 10 octobre (n° 70), — venait d'amener au comité de police un boulanger convaincu d'avoir vendu un pain de deux livres à sept onces au-
dessous du poids. La foule, attroupée sur la place, demande à cris
redoublés son supplice et descend le terrible reverbère. M. de Gouvion (*sic*), major-général, craignant que la multitude ne vint à bout
d'enlever le coupable, fait des dispositions pour prévenir cet assassinat
et réussit à la faveur du tumulte à soustraire ce malheureux des
mains qui allaient se rougir de son sang. »

Cette notice biographique serait incomplète, si nous
n'y reproduisions un article, du plus grand intérêt, qui
a paru dans le *Moniteur* du 15 juillet 1792 (n° 197).

Il a été écrit par une femme, patriote fameuse, à qui,
l'année suivante, Robespierre devait faire trancher la
tête, Mme de Gouges. Cette femme de lettre, qui avait
bien connu Gouvion, y retrace son caractère et quelques
traits de son existence intime ; elle y déplore, fidèle interprète de tous, en termes élevés et émus, la mort de
notre brave compatriote :

(1) Lettre lue à la séance du 19 juin 1792 (*Moniteur* du 20). — « Ce brave
« homme est heureux d'être mort en combattant l'ennemi et de ne pas être témoin de nos affreuses discordes. J'envie son sort ». *Mémoires de Dumouriez* (T.
II, liv. IV, ch. IX, p. 292).

SUR LA MORT DE M. GOUVION.

Gouvion est mort aussi loyalement qu'il a vécu : c'était sa destinée, c'est celle de tous les grands hommes ! Comme Turenne, il est mort sur le champ de bataille, d'un coup de canon.

C'est en vain que le *Journal de Paris* prétend qu'il vivrait encore sans les soldats de Châteauvieux : Gouvion le démentirait lui-même ; il lui dirait : « Je naquis pour être l'effroi des tyrans et le défenseur de ma patrie, et si, en temps de paix, j'ai accepté la place de législateur, j'ai du l'abandonner et voler à mon poste, quand on a déclaré la guerre aux ennemis des Droits de l'Homme. »

Il ne devait pas mourir langoureusement ni mollement dans son lit ; il devait terminer son illustre carrière par le trait le plus frappant de son existence et de son caractère. En traçant ces lignes, mes larmes coulent malgré moi ; mais, en me rappelant sa fin glorieuse, je ne pleure que sur la perte que vient de faire ma patrie dans ce brave soldat. Que les factieux osent dire encore que Gouvion était vendu aux complots de la Cour ! Quand les hommes seront-ils donc assez sages pour être justes et ne vouloir plus de maîtres ? Faudra-t-il que les intérêts d'un seul coûtent encore longtemps la vie à tant d'hommes utiles et estimables ? Faut-il dire aussi que les hommes rassemblés ont besoin d'un chef, et que leur ambition particulière les force d'avoir recours à cette espèce de servitude ? Les républiques même ne sont pas exemptes de cet inconvénient qu'une âme véritablement civique a de peine à prononcer les principes du gouvernement ! Je me rappelle à ce sujet une conversation que j'ai eue avec M. Gouvion, quinze jours après le retour du roi.

Il vint me voir à Auteuil : « Je ne suis pas galant, me dit-il en entrant chez moi ; c'est un brave homme que je viens visiter et non pas une femme ». En parlant de la fuite du roi Louis XVI, il me dit : « Je suis fâché qu'on l'ait ramené ; les suites de son retour seront peut-être funestes ; il acceptera la Constitution et ses entours ne manqueront pas de lui fournir les moyens de la traverser. Je n'aime pas les rois, ajouta-t-il, parce qu'ils sont toujours les esclaves de leurs favoris et jamais les amis des hommes. »

Je vais achever de peindre au naturel cet homme si simple et si granp. Quelques jours après, je fus lui rendre ma visite au Château des Tuileries, qu'il appelait sa prison. Je le trouvai en chemise, avec un seul pantalon, sans bas, sans souliers, jurant après un intrigant qui demandait une carte pour traverser le jardin : « En voilà quatre que je

vous donne depuis quinze jours, lui dit-il ; vous m'avez plutôt l'air
d'un voyageur de Montmédy que d'un passager des Tuileries. *Allez
vous faire f....*! et, si vous ne vous sauvez pas bien vite, je vais vous
faire arrêter. » Après sa grande colère, il s'aperçut de moi. « Entrez,
madame », me dit-il militairement, en se grattant le dos. Il s'assied
sur le coin d'une table et me fait signe de m'asseoir sur une chaise.
« Voulez-vous me permettre, me dit-il, que je prenne ma maîtresse ? »
Je me retournai. « Ne la cherchez pas, ajouta-t-il, la voici » (C'était
sa pipe). Je l'entretins beaucoup sur l'injustice des ministres envers les
bons patriotes et principalement de ceux qui devaient tout à la cause
populaire. Il me dit en me montrant sa pipe : « L'espèce humaine
me fait pitié ! Je considère la vertu des hommes comme la fumée qui
sort de ma pipe : elle s'évapore au gré de la suprême région de l'air.
Il en est de même des courtisans et des ministres auprès des rois. L'air
de la Cour est un air pestiféré ; tout s'y corrompt, les vertus s'y dis-
sipent et l'on n'y conserve que les vices. » Voilà à peu près comme ce
brave homme ne dédaignait pas de s'exprimer avec une femme, mais
une femme qui savait l'apprécier. Je lui dois de plus de la reconnaissance : c'est le seul patriote qui se soit intéressé véritablement au
sort de mon fils. Il doit le pleurer avec moi éternellement ainsi que
tous les amis de la bonne cause. Puisse mon fils mourir à son exemple
pour la défense de la Patrie ! Je gémirais sur sa perte, mais je béni-
rais sa destinée. Tels sont les sentiments d'une femme aussi patriote
que bonne mère. »

DEGOUGES (1).

Gouvion (2) fut enlevé trop tôt à la gloire de son pays
et à l'affection de ses concitoyens ; ceux-ci perdirent en

(1) Marie-Olympe DE GOUGES, né en 1755, à Montauban, s'était fait une cé-
lébrité par sa beauté et ses écrits littéraires. Quand la Révolution éclata, elle
adopta les idées nouvelles avec enthousiasme, assista à toutes les séances des
Jacobins, et créa des sociétés populaires de femmes. Elle était douée d'une éloquence remarquable et d'une ardeur infatigable. Sous la Terreur, ayant attaqué
Robespierre dans ses écrits, elle fut arrêtée et traduite pour ce fait devant le
tribunal révolutionnaire, qui la condamna à mort. Elle périt avec un grand courage sur l'échafaud le 3 novembre 1793.
(2) Il existe un portrait, très bien conservé, de Gouvion en uniforme de maréchal-de-camp. Nous en avons donné plus haut une reproduction, Mme la ba-
ronne de Lépinau, sa petite-nièce, en la possession de laquelle il se trouve, nous
ayant gracieusement autorisé à le faire. Un autre portrait est également en la
possession de M. Cordier, député, son arrière-neveu.

lui un défenseur de leurs intérêts ; ainsi, déjà, pendant qu'il occupait le poste de major-général de la garde-nationale de Paris, il avait tout tenté pour obtenir qu'une École d'artillerie fût établie à Toul (1).

(1) Il existe encore à la mairie de Toul deux documents à cet égard :

En janvier 1791, Gouvion écrivait au Maire pour le prévenir « que plusieurs villes s'étaient mises sur les rangs pour obtenir l'école d'artillerie, dont la création était projetée, et qu'il avait parlé au Ministre de la guerre en faveur de Toul, qui méritait cette compensation des pertes qu'elle avait faites depuis la Révolution. »

Le Corps municipal ayant offert au Ministre d'abandonner à l'État « les bâtiments du ci-devant séminaire ou de tout autre édifice qui serait jugé plus convenable », Gouvion écrivait encore le 12 février, pour annoncer au maire l'arrivée prochaine à Toul de M. de Rotalier, inspecteur d'artillerie, chargé par le Ministre d'examiner, dans les différentes villes se proposant pour le siège de l'école, les emplacements qui pourraient convenir à cet établissement. »

Quelques mois après, la ville de Châlons était choisie comme siège de l'école d'artillerie.

GENGOULT

GENGOULT (Louis-Thomas) naquit à Toul, le 21 décembre 1767, de Laurent Gengoult, orfèvre, et de Magdelaine Humbert, son épouse.

Engagé volontaire le 11 juillet 1784 au régiment d'Austrasie (qui devint en 1791 le 8e d'infanterie), il y fut nommé caporal le 11 juin 1789, fourrier le 12 juin 1790, et passa avec ce grade dans la garde constitutionnelle du roi le 25 décembre 1791. Ce corps ayant été licencié le 20 juin 1792, Gengoult revint à Toul chez son père, et entra dans la garde nationale de cette ville comme simple grenadier.

Les armées étrangéres s'apprêtaient alors à envahir la France, et des légions de volontaires s'organisaient sur tous les points pour la défense de la patrie. Le 22 juillet, le Directoire du district ayant demandé 51 volontaires à la ville de Toul, Gengoult se présenta à la maison commune et fut inscrit le sixième sur la liste des hommes du contingent à fournir.

Incorporé aussitôt comme soldat au 7e bataillon de la Meurthe (depuis, 110e demi-brigade en l'an II et 16e en l'an IV), il y fut élu capitaine le 28 juillet et il prit part à toutes les campagnes, de 1792 à l'an IX, dans les armées de la Moselle, de Sambre-et-Meuse, de Hollande et du Rhin.

Le 11 nivôse an IV (31 décembre 1795), Gengoult fut promu chef de bataillon ; mais, en vertu d'un arrêté du Directoire du 30 ventôse suivant (20 mars 1796), il donna sa démission le 6 prairial (25 mai). Il ne rentra au service que le 14 thermidor an VII (1er août 1799), en qualité de commandant du 1er bataillon auxilliaire de la Meurthe, et passa dans la 42e demi-brigade le 28 pluviose an VIII (16 février 1800), puis dans la 50e le 7 germinal suivant (27 mars).

Employé en l'an XI sur le Rhin et en l'an XII à l'armée du Hanôvre, il devint major du 103e de ligne le 30 frimaire an XII (20 décembre 1803) et fut nommé chevalier de la Légion d'honneur le 4 germinal suivant (24 mars 1804). Il fit à la Grande Armée les campagnes de 1805, 1806, 1807, et tomba au siège de Stralsund, ayant une jambe brisée par une double blessure.

Gengoult, qui avait été nommé colonel du 56e de ligne le 13 mai 1806, fut, le 17 mars 1808, créé Baron de l'Empire.

Il fit la campagne d'Autriche en 1809, fut blessé à la tète d'un éclat d'obus à la bataille d'Essling (22 mai), et reçut, le 16 juin suivant, la croix d'officier de la Légion d'honneur.

Passé en 1810 au corps d'observation de Hollande, il fut nommé général de brigade le 30 août 1811, et promu commandeur de la Légion d'honneur le 2 septembre 1812.

Le général fit, à la tète d'une brigade du 3e corps de la Grande Armée, la campagne de Russie ; lors de la retraite, grièvement blessé à la bataille de la Moskowa par un biscayen qui l'atteignit à l'épaule droite, il fut mis hors de combat pour le reste de la campagne ; mais, rentré le 12 avril 1813 dans les rangs de la Grande Armée, il prit part avec elle à la campagne de Saxe, puis, l'année suivante, à celle de France (1814).

Mis en non-activité après l'abdication de Fontainebleau, il reprit du service pendant les Cent-Jours et fut promu au grade de lieutenant général par le gouvernement provisoire le 5 juillet 1815. La seconde Restauration annula cette nomination, tout en employant Gengoult, de 1816 à 1818, comme inspecteur général de l'infanterie des 13e, 2e et 3e divisions militaires.

Gengoult, qui avait été mis en disponibilité le 1er janvier 1819, fut admis à la retraite le 1er janvier 1825.

Après la Révolution de Juillet, le gouvernement de Louis-Philippe le plaça le 22 mars 1831 dans le cadre de réserve et le nomma de nouveau lieutenant général le 19 novembre suivant, pour prendre rang du jour de sa première nomination en 1815.

Ce glorieux vétéran de nos grandes guerres prit définitivement sa retraite le 11 mai 1833 ; il se retira dans sa ville natale où il vécut honoré et aimé.

Le 13 juin 1846, il mourut dans sa maison, place Dauphine (actuellement place de la République).

Un portrait en pied du général Gengoult figure au salon rond de l'Hôtel-de-Ville, et son nom est porté par une des rues de notre cité (précédemment rue du Saint-Esprit).

Le petit-fils du volontaire toulois de 1792, le baron Gengoult, capitaine en retraite, habite aujourd'hui Tou-

lon. Il a bien voulu offrir à notre bibliothèque municipale le tome XI du Panthéon de la Légion d'honneur,
et il y a annexé l'état des services du lieutenant général
Gengoult, écrit de la main même de ce brave. Nous ren-
voyons le lecteur, pour de plus amples détails, à une
brochure que notre respectable concitoyen, M. le Président Benoit, vient de publier (1).

(1) *Le Lieutenant-général baron Gengoult.* — *Le général baron de Pinteville,*
brochure in-8° de 23 pages (Toul, T. Lemaire imprimeur, 1892).

JACOB

—◦⊰⊱◦—

JACOB (Dominique), naquit à Nancy en 1735, de François-René Jacob, avocat au Parlement, et de Thérèse Martin, son épouse. Il embrassa la carrière paternelle et, après avoir terminé ses études de droit, devint avocat au bailliage et siège présidial de Toul.

En février 1790, lors de l'organisation des Municipalités, il fut élu officier municipal et choisi par le Conseil général comme receveur des deniers de la commune. Il remplit ces fonctions jusqu'en octobre 1791.

Devenu président de la *Société des Amis de la Constitution*, récemment formée à Toul, Jacob qui s'était constamment montré le partisan convaincu des idées nouvelles, fut élu maire de Toul le 13 novembre 1791. Il mit tout son zèle au service de la Révolution, dans cette situation qu'il conserva jusqu'au 5 décembre 1792, époque à laquelle il fut élu président du Tribunal du district.

Le 2 septembre précédent, il avait été choisi par les électeurs de la Meurthe comme *député-suppléant* de ce département à la Convention nationale. Moins d'un an après cette nomination, il devait devenir *titulaire* par suite de circonstances politiques : appelé, en effet, en juillet 1793, à remplacer Mollevault mis en accusation et déclaré hors la loi par la Convention, Jacob siégea dans cette Assemblée jusqu'à sa dissolution en 1795.

Ancien président de la Société populaire *des Amis de la Liberté et de l'Egalité,* qui avait succédé à Toul en 1793 à la *Société des Amis de la Constitution* (26 janvier-10 mars 93), et depuis longtemps dévoué à la politique des Jacobins, il siégea sur les bancs de *la Montagne.* Tout d'abord partisan des théories de Robespierre, il vota néanmoins contre lui au 9 thermidor.

Il prit plusieurs fois la parole au sein de la Convention, notamment pour réclamer contre le mauvais état défensif de la ville de Toul, dont les canons, garnissant les remparts, étaient dépourvus d'affûts, et pour dénoncer les dégâts commis dans les forêts nationales. C'est lui qui fit rendre le décret, frappant d'hypothèque au profit de la Nation les immeubles des comptables et des receveurs des domaines des ci-devant Princes français.

Sous la Terreur, Jacob servit d'intermédiaire entre les autorités touloises et les pouvoirs publics de Paris, et il fit de nombreuses démarches en faveur des citoyens de notre ville injustement incarcérés ou traduits au Tribunal révolutionnaire.

A la dissolution de la Convention nationale en 1795, il ne fut pas compris parmi les membres de cette Assemblée qui passèrent aux Conseils des Cinq-Cents et des Anciens ; mais il fut nommé juge au tribunal de Cassation et il occupa cette magistrature pendant toute la durée du Directoire.

Sous le Consulat, Jacob revint à Toul et y fut nommé receveur des domaines ; lors de la suppression des tribunaux départementaux, il fut chargé le 27 frimaire

an VIII (17 décembre 1799) par l'administration municipale, d'aller à Paris présenter aux Consuls le mémoire
par lequel la ville de Toul sollicitait l'établissement dans
ses murs d'un Tribunal civil d'arrondissement.

Le Conventionnel Jacob mourut à Toul le 29 mars
1809, à l'âge de 74 ans, dans la maison qu'il habitait sur
la place du Parge (aujourd'hui de Rigny). Son portrait
figure à l'hôtel de ville (cabinet du maire).

Nous l'avons reproduit dans le cours de cet ouvrage.

LISTE

DES SOUSCRIPTEURS A CET OUVRAGE [1]

————◆▭◆————

ABRAHAM, Aron, négociant.

AMBROISE, E., avoué, docteur en droit, à Lunéville.

AUBERTIN, Albert, notaire à Colombey-les-Belles.

AUBRY, Charles, général commandant la 79° brigade
    d'infanterie à Verdun (Meuse).

AUBRY, Georges, ingénieur des Arts et Manufactures,
    à la faïencerie de Bellevue.

AUBRY, Henry, inspecteur-général des Télégraphes
    en retraite.

BADEL, Emile, publiciste, professeur d'histoire à
    l'Ecole Professionnelle de l'Est, à Nancy.

BARABAN, pharmacien.

BASTIEN, Paul, économe de l'hospice.

BASTIEN, Paul, libraire, rue Germain-Charier, Luné-
    ville (*2 exemplaires*).

BASTIEN (Mme veuve) propriétaire.

BATELOT, Georges, lieutenant de vaisseau, à bord du
    vaisseau-école de canonnage *La Couronne*, aux
    Salins d'Hyères (Var).

BAUVALET, ancien adjoint au maire.

BELLY, Emile, avocat.

BENOIT, Edouard, président de chambre honoraire.

BERNEL, Charles, maire de Villey-le-Sec.

————

(1) Les Souscripteurs dont le nom n'est suivi d'aucune indication de résidence
sont domiciliés à Toul. — Les noms en italique indiquent les souscripteurs à
l'édition sur papier de Hollande.

BERTHIER (Mademoiselle Pauline), propriétaire.

BLANCHON, Gustave, officier d'administration à Nancy.

BLOCQ, Mathieu, adjoint au maire de Toul.

BLONDEAU, Adolphe, contrôleur général de l'armée, Président de section au Conseil d'Etat, Paris.

BONET, Lucien, huissier-audiencier.

BONFILS-LAPOUZADE, Edmond, juge-suppléant au Tribunal civil, Nancy.

BORIS, notaire.

BOTTE, Charles, comptable.

BOUCHON, Charles, docteur en médecine, conseiller d'arrondissement.

BOUVIER, Félix, chef de bureau au ministère des finances, 64 *bis*, avenue Monceau, Paris.

BOVÉE (DE), négociant.

BRAUX (de) propriétaire et maire à Boucq.

BRICE, J.-D. conseiller général, vice-président de la Société centrale d'agriculture, à Montauville.

BRIQUELOT, Charles, sous-caissier de la Caisse d'E-pargne.

BROCARD, docteur en médecine, conseiller général, maire de Nomeny.

BUVIGNIER-CLOÜET, (Mademoiselle M.), à Verdun.

CALOT, Henri, professeur de dessin.

CARNET, François-Léon, notaire, licencié en droit, à Charmes (Vosges).

CARO, inspecteur de l'enregistrement, rue Thiers, à Epinal (Vosges).

CATHELINAUX, Jules, avoué.

CERCLE STÉNOGRAPHIQUE DE LA LORRAINE (Le) Toul-Nancy.

CHAGNAUD, Léon, entrepreneur de Travaux publics.

CHAPUIS, Gustave, docteur en médecine, conseiller général.

CHARPENTIER, chef de bataillon au 2e régiment d'infanterie à Grandville (Manche).

CLAIRIER, frères, ébénistes.

CLAUDE, René, ingénieur des arts et manufactures, rue de Lorraine, Nancy.

CLAUDE-MIRAUDIER (Madame), propriétaire.

CLAUDEL, J. notaire.

CLAUDIN, Charles, propriétaire à St-Mansuy-les-Toul.

COLIN, Louis, négociant.

COLIN, Victor, notaire.

COLOMBEY, instituteur à Gondreville.

COLSON, Albert, docteur ès-sciences, examinateur à l'Ecole polytechnique, conseiller général, à Paris.

COLSON, Eugène, receveur municipal.

COMON, docteur en médecine, conseiller général, maire de Longuyon.

COOK, Oscar, entrepreneur de travaux publics (deux exemplaires)

CORDIER, Julien, avocat, député de Meurthe-et-Moselle (2 exemplaires).

COSSON, Maurice, ancien député, trésorier-payeur général du Doubs, à Besançon.

COUMES, conseiller général à Bayon.

COURCEL (Valentin de) propriétaire, Paris.

26

CROISET, aîné, huissier.

CROISET, jeune, huissier-audiencier.

CROISSANT, Albert, avocat.

CROSMARIE, Eugène, architecte, secrétaire du Cercle sténographique de la Lorraine.

DALLÉ, Henry, propriétaire à Barisey-au-Plain.

DALSTEIN, lieutenant-colonel, officier d'ordonnance de M. le Président de la République, Paris.

DANSE, (Madame A.) rentière.

DAUPHIN, greffier de la justice de Paix de Toul-Sud.

DAVID, bibliothécaire, à Vaucouleurs (Meuse).

DELACOUR, Charles, négociant.

DELCOUR, Charles, juge de paix de Gerbéviller.

DELIGNY, Edouard, avocat, ancien maire de Toul (*deux exemplaires*).

DENIS, Léon, homme de lettres.

DENIS, Paul, président du tribunal civil de Toul, conseiller général.

DENIS, René, sous-officier au 94e régiment d'infanterie, à Bar-le-Duc.

DÉRIOT (Le baron Albert), avocat.

DEUBEL (A.) notaire à Commercy.

DIDELOT, Emmanuel, maire de Mont-le-Vignoble, conseiller d'arrondissement, chevalier du Mérite agricole.

DOLLOT, Auguste, entrepreneur de travaux publics à La Rochelle.

DOLLOT, Emile, ingénieur, 9, rue Viette, Paris.

DOLLOT, Eugène, entrepreneur de travaux publics, 138, boulevard Magenta, Paris.

DONNOT, Pierre, comptable.

DOUILLOT, Jules, voyageur de commerce, à Bar-le-Duc.

DOUZAIN, Charles, propriétaire à Bruley.

DUJON, huissier-audiencier.

DUPLOYÉ, Emile, président-fondateur de l'Institut sténographique, à Sinceny (Aisne).

DURAND, Albert, caissier de la Caisse d'Epargne.

DUSSART, Adolphe, maitre-tailleur au 69ᵉ de ligne, Nancy.

DUVAUX, Jules, ancien député, ancien ministre de l'Instruction publique, Nancy.

DUVERNOY, E., archiviste de Meurthe-et-Moselle, Nancy.

ÉCOLE NORMALE D'INSTITUTEURS (Le Directeur de l') à Nancy, (*deux exemplaires*).

ÉLIE, Robert, inspecteur des forêts à Neufchâteau.

ÈVRARD, P., fabricant de vinaigre, Nancy.

FÉNAL, docteur en droit, conseiller général, à Pexonne.

FERRY, Camille, juge de Paix du canton de Toul-Sud.

FEUILLET, Louis, percepteur-surnuméraire, Rouen.

FLORENTIN, notaire, conseiller général, à Vézelise.

FRANÇOIS, Emile, libraire (*deux exemplaires*).

FRANÇOIS-BATAILLE (Madame V.), publiciste.

GALLOIS, Ernest, entrepreneur de messageries.

GAUTHIER, Charles, négociant.

GENGOULT (le Baron), capitaine en retraite, à Toulo

GÉNOT, Henri, publiciste.

GEORGES-KUHN, Edouard, propriétaire.

GÉRARD, Charles, rentier, Nancy.

GIGLEUX, négociant.

GILBERT, Charles, conservateur du musée municipal.

GILLES, Prosper, professeur de rhétorique en retraite.

GIRARD, Alfred, sénateur du Nord, Paris.

GOUBEAUX, (A.), avoué, juge-suppléant.

GROJEAN, Victorin, maire de Villey-St-Etienne.

GROMAIRE, directeur honoraire d'école normale, à Uruffe.

GROSJEAN, Jules, avocat, docteur en droit.

GUÉRIN, (O.), propriétaire.

GUGENHEIM, Léon, négociant.

GUTHMANN, Léon, bijoutier *(deux exemplaires)*.

HEITZ, percepteur à Vézelise.

HENRION, docteur en médecine, conseiller général, Nancy.

HUMBERT, Gustave, buraliste.

HUMBERT, Henri, propriétaire à Blénod-les-Toul.

HUSSON, chef des bureaux de la Mairie.

HUSSON, Louis-Marie-Aimé, percepteur à Dampierre-sur-Salon (Haute-Saône).

JACQUEMIN, Emile, architecte, Nancy.

JANSON, entrepreneur de menuiserie, conseiller municipal.

JEANDEL, négociant, conseiller municipal.

JOBA, Camille, avocat, ancien maire de Commercy.

JOLY, Léon, professeur au Collége, bibliothécaire de la ville.

JOURDAIN, Louis, juge au tribunal.

KAHN, René, capitaine d'artillerie, Paris.

KŒBIG, lieutenant de cavalerie territoriale.

LABOURASSE, inspecteur primaire en retraite à Arcis-sur-Aube.

LAFERRIÈRE, (R.), agent-général de la Compagnie d'assurances : *La Nationale.*

LAGRANDVILLE (Léopold de. la Chevardière de), maire à Bulligny.

LAGRAVE, limonadier, Cercle de la Comédie.

LAMONTAGNE, Eugène, libraire.

LANGLARD, directeur particulier de la *Compagnie d'Assurances générales*, Nancy.

LARCHER, A., libraire-papetier.

LARZILLIÈRE, Emile, licencié en droit, avoué à St-Mihiel.

LAUMONT, receveur de l'Enregistrement et des Domaines.

LAURENT, commis-greffier du Tribunal.

LAZARE, Charles, avoué.

LEBRUN, Amédée, notaire, conseiller général, maire de Briey.

LE BRUN, Félix, architecte et géologue, à Gerbéviller.

LECHEVALLIER, Emile, libraire à Paris (*deux exemplaires*).

LEDROIT, inspecteur de l'enseignement primaire.

LEFÈVRE, Ernest, entrepositaire de la brasserie de Tantonville.

LEMAIRE, Imprimeur, conseiller municipal.

LEMOINE, conservateur des hypothèques.

LIMBOURG, H., ancien préfet, avocat à la Cour d'adpel de Paris.

LIOUVILLE, Albert, avocat, docteur en droit, membre du Conseil de l'ordre des avocats, Paris.

LIOUVILLE, Félix, avocat à la cour de Paris.

LOGEROT, Ad. général de division, gouverneur de Toul.

LOMBARD, Paul, avocat à la Cour de Nancy, professeur à la Faculté de Droit.

LOTZ, Léon, docteur en médecine, maire de Gerbéviller.

LUNÉVILLE (La bibliothèque de la ville de). — M· Mather, bibliothécaire.

LUXER, conseiller à la Cour d'appel, Nancy.

LUZOIR, Henri, surveillant général au lycée Lakanal à Sceaux.

MAIRE, Charles, contrôleur des contributions directes.

MALJEAN, Adolphe, avocat à Nancy.

MANGIN, Théodore, notaire honoraire, conseiller général, maire de Conflans.

MANGINOT, maire de Toul, conseiller général.

MANSION, Alfred, chef de bureau au ministère des finances, Paris.

MANSON, Alfred, docteur en médecine.

MARCOT, George, ingénieur des arts et manufactures, Nancy.

MARCOT, René, conseiller municipal, Nancy.

MARINGER, Hippolyte, conseiller général, maire de Nancy.

MARQUIS, sénateur et vice-président du conseil général de Meurthe-et-Moselle, à Thiaucourt.

MARTEL, agent-voyer cantonal.

MARTIN, chef de division à la préfecture de Nancy.

MASSON, Jules, clerc de notaire.

MASSOT, Léon, percepteur des contributions directes.

MATHIEU, lieutenant au 156ᵉ régiment d'infanterie.

MATHIEU, Henry, docteur en droit, conseiller général, juge au Tribunal de Nancy.

MEURTHE-ET-MOSELLE (Le département de).

MÉZIERES, Alfred, de l'Académie française, député et président du Conseil général de Meurthe-et-Moselle, Paris.

MONTIGNOT, industriel, conseiller général, à Colombey-les-Belles.

MONT-LE-VIGNOBLE (La commune de).

MOREAU, brasseur à Vézelise.

MORLOT, Léon, notaire, licencié en droit.

MORQUIN, Julien, photographe,(dépositaire de portraits de célébrités touloises).

MORTAL, artiste graveur-lithographe, à Gondreville.

NANCY (La bibliothèque publique de la ville de).

NAQUARD, Paul, docteur en médecine.

NÊTRE, Jules, receveur particulier des finances.

NICOLAS, huissier de la Banque de France.

ORY, Jules, adjoint au maire de Toul.

PAPELIER, député de Meurthe-et-Moselle, Nancy.

PERRIN, Léon, greffier de la justice de paix du canton de Toul-Nord.

PICARD, Ernest, négociant.

PIERSON, Charles, maire de Gondreville, conseiller d'arrondissement.

PIERSON, Paul, contrôleur des contributions directes à Vitry-le-Français.

PIMODAN (Le marquis de), duc de Rarécourt, Paris (*2 exemplaires*).

PLAUCHE, Paulin, juge au tribunal civil de Verdun.

POLGUÈRE, René, commissaire-priseur, suppléant du juge de paix.

POITTE, Jules, professeur au collége d'Autun.

PRINCE, V., propriétaire à Raon-l'Etape (Vosges).

PUTON, Bernard, substitut du Procureur de la République à St-Mihiel.

RAMPONT, Henri, avoué, licencié en droit.

RAMPONT, Léon, notaire, licencié en droit.

RAVOLD, J.-B., sous-inspecteur de l'Assistance publique, Nancy.

RENAUD, professeur au collège.

RICHARDIN, receveur de l'Enregistrement et des Domaines.

ROBERT (F. DES) membre de l'Académie de Stanislas, Nancy.

ROLLIN, percepteur à Gerbéviller.

ROTH, conducteur principal faisant fonctions d'ingénieur des ponts-et-chaussées, conseiller municipal.

SABOTIER, Léon, greffier du Tribunal de Saint-Dié.

SAHUNE-LAFAYETTE (G. DE), sous-préfet de Toul.

SAMSON, Charles, négociant.

SAUBER, Dominique, menuisier à Goudreville.

SAVE, Gaston, artiste-peintre à St-Dié.

SCHMID, Albert, à la verrerie de Vannes-le-Châtel.

SCHMID, Ernest, maître de verrerie à Vannes-le-Châtel.

SÉGAULT, officier d'administration à Gafsa (Tunisie).

SICARD, Camille, architecte, vice-président du cercle sténographique de la Lorraine.

SIDOT frères, libraires, rue Raugraff, Nancy (*trois exemplaires*).

SINIQUE, Alfred, maire de Blénod-les-Toul.

TARDIF D'HAMONVILLE (Le baron L.) conseiller général, maire de Manonville.

TEINTURIER, Georges, négociant à Foug.

TEUTSCH, Edouard, ancien député, trésorier-payeur-général de Meurthe-et-Moselle à Nancy.

THIÉBAUT, Eugène, libraire (*2 exemplaires*).

THIRION, Fernand, avocat.

THOMAS, Auguste, greffier de la justice de Paix du canton de Domèvre-en-Haye.

TOUL (La ville de). — Vote du conseil municipal du 11 avril 1892 (*20 exemplaires*).

URION, Nicolas, directeur de l'Ecole annexe à l'Ecole normale de Nancy.

VAILLANT, chef de division à la Préfecture, Nancy.

VARIOT, Albert, juge d'instruction.

VARIOT, Lucien, propriétaire (*2 exemplaires*).

VAUDEVILLE, Jules, négociant.

VAUDEVILLE, Paul, négociant.

VAUDREY, chef de bataillon au 160ᵉ régiment d'infanterie.

VAUTHIER, Charles, inspecteur des forêts à Embrun.

VAUTHIER, Henri, inspecteur des forêts.

VILLER, Georges, 14, rue du Palais, Metz.

VILLER, Hubert, notaire honoraire.

VILLER, René, docteur en médecine.

VINCENOT, inspecteur des forêts.

VIOX, Camille, député et conseiller général de Meurthe-et-Moselle, à Lunéville (*trois exemplaires*).

VOLLAND, sénateur et conseiller général de Meurthe-et-Moselle, Nancy.

WINSBACK, Georges, avoué, licencié en droit.

ZABLOT, Auguste, commandant-major du 21° régiment d'infanterie à Langres (Haute-Marne).

ZELLER, Ed. pharmacien.

ZIBELIN, chef de bataillon commandant le bureau de recrutement de Toul.

—◦◊◦—

Total des Souscripteurs.	238
Nombre d'exemplaires souscrits. . .	272

ERRATA

TABLE DES MATIÈRES

1790

1791

1792

Le clergé réfractaire et les religieux supprimés entrent en
rébellion contre la *Constitution civile*. — Décrets rendus par

27

APPENDICE BIOGRAPHIQUE

FIN

TOUL. — IMP. LEMAIRE.

DU MÊME AUTEUR.

—o—

La Sorcellerie a toul aux XVI° et XVII° siècles, *Étude historique*, brochure petit in-8° de 200 pages, avec deux dessins à la plume de J. Poitte T. Lemaire, éditeur (1888) 2ᶠ25

La Sténographie, *son histoire, son utilité et ses multiples applications*, conférence faite à l'hôtel-de-ville de Toul le 10 mai 1891 . . . » »»

L'Affaire Marc, Gauthier et Malvoisin, *épisode de l'émigration.en 1791-92*, brochure petit in-8° de 32 pages (1891) . . . . . . épuisée

Seconde Édition, augmentée de nouveaux documents et d'un portrait du colonel de Malvoisin, brochure in-8° de 36 pages, T. Lemaire, éditeur (1892) 1ᶠ25

Les Procès intentés aux animaux pendant le moyen-age, conférence faite à l'hôtel-de-ville de Toul le 28 février 1892 . . . . » »»

TOUL. — IMP. LEMAIRE

www.ingramcontent.com/pod-product-compliance
Lightning Source LLC
Chambersburg PA
CBHW060945220326
41599CB00023B/3600